"国家中等职业教育改革发展示范学校建设计划"项目教材

中等职业教育"十三五"规划教材 · 数字媒体技术应用系列

MAYA案例教程

主编／苏 兵

副主编／王伟旗 陆周青 徐 敏

立信会计出版社

LIXIN ACCOUNTING PUBLISHING HOUSE

图书在版编目(CIP)数据

MAYA 案例教程/苏兵主编. —上海：立信会计出
版社,2015.8
ISBN 978 - 7 - 5429 - 4617 - 1

Ⅰ.①M… Ⅱ.①苏… Ⅲ.①三维动画软件—中
等专业学校—教材 Ⅳ.①TP391.41

中国版本图书馆 CIP 数据核字(2015)第 183427 号

策划编辑 陈 瑶
责任编辑 陈 瑶
封面设计 周崇文

MAYA 案例教程

出版发行	立信会计出版社			
地 址	上海市中山西路 2230 号	邮政编码	200235	
电 话	(021)64411389	传 真	(021)64411325	
网 址	www.lixinaph.com	电子邮箱	lxaph@sh163.net	
网上书店	www.shlx.net	电 话	(021)64411071	
经 销	各地新华书店			
印 刷	上海华业装潢印刷有限公司			
开 本	787 毫米×1092 毫米	1/16		
印 张	12.5			
字 数	281 千字			
版 次	2015 年 8 月第 1 版			
印 次	2015 年 8 月第 1 次			
印 数	1—2 100			
书 号	ISBN 978 - 7 - 5429 - 4617 - 1/TP			
定 价	48.00 元			

如有印订差错,请与本社联系调换

前　言

　　进入 21 世纪,3D 动画已经融入人们的工作和生活中,并且以前所未有的发展速度渗透到了社会的各个领域,影视、传媒、网络的迅速发展,使得 3D 技术已经无处不在。三维建模、材质、灯光、动画等的教学,也已成为职业学校数字媒体相关专业的专业必修课程。

　　本书依据上海市中等职业学校数字媒体技术应用专业的教学标准,以就业为导向,以职业生涯发展为目标,明确专业定位;以工作任务为线索,确定课程设置;以职业能力为依据,组织课程内容;以典型案例为载体,设计教学活动;以职业技能鉴定为参照,强化技能训练,以适应劳动就业和继续发展的需要。

　　本书由场景道具建模、玩具道具建模、卡通道具建模、材质赋予、灯光表现五个项目构成。用任务引领的写作模式,把每个单元的教学活动和项目实训等结合起来。教学活动又由任务描述、任务分析、操作方法与步骤、知识技能点、拓展训练、项目实训和项目评价组成。编者通过设计解决任务的方法与步骤、自主探究式的学习和实践,使学生在完成任务的过程中掌握知识和技能,培养提出问题、分析问题、解决问题的综合能力,以解决实际问题带动理论的学习和应用。本书主要单元的末尾均配有相关的实训项目和本单元习题,以提高学生的实际操作能力。

　　全书共安排了 72 个课时,其中第一单元 15 课时,第二单元 15 课时,第三单元 15 课时,第四单元 15 课时,第五单元 12 课时,可作为中等职业学校数字媒体技术应用专业的教材,也可作为三维数字化初学者的参考资料。

　　相信学生通过各单元的演练,可以融会贯通,举一反三,并能够灵活快捷地应用软件进行艺术创作,编者努力做到实例操作步骤清晰准确,使学习者便于掌握制作要领,并能应用于设计创意之中。

　　参加本书编写的作者都是来自教学领域的一线教师和企业一线的工程技术人员,他们具备扎实的专业知识和丰富的教学实践能力。

　　本书由苏兵主编,参加编写的教师有王伟旗、徐敏以及上海麦金科技有限公司工程师陆周青。

　　由于水平有限,书中内容难免有不妥之处,希读者不吝指教,在此表示感谢。

编　　者

2015 年 7 月

目　录

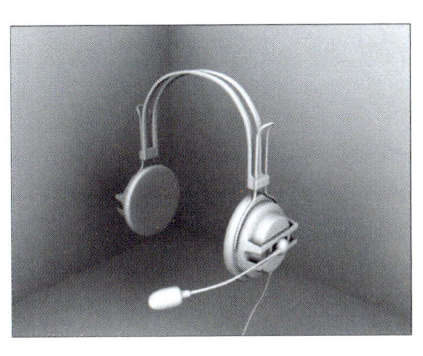

任务引领

　　某动画公司接到一个项目,要求制作一部短片,短片的情节是:一个星期天的中午,一小男孩在睡懒觉,忽然被闹钟惊醒了。起床后就拿了一根黄瓜,一边吃一边戴着耳机听着音乐在玩具房里玩。到了晚上,发现自己的国画作业还没有完成,怕被父母责骂,于是赶紧做作业。却不料突然家里断电,只能依靠蜡烛照明。

　　项目负责人在接到任务后,将任务分成了五个建模组:场景道具建模组、玩具道具建模组、卡通道具建模组、材质组和灯光组共五组成员分别进行初步制作。

项目一 场景道具建模组

场景道具建模组此次的任务非常简单,所以该组负责人安排了刚进公司的新人来独立完成所分到的任务,以此作为实习期的考核依据。

任务一 闹 钟

古时候的人听到鸡叫后,就知道天亮了,该起床了;而现代的人则是利用闹钟的铃声使自己从睡梦中惊醒,因为闹钟的优点就是准时。

任务描述

根据该建模组的要求,小张被分配制作一些简单的建模,而闹钟是他要制作的第一个场景模型,接下来我们就用 MAYA2014 来制作一个马蹄钟。效果如图 1-1-1 所示。

图 1-1-1

任务分析

MAYA 建模的方法有很多种,在这里介绍一种较为普遍的建模方法,运用 MAYA 的【Curves】(曲线)来创建。

方法与步骤

任务 1-1-1　闹钟铃铛制作

01 打开 MAYA2014,按【Space】(空格键)切换视图,将画面切换到【Front】视图,如图 1-1-2 所示。

> **提示**
>
> 　按空格键可以由单视图切换到多视图;反之,亦然。并且在 MAYA 中切换视图不需要特意地去激活要放大的窗口,因为它会根据鼠标所在的视图进行切换,但当鼠标处在视图分割线上的时候,按空格键是不能进行视图切换的。

02 选择【Create】/【CV Cure Tool】工具创建 CV 曲线,在【Front】视图中,创建如图 1-1-3 所示的曲线。

> **注意:** 在创建曲线时,第一点对齐视图的中心线。这样在后面的操作中不会出现错误。

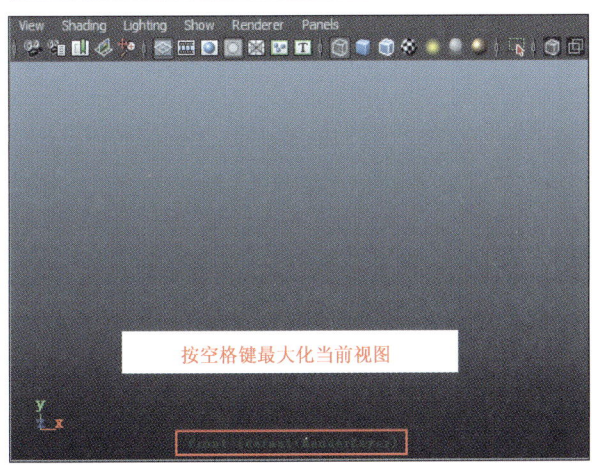

图 1-1-2

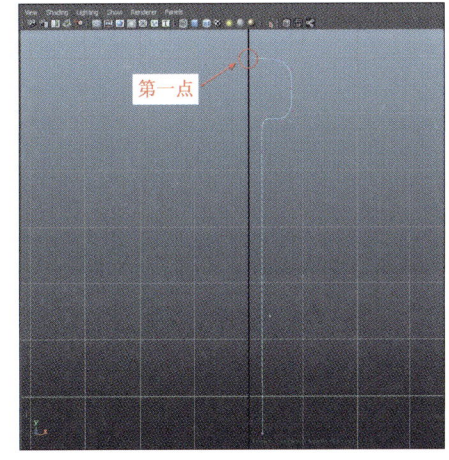

图 1-1-3

> **提示**
>
> 　CV 曲线的创建方式是通过起初确定的四个点来确定曲面的,大家可以多练习掌握其方法;另外如果对创建的曲线不满意,可通过右键曲线,选择【Control Vertex】(控制点)来对曲线上的点进行编辑。

03 按【F4】键打开【Surfaces】(曲面)编辑状态,选择菜单【Surfaces】/【Revolve】(旋转成面)工具,对创建的曲线进行旋转,效果如图 1-1-4 所示。

04 选择【Create】/【CV Cure Tool】工具创建 CV 曲线,依旧在【Front】视图中创建曲线,如图 1-1-5 所示。

05 选择菜单【Surfaces】/ 【Revolve】(旋转成面)工具,对创建的曲线进行旋转,效果如图 1-1-6 所示。

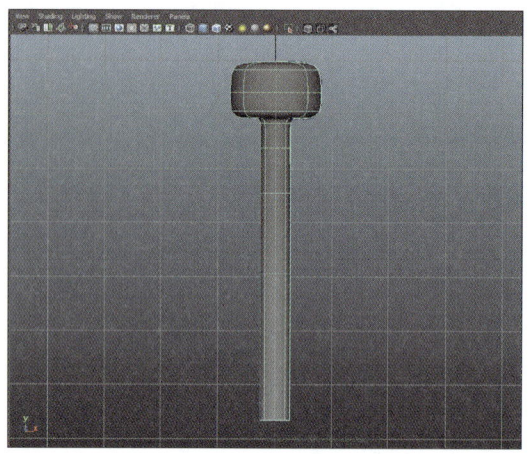

图 1-1-4

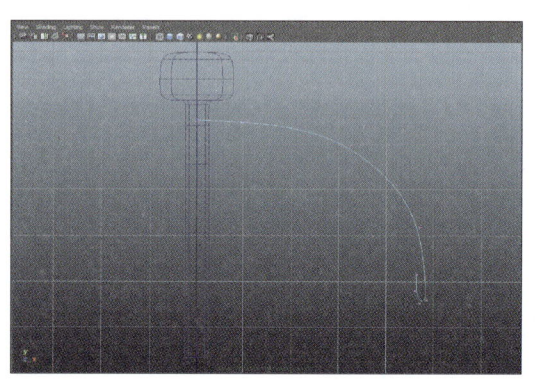

图 1-1-5

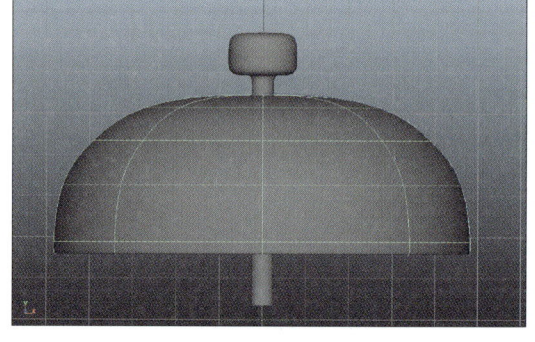

图 1-1-6

任务 1-1-2 闹钟主体建模

06 按空格键,将视图切换到【Side】视图,并最大化该视图,选择【Create】/【CV Cure Tool】工具创建 CV 曲线,创建如图 1-1-7 所示的曲线。

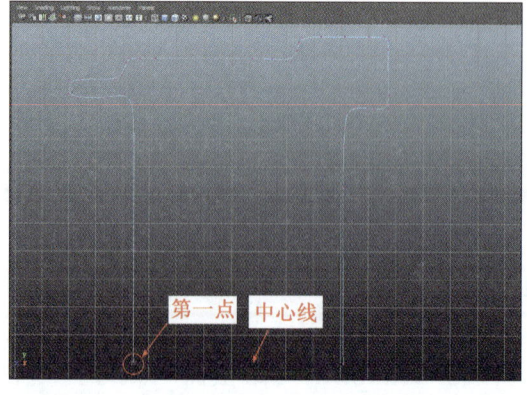

第一点　中心线

图 1-1-7

💡 **注意**：第一点对齐视图的中心线。

07 选择菜单【Surfaces】/【Revolve】（旋转成面）工具右侧的小按钮▫，打开"旋转成面"窗口菜单，并选择 Z 轴，然后单击【Apply】运用按钮。如图 1-1-8 所示。

08 按空格键，将视图切换到【Persp】，旋转成面后的效果如图 1-1-9 所示。

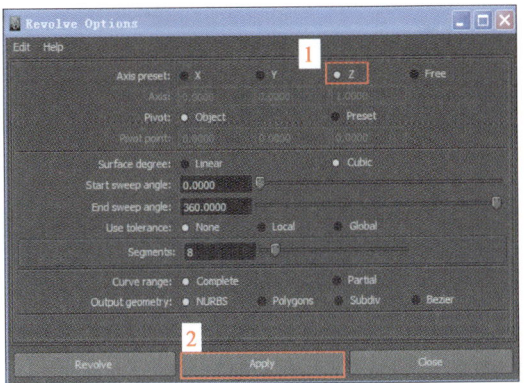

图 1-1-8

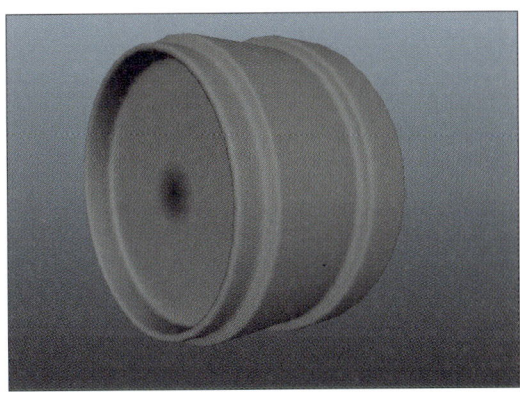

图 1-1-9

09 将闹钟的主体和铃铛通过移动、旋转，调到合适的位置，如图 1-1-10 所示。

10 复制铃铛。先将铃铛的两个部件按【Ctrl】+【G】键进行合并。再按【W】+【E】键对铃铛进行位移和旋转的操作。

💡 **注意**：合并后注意轴向保持在中心线，如图 1-1-11 所示。

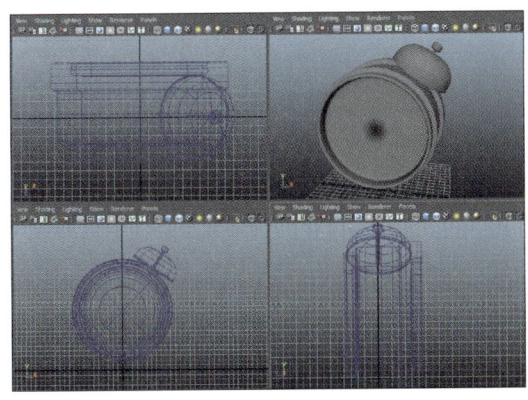

图 1-1-10

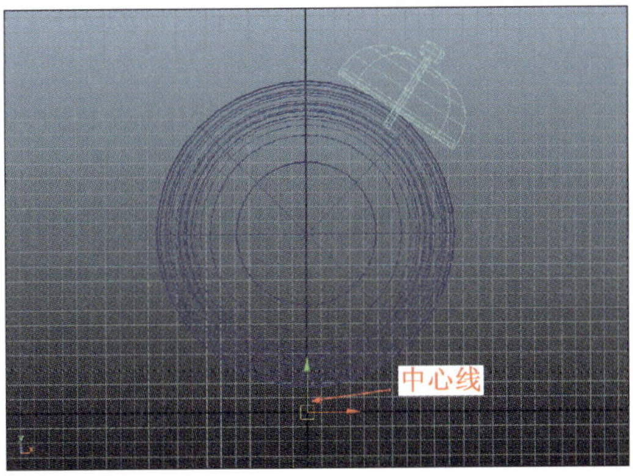

图 1-1-11

11 选择【Modify】/【Freeze Transformations】将各个数值归 0，如图 1-1-12 所示。

12 按快捷键【Ctrl】+【Shirt】+【D】对其进行复制，在右侧的面板中，将【Rotate X】的数值改为－1，如图 1-1-13 所示。

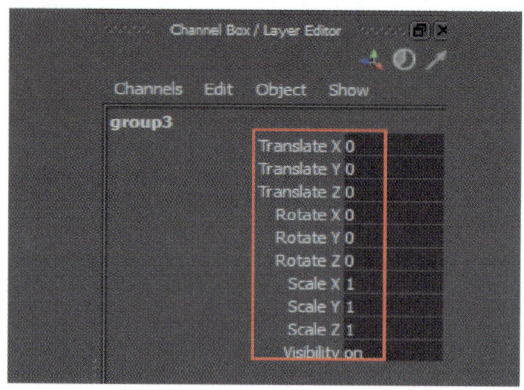

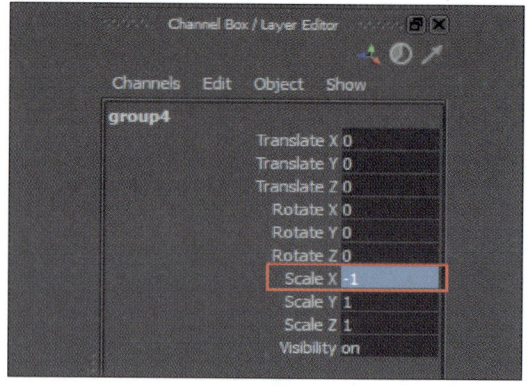

图 1-1-12   图 1-1-13

提示

使用【Freeze Transformations】后，模型就以当前的状态为最初的状态了。这就是位移，角度都变成0，缩放变为1。在需要一些特殊复制的情况下用，这样便于计算，使用后，以前的位移缩放以及角度数据都没了，变成以自己为原点的一个自我坐标系了。

13 复制后的效果，如图 1-1-14 所示。

14 按空格键，切换视图到【Front】视图，选择【Create】/【CV Cure Tool】工具创建 CV 曲线，如图 1-1-15 所示。

注意：起始点对齐中心线。

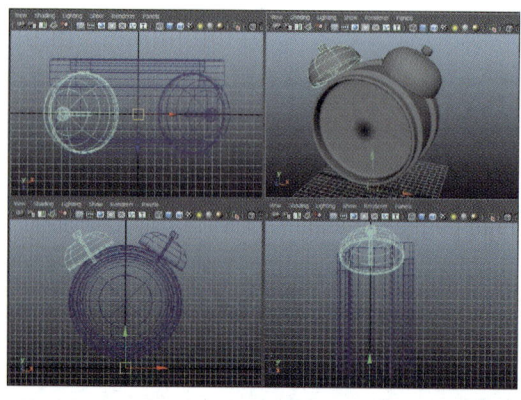

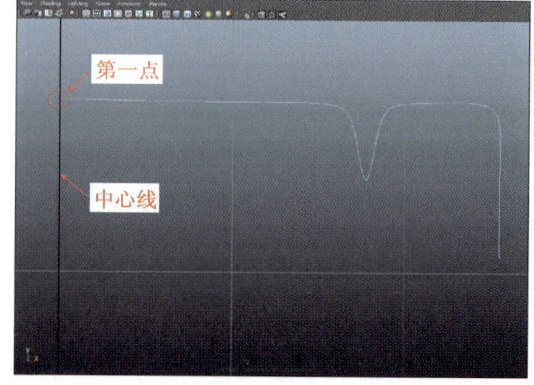

图 1-1-14   图 1-1-15

15 按【D】+【C】键，将中心点移动到如图 1-1-16 所示的位置。

16 选择菜单【Surfaces】/【Revolve】（旋转成面）工具右侧的小按钮□，打开"旋转成面"窗口菜单，并选择 X 轴，然后单击【Apply】运用按钮，如图 1-1-17 所示。

17 旋转成面后，对齐进行复制，按【D】+【C】先将中心点移动到如图 1-1-18 所示。

18 按快捷键【Ctrl】+【Shirt】+【D】对其进行复制，在右侧的面板中，将【Rotate X】的数值改为－1。复制后的效果，如图 1-1-19 所示。

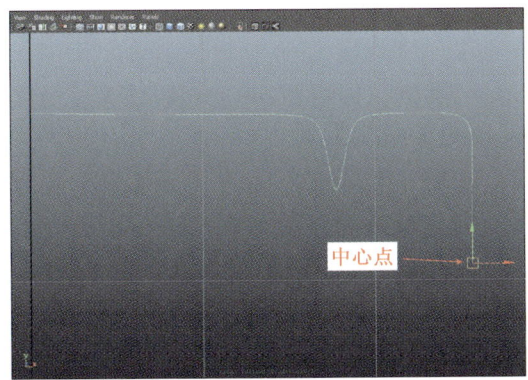

中心点

图 1-1-16

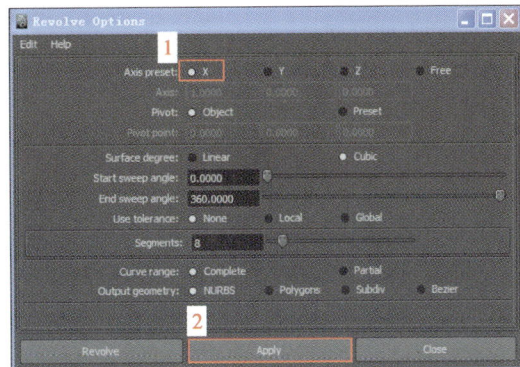

图 1-1-17

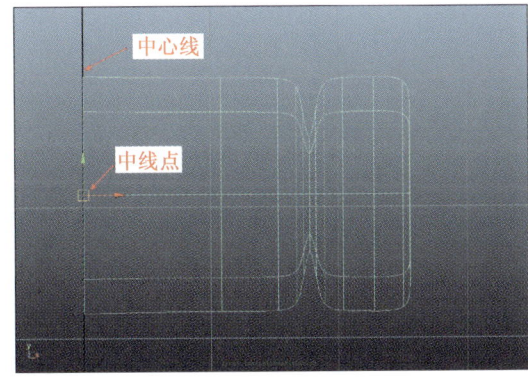

中心线

中线点

图 1-1-18

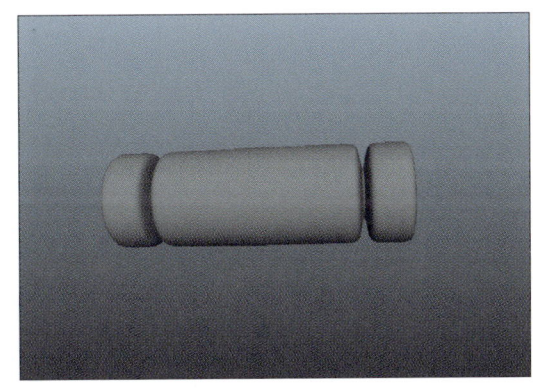

图 1-1-19

19 用同样的方法,在图 1-1-20 所示的位置创建一个竖直的线,并对其进行【Revolve】(旋转成面)操作。效果如图 1-1-20 所示(具体操作参上,此处略)。

20 选择【Create】/【CV Cure Tool】工具创建 CV 曲线,在如图 1-1-21 所示位置创建曲线(闹钟把手)。

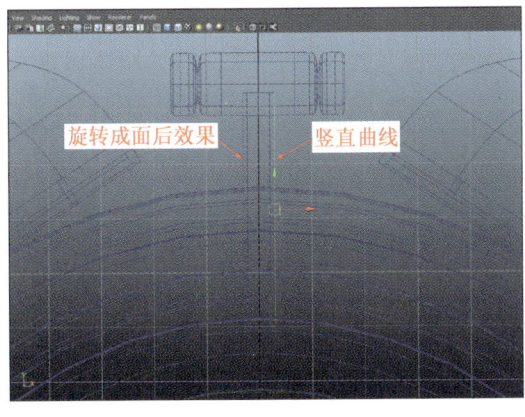

旋转成面后效果

竖直曲线

图 1-1-20

第一点

垂直中心线

图 1-1-21

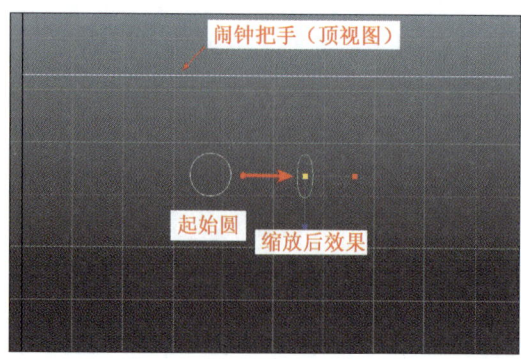

图 1-1-22

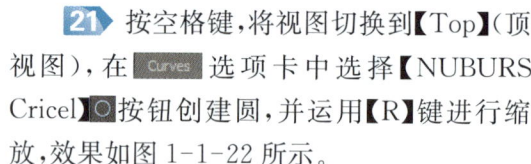

21 按空格键，将视图切换到【Top】（顶视图），在 Curves 选项卡中选择【NUBURS Cricel】○按钮创建圆，并运用【R】键进行缩放，效果如图 1-1-22 所示。

22 按空格键切换到【Persp】视图，按住【Shift】键同时选中椭圆和闹钟把手的曲线（先选择椭圆后选择曲线），选择菜单【Surfaces】/【Extrude】，打开【Extrude Options】窗口，操作如图 1-1-23 所示。

23 效果如图 1-1-24 所示。

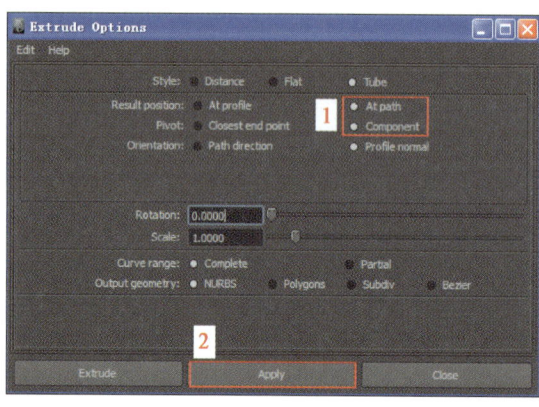

图 1-1-23

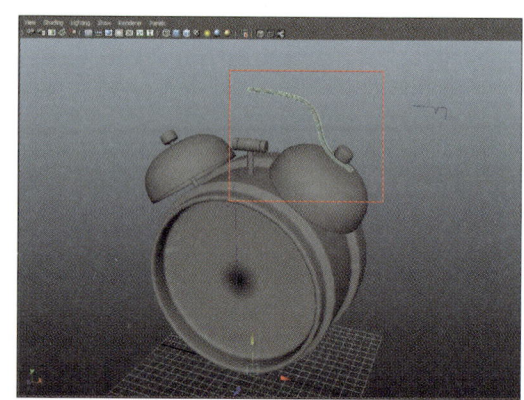

图 1-1-24

24 选中拉伸后的图形，我们会发现在接口处是空心的，需要我们补上去。右键闹钟把手，选择【Isoparm】，左键拖动边线，如图 1-1-25 所示。

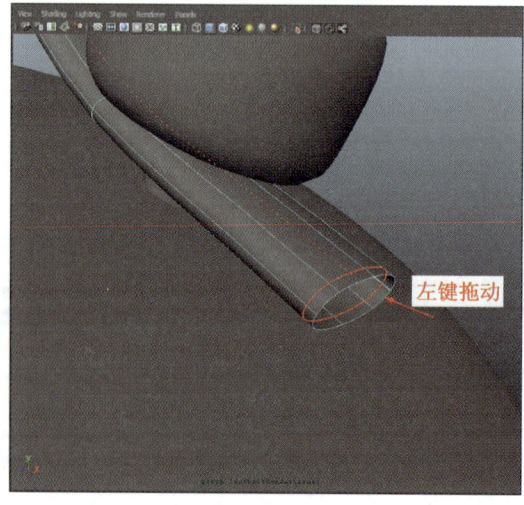

图 1-1-25

25 选择菜单【Edit NURBS】/【Insert Isoparms】，右键选择【Hull】，如图 1-1-26 所示。

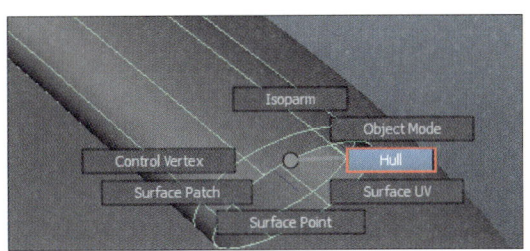

图 1-1-26

26 单击选择边线，按【R】键缩放，以中心点进行缩小，效果如图 1-1-27 所示。

27 参照本任务中第 17、第 18 步骤对闹钟把柄进行复制，复制出另一半。按【Shift】键并同时选中两个把柄，选择菜单【Edit NURBS】/【Attach Surfaces】，打开对话框，将两个把柄进行合并连接，参数设置如图 1-1-28 所示。

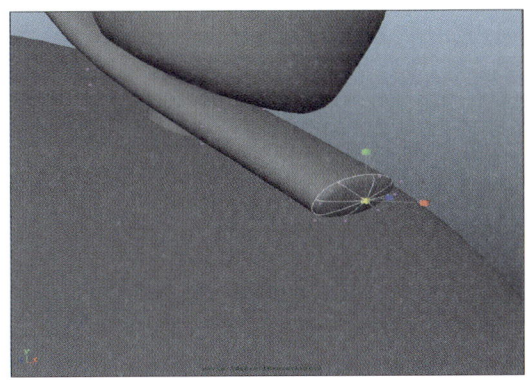

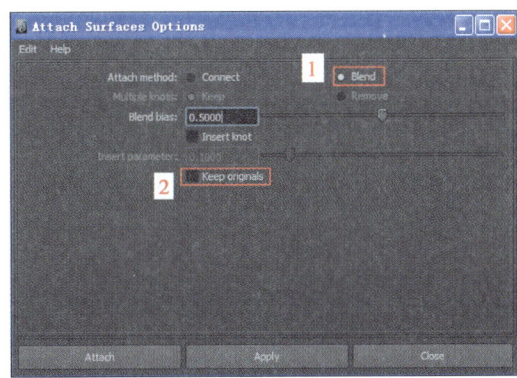

图 1-1-27   图 1-1-28

任务 1-1-3　闹钟支撑脚建模

28 选择菜单【Create】/【CV Cure Tool】创建马蹄钟的脚，并按【D】+【C】键将中线点对齐到中心线上。曲线如图 1-1-29 所示。

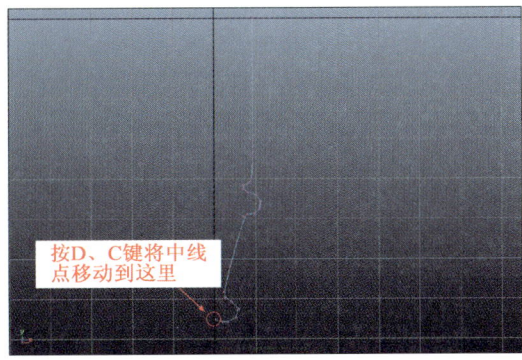

图 1-1-29

29 选择菜单【Surfaces】/【Revolve】(旋转成面)右侧的小按钮▣,沿着 Y 轴进行旋转,效果如图 1-1-30 所示。

30 按【W】+【E】键对其进行位移和旋转,参照本任务步骤 10、11、12 对其进行复制,效果如图 1-1-31 所示。

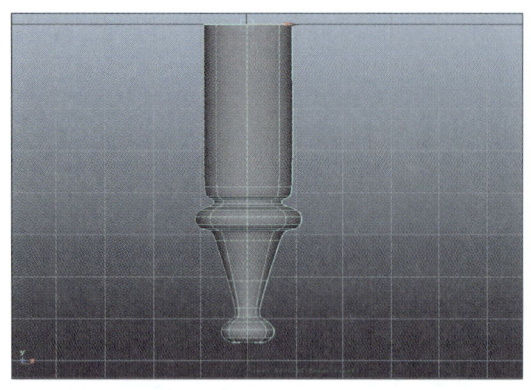

图 1-1-30

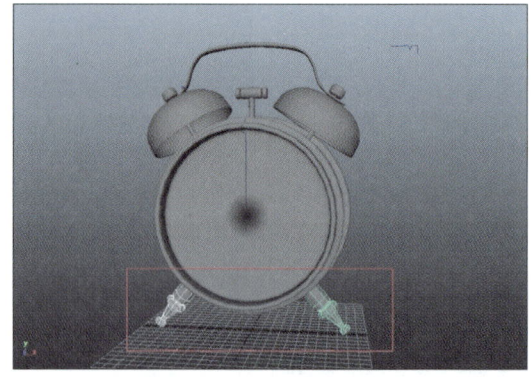

图 1-1-31

任务 1-1-4　闹钟指针建模

31 制作时针、分针和秒针。选择菜单【Create】/【CV Cure Tool】创建针的曲线,如图 1-1-32 所示。

32 选择菜单【Surfaces】/【Revolve】(旋转成面)右侧的小按钮▣,沿着 Y 轴进行旋转,效果如图 1-1-33 所示。

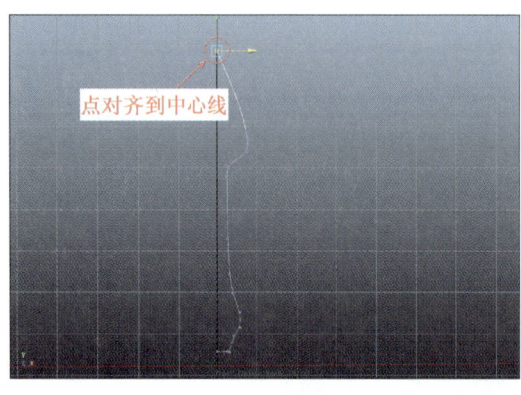

点对齐到中心线

图 1-1-32

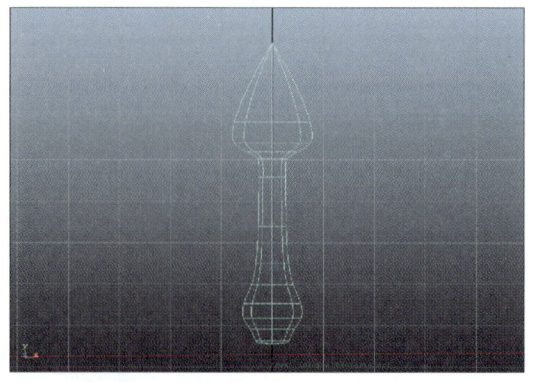

图 1-1-33

33 按【W】(移动)键、【E】(旋转)键、【R】(缩放)键进行基础设置,并通过【Ctrl】+【Shift】+【D】键进行复制,创建其他两个针。最后效果如图 1-1-34 所示。

任务 1-1-5　OCC 图渲染

34 创建地面,在 Curves 选项卡中选择【NUBURS Plane】▣按钮创建地面,如图 1-1-35 所示。

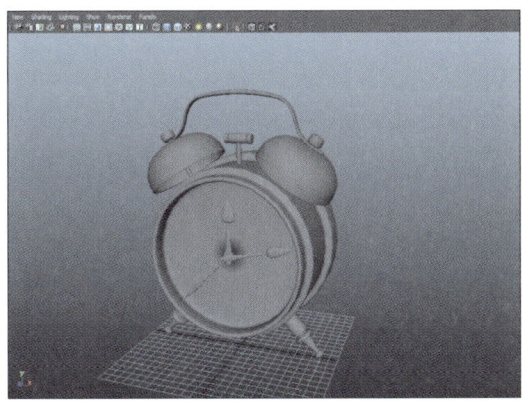

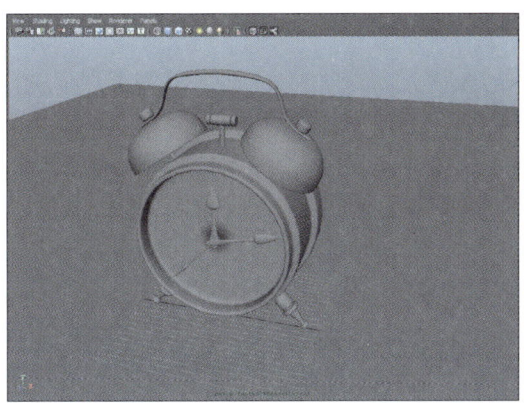

| 图 1-1-34 | 图 1-1-35 |

35 框选所有物体,再选择右侧面板的 Render (渲染)选项卡,创建新的图层,并右键该层,选择【Attributes】(属性)如图 1-1-36 所示。

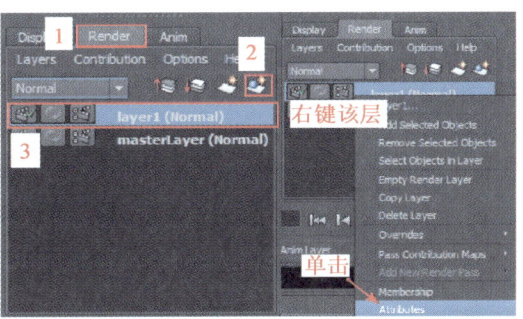

图 1-1-36

36 右侧的面板发生了变化,选择按钮【Presets】/【Occlusion】,窗口变成了黑色,如图 1-1-37 所示。

37 选择上方的渲染 按钮,对其进行渲染,最终效果如图 1-1-38 所示。

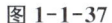

| 图 1-1-37 | 图 1-1-38 |

技能与相关知识

1. NURBS 原始物体分类。

MAYA 提供了 6 个曲面型原始物体和 2 个线型原始物体,可以执行【Create】/【NURBS Primitives】中的菜单命令,创建各种 NURBS 的原始几何体。

- Sphere:球体
- Cube:立方体
- Cylinder:圆柱体
- Cone:圆锥体
- Plane:平面物体
- Tours:圆环体
- Circle:圆环线
- Square:矩形线

NURBS 原始物体在创建时可以打开物体的创建选项面板,对物体生成时的初始状态进行设定。一旦物体创建完成,如果在状态栏中打开了历史纪录选项,那么通道箱中会包含物体的创建结点,在通道箱中点击物体的创建结点,可以显示物体的创建参数,也可通过修改参数来修改物体的状态。

2. NURBS 曲线创建工具。

创建 NURBS 模型时,通常使用的方法是:先创建曲线,然后将曲线调整到需要的形态,再利用曲线 NURBS 表面。由于曲线在整个 NURBS 建模中起到至关重要的作用,所以 MAYA 提供了丰富的曲线创建及编辑工具。曲线创建工具包括以下几种:

- CV Curve Tool:通过控制点创建曲线工具
- EP Curve Tool:通过编辑点创建曲线工具
- Pencil Curve Tool:铅笔曲线工具
- Arc Tools:圆弧工具
- Text:文字工具

拓展训练

制作如图 1-1-39 所示的模型。

图 1-1-39

任务二 耳 机

耳机是人们的随身音响,如今对于耳机要求越来越是细分化了,根据不同的场合选择合适的耳机已经成为潮流生活的一种象征。

耳机根据其换能方式分类,主要有:动圈式、动铁式、静电式和等磁式。从结构功能方式进行分类,有半开放式和封闭式;从佩戴形式上分类,则有耳塞式、挂耳式、入耳式和头戴式;从音源上分类,有源耳机和无源耳机,有源耳机又常被称为插卡耳机。

任务描述

根据建模组的要求,动画场景中,有小孩戴着耳机的动画,所以小张搜索了一些常用耳机的外观,制作了一个较为时尚的耳机,接下来我们就用 MAYA2014 来制作一个。效果如图 1-2-1 所示。

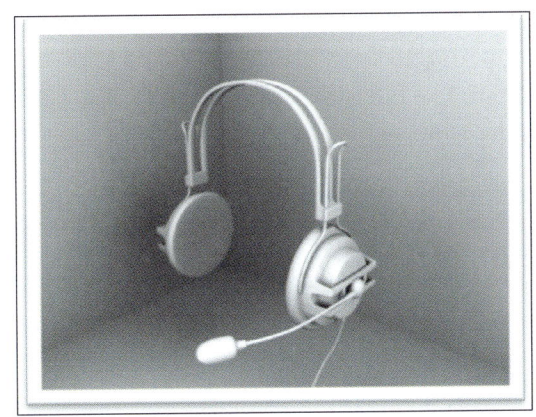

图 1-2-1

任务分析

在这个任务中,我们依旧运用 MAYA 的【Curves】(曲线)来创建基本曲线轮廓,配合 Revolve 命令创建三维效果。

方法与步骤

任务 1-2-1 耳机主体建模

01 打开 MAYA2014,按【Space】(空格键)切换视图,将画面切换到【Front】视图,如图 1-2-2 所示。

02 选择【Create】/【CV Cure Tool】工具创建 CV 曲线,在【Front】视图中,创建如图 1-2-3 所示的曲线。

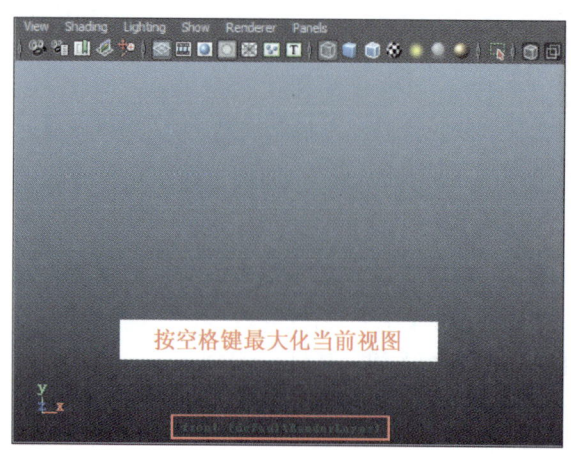

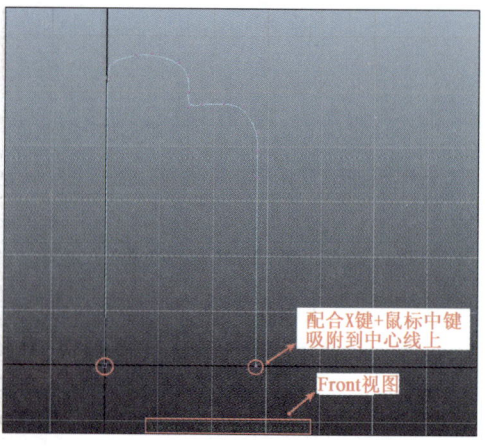

图 1-2-2   图 1-2-3

> **提示**
>
> 在创建曲线时,第一点对齐视图的中心线。这样在后面的操作中不会出现错误。如果已经创建好曲线,但未对齐到中心线,我们可以使用【X】+鼠标中键拖动,将点对齐到中心线上。

03 按【F4】键打开【Surfaces】(曲面)编辑状态,选择菜单【Surfaces】/【Revolve】(旋转成面)工具,对话框设置如图 1-2-4 所示。

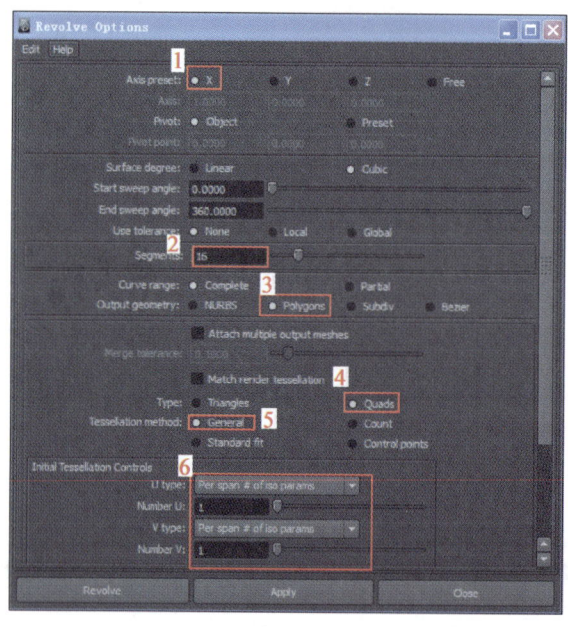

图 1-2-4

04 旋转后的效果如图 1-2-5 所示。

05 右键模型,进入【Edge】(边)的编辑状态如图 1-2-6 所示。

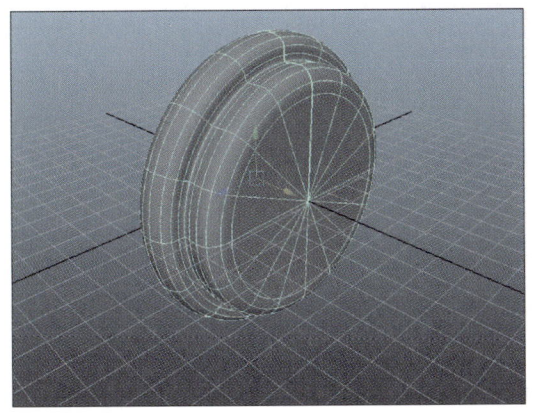

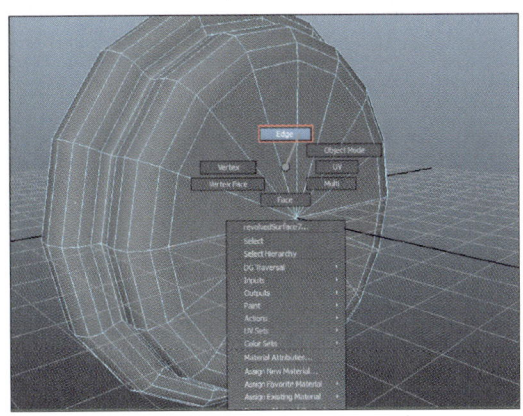

图 1-2-5   图 1-2-6

06 先选中相应的边，然后按住【Shift】＋鼠标右键，移动到左下角的选项，选择【Delete Edgy】删除不需要的边，效果如图 1-2-7 所示。

07 按【F2】键，进入 Polygons 模式下，选择【Edit Mesh】菜单下【Interactive Split Tool】命令，来通过点的方式加线。效果如图 1-2-8 所示。

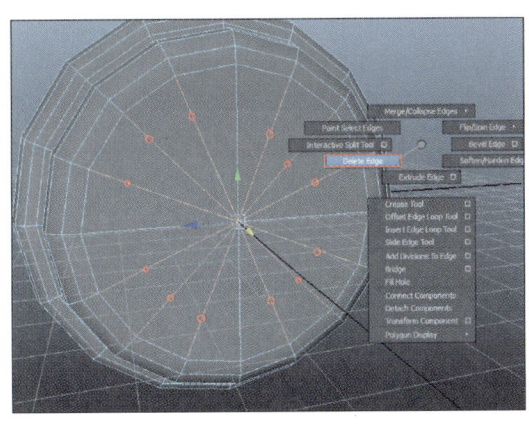

图 1-2-7   图 1-2-8

08 右键模型，进入【Edge】（边）的选择状态下，双击选中中间的横线，按住【Shift】＋鼠标右键，选择右边的【Bevel Edge】，并将右侧弹出的控制面板中的【Offset】（偏移）参数改为 0.4，如图 1-2-9 所示。

09 设置后的效果如图 1-2-10 所示。

10 右键模型，进入【Face】（面）的编辑状态，配合【Shift】键，同时选中如图 1-2-11 所示的四个面，选中好之后，再通过【Shift】＋鼠标右键进入【Extrude Face】（挤出面）的编辑状态。

11 通过两次挤出命令，并调整形状，获得的效果如图 1-2-12 所示。

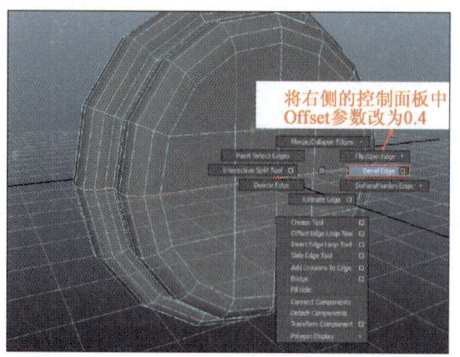

图 1-2-9

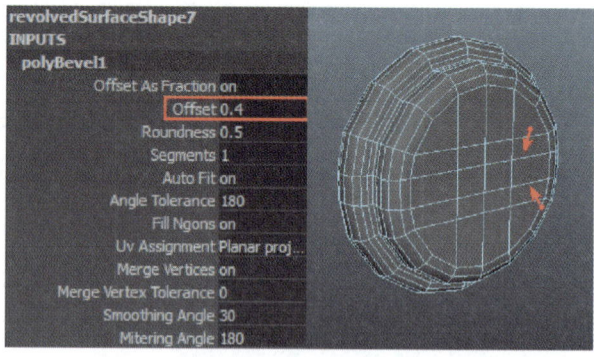

图 1-2-10

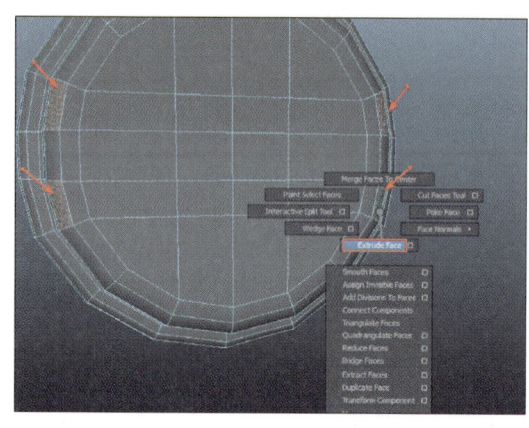

图 1-2-11

图 1-2-12

12 将视图按空格键切换到【Front】视图,选择【Edit Mesh】/【Cut Face Tool】命令,将其切面,效果如图 1-2-13 所示。

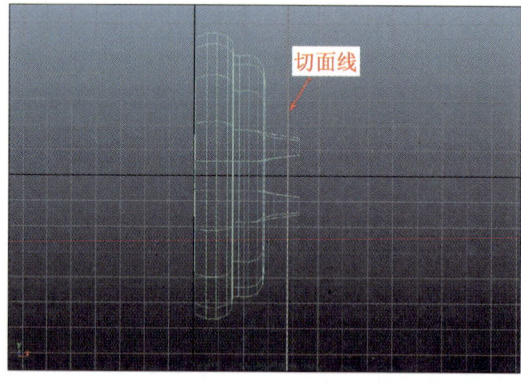

图 1-2-13

提示

【Cut Face Tool】命令的用法,在需要切面的横截面,按住鼠标不放,配合 Shift 键,将鼠标拖动至下方,可垂直切面。

13 按空格键将视图切换到透视图,选中模型,按右键,进入面的编辑状态,同时选中两个面,如图 1-2-14 所示

14 选择【Edit Mesh】/【Bridge】(桥接)命令,将两个选中的面进行桥接,下面的操作如同步骤 13,效果如图 1-2-15 所示。

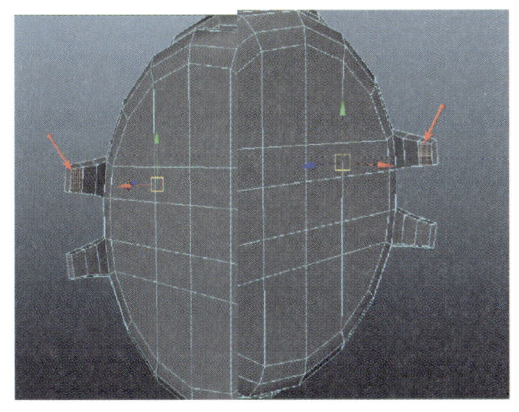

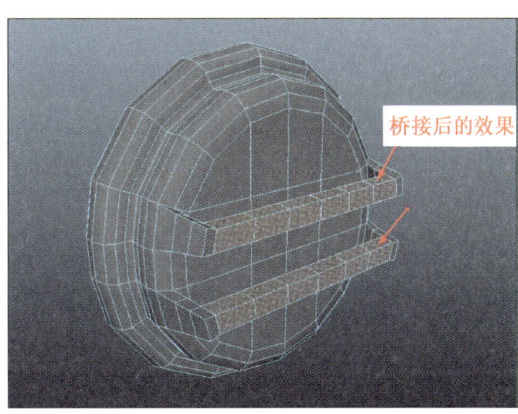

图 1-2-14   图 1-2-15

15 右键模型,进入点的编辑状态,将如图 1-2-16 所示的点进行一定距离的拉近。

16 右键模型进入【Face】层级中,选中相应的面,选择【Edit Mesh】/【Bridge】(桥接)命令右侧的小方块,打开对话框,在【Divisions】参数中设置数段为 0,效果如图 1-2-17 所示。

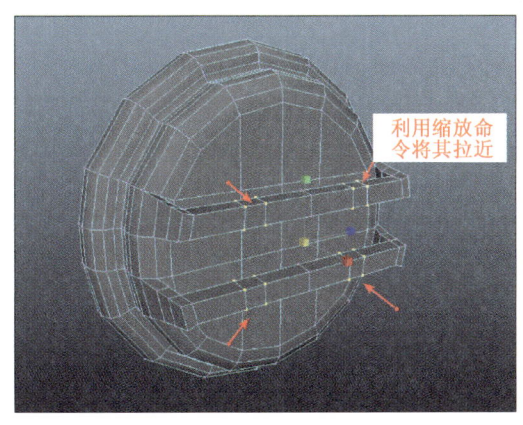

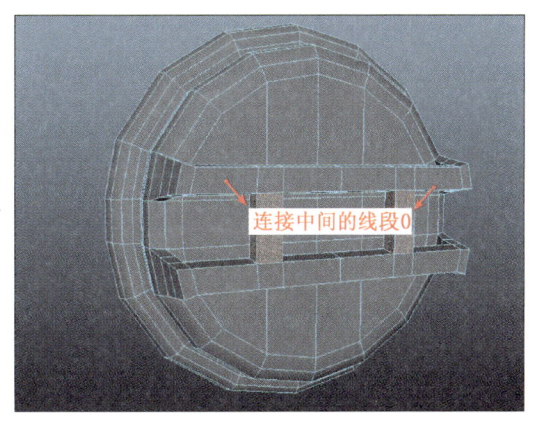

图 1-2-16   图 1-2-17

17 切换到【Front】视图,进入【Face】层级,选择左侧的面,如图 1-2-18 所示。

18 选择【Mesh】/【Extract】命令,将其进行分离,如图 1-2-19 所示。

19 按【3】键查看圆滑后的效果并不理想,需要我们进行卡边。选择【Edit Mesh】/【Insert Edge Loop Tool】命令,在相应位置进行卡边,具体卡边的位置根据情况而定,效果如图 1-2-20 所示。

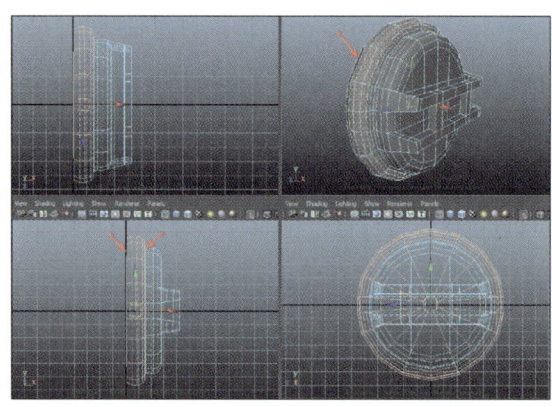

图 1-2-18

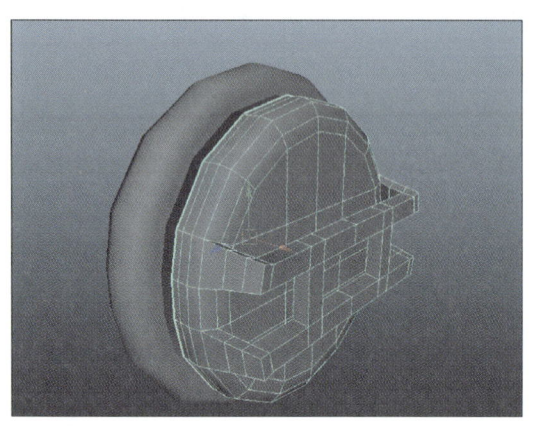

图 1-2-19

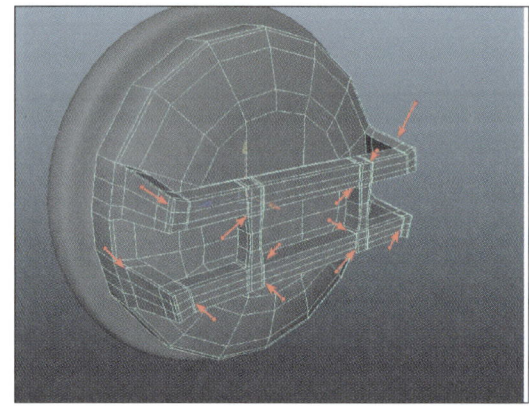

图 1-2-20

20 选择【Create】/【CV Cure Tool】工具创建 CV 曲线，在如图 1-2-21 所示位置创建曲线。

21 按【F4】键打开【Surfaces】(曲面)编辑状态，选择菜单【Surfaces】/【Revolve】(旋转成面)工具，按【3】键后的效果如图 1-2-22 所示。

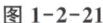

图 1-2-21

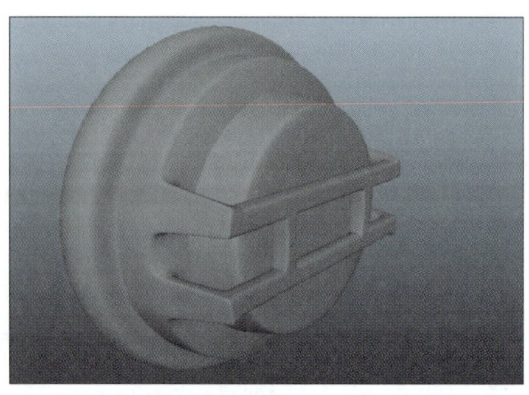

图 1-2-22

22 按空格键,切换到【side】视图,选择【Create】/【CV Cure Tool】工具创建 CV 曲线,在如图 1-2-23 所示位置创建曲线。

23 在【Top】视图创建一个【Circle】⭕,先选择圆,配合【Shift】键再选择刚才创建的曲线,选择【Surfaces】/【Extrude】菜单右侧的小方块,打开对话框,参数设置如图 1-2-24所示。

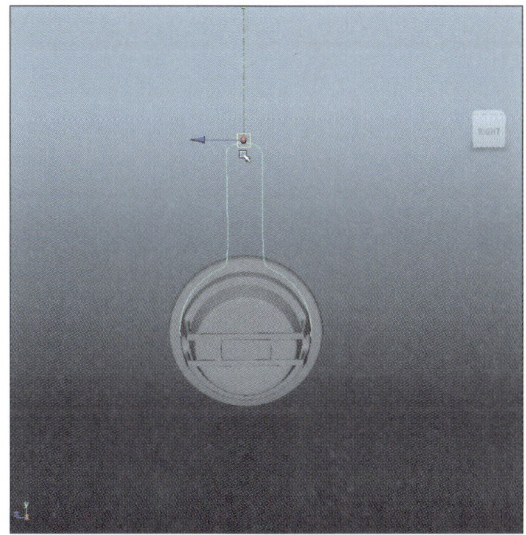

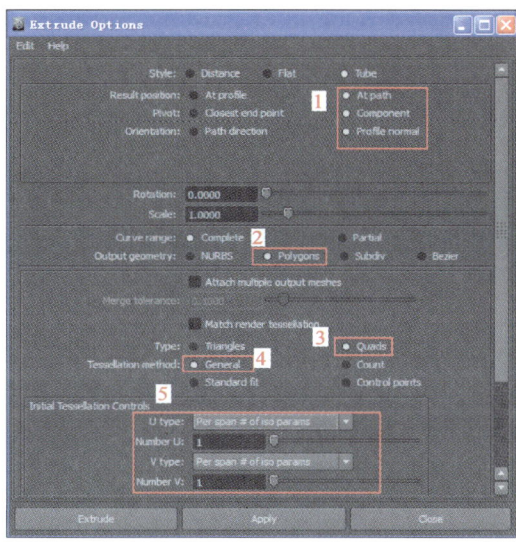

图 1-2-23 图 1-2-24

24 再右侧的控制面板中,设置下参数,如图 1-2-25 所示。

💡 **注意:**如果【Extrude】后的效果不太理想,可以通过缩放圆的大小或者曲面的形状来达到自己满意的效果。

25 设置好的效果如图 1-2-26 所示。

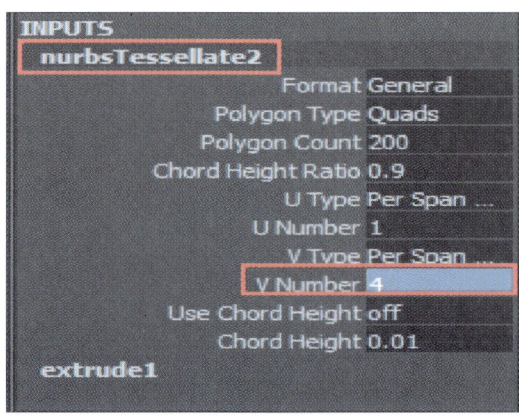

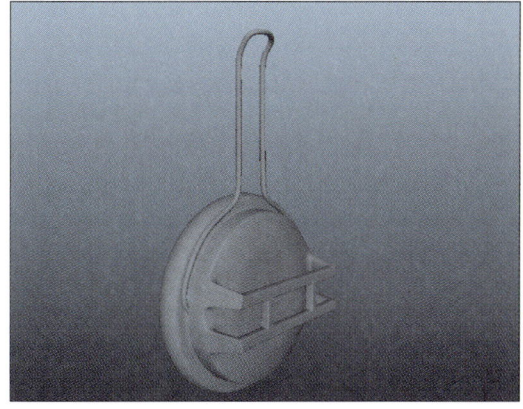

图 1-2-25 图 1-2-26

任务 1-2-2　耳机连接体建模

26 按【F3】键，进入 Polygons ，选择菜单【Creat】/【Polygon Primitives】/【Cube】创建一个长方体，右键模型，进入点的编辑状态，调整图形形状如图 1-2-27 所示。

27 选择【Edit Mesh】/【Insert Edge Loop Tool】命令，在相应位置进行卡边，效果如图 1-2-28 所示。

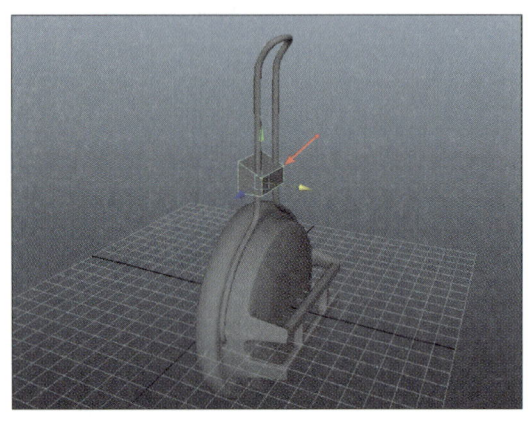

图 1-2-27

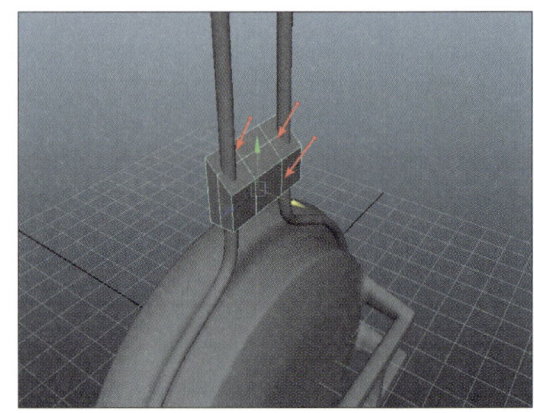

图 1-2-28

28 右键对象，进入【Face】（面）的编辑状态，再配合【Shift】＋鼠标右键往下进入【Extrude Face】层级，对选中的面进行挤出，效果如图 1-2-29 所示。

29 按空格键，将视图切换到【Front】视图，选择【Create】/【CV Cure Tool】工具创建CV 曲线，在如图 1-2-30 所示位置创建曲线。

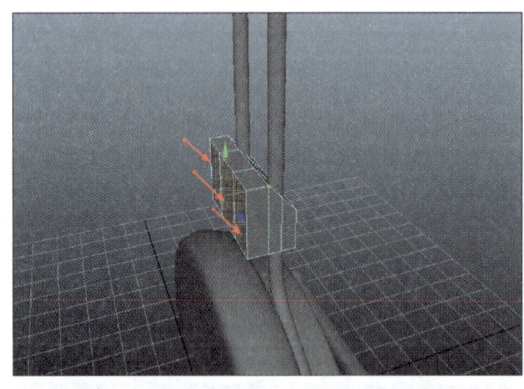

图 1-2-29

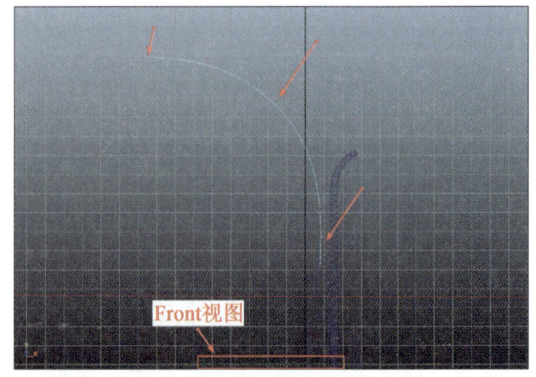

图 1-2-30

30 按【F8】键退出控制点的编辑状态，重新选择刚才创建的长方体，右键长方体，进入【Face】（面）层级，选择如图 1-2-31 所示的两个面，并配合【Shift】键同时选中刚才的曲线。

31 选中两个对象后，按住【Shift】＋鼠标右键，鼠标向下并选择【Extrude Face】命令。在【Divisions】（分段数）中，利用鼠标中键拖动的方法，改变数值参数，并设置数值为 10，效果如图 1-2-32 所示。

图 1-2-31

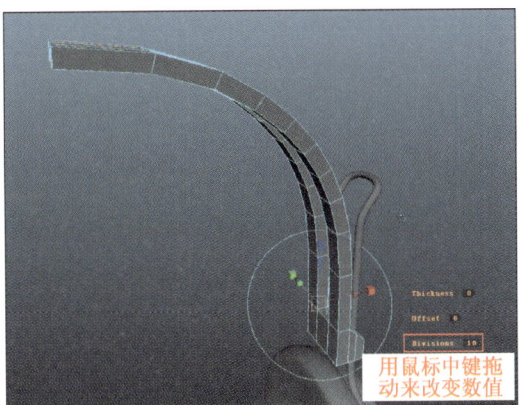

图 1-2-32

32 选择【Edit Mesh】/【Insert Edge Loop Tool】命令，在相应位置进行卡边，效果如图 1-2-33 所示。

33 右键对象，选择【Face】(面)层级，并选中相应的面，配合【Shift】+鼠标右键对齐进行【Extrude Face】命令操作，如图 1-2-34 所示。

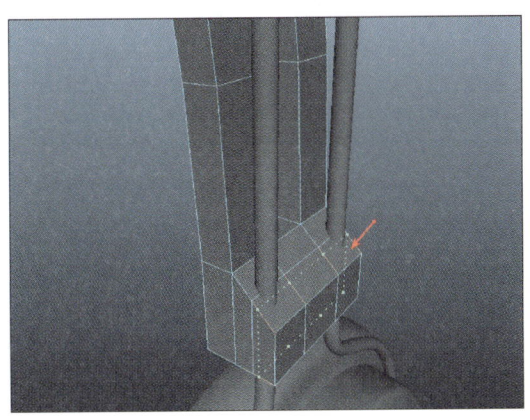

图 1-2-33

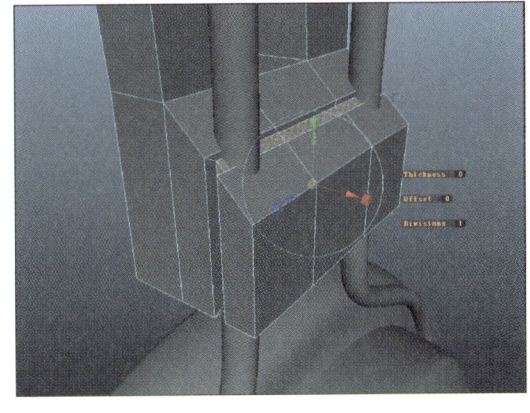

图 1-2-34

34 选择【Edit Mesh】/【Insert Edge Loop Tool】命令，在相应位置进行卡边，具体卡边的位置可根据情况而定，效果如图 1-2-35 所示。

35 右键模型，进入【Face】层级，选中如图 1-2-36 所示的面，按【Delete】键将其删除（方便之后合并操作）。

36 选中所有的对象，选择菜单【Modify】/【Freeze Transformations】(冻结参数)，再按【D】+【C】+鼠标中键，移动中线点到如图 1-2-37 所示的位置。

37 按【Ctrl】+【D】键对选中的对象进行复制，并在右侧的控制面板中，在【Scale X】一栏中，将数值 1 改成-1，复制后的效果如图 1-2-38 所示。

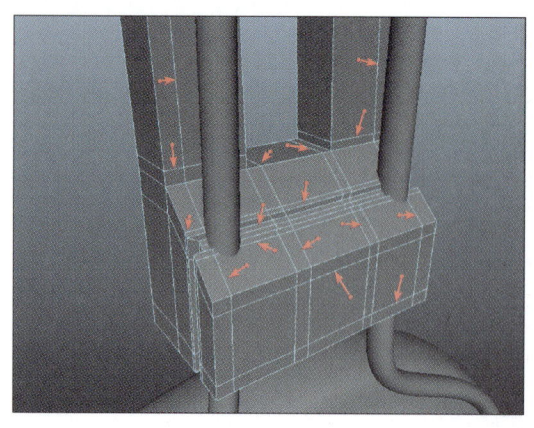

图 1-2-35

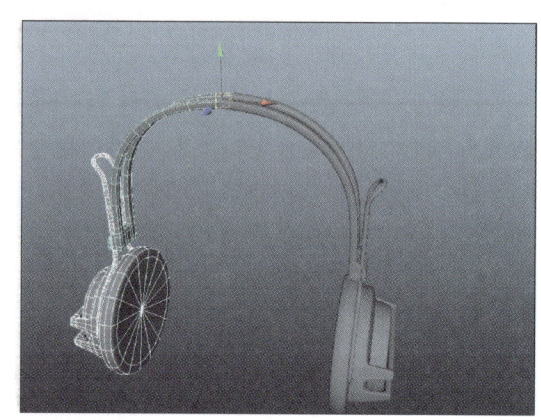

图 1-2-36

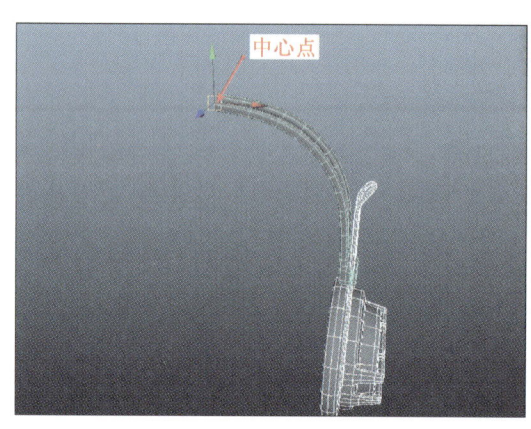

图 1-2-37

图 1-2-38

38 选中以上两个对象，并用【Mesh】/【Combine】进行合并。当两个对象合并成一个物体后再按鼠标右键进入【Vertex】点层级，按【R】键缩放点的方法将点的距离拉近之后，选择【Edit Mesh】/【Merge】再次合并。效果如图 1-2-39 所示。

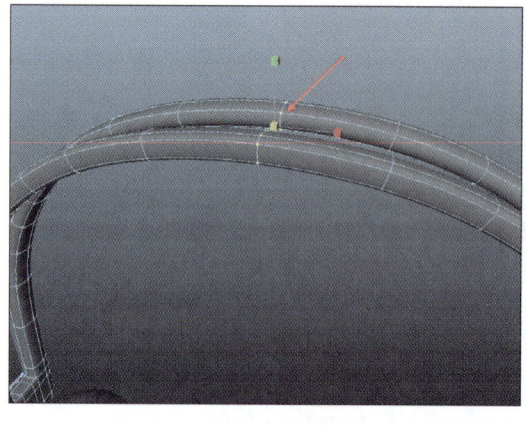

图 1-2-39

任务 1-2-3　耳机话筒建模

39 选择【Create】/【CV Cure Tool】工具创建 CV 曲线,在如图 1-2-40 所示位置创建曲线。

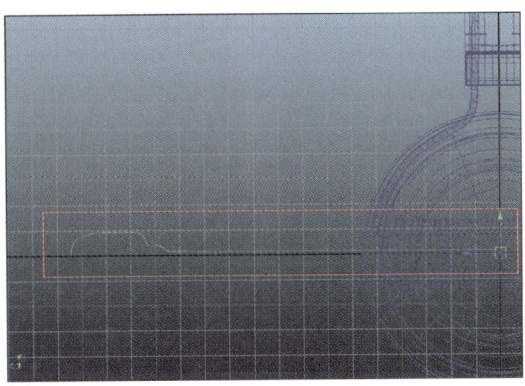

图 1-2-40

40 按【F4】键打开【Surfaces】(曲面)编辑状态,选择菜单【Surfaces】/【Revolve】(旋转成面)工具,对话框设置如图 1-2-41 所示。

41 在右侧的控制面板的参数设置如图 1-2-42 所示。

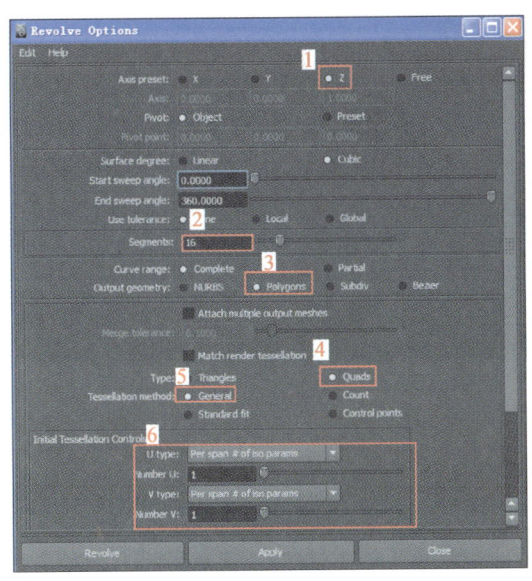

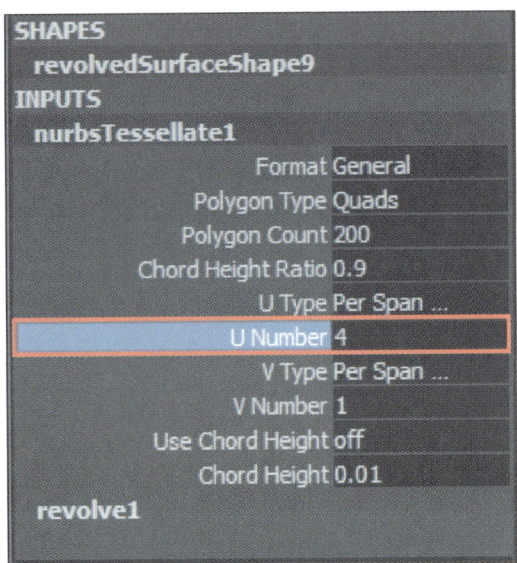

图 1-2-41　　　　　　　　　　　　　　　　图 1-2-42

42 按【D】+【C】+鼠标中键改变中线点的位置,如图 1-2-43 所示。

43 按【F2】键进入【Animation】,选择菜单【Create Deformers】/【Nonliear】/【Bend】命令,配合【E】键旋转中心线 90°(可在右侧的控制面板中将【Rotate X】的参数改为 90),如图

1-2-44 所示。

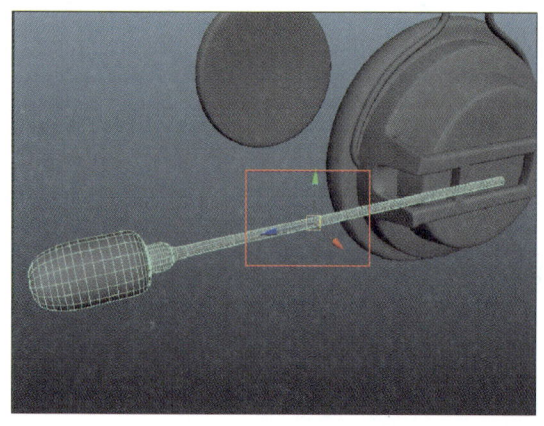

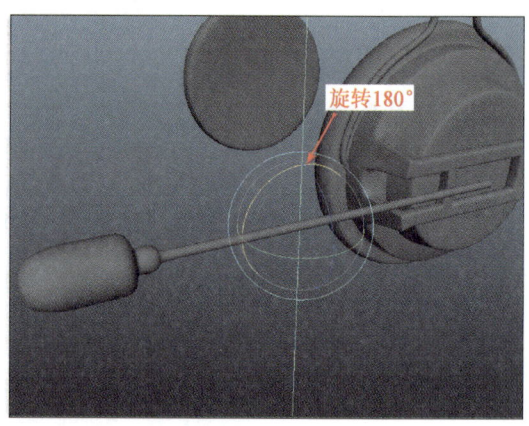

旋转180°

图 1-2-43   图 1-2-44

44 点击右侧的 ![]按钮,进入弯曲的编辑状态,通过移动三个点来改变弯曲度,效果如图 1-2-45 所示。

45 按【F3】键进入 Polygons▾ ,选择菜单【Creat】/【Polygon Primitives】/【Sphere】创建一个球体,如图 1-2-46 所示。

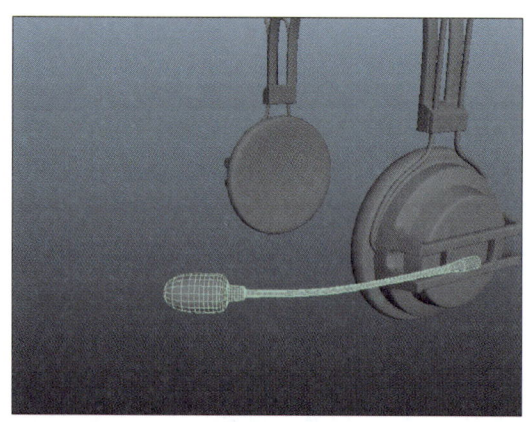

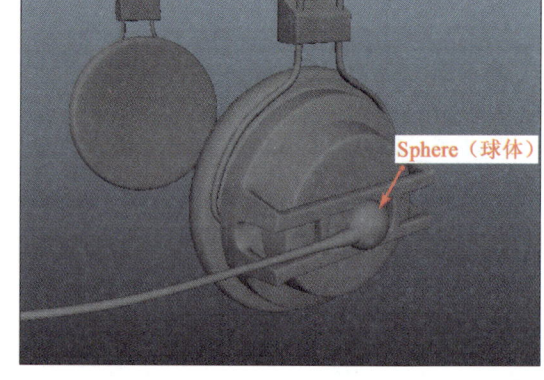

Sphere（球体）

1-2-45   图 1-2-46

任务 1-2-4 　耳线建模

46 按空格键切换到【Side】视图,选择【Create】/【CV Cure Tool】工具创建 CV 曲线,在如图 1-2-47 所示位置创建曲线。

47 按【F4】键打开【Surfaces】(曲面)编辑状态,选择菜单【Surfaces】/【Revolve】(旋转成面)右侧的小方块,打开对话框设置参数如图 1-2-48 所示。

48 选中对象,右键进入【Face】(面)的层级,选中相应的面,按【Delete】键删除。如图 1-2-49 所示。

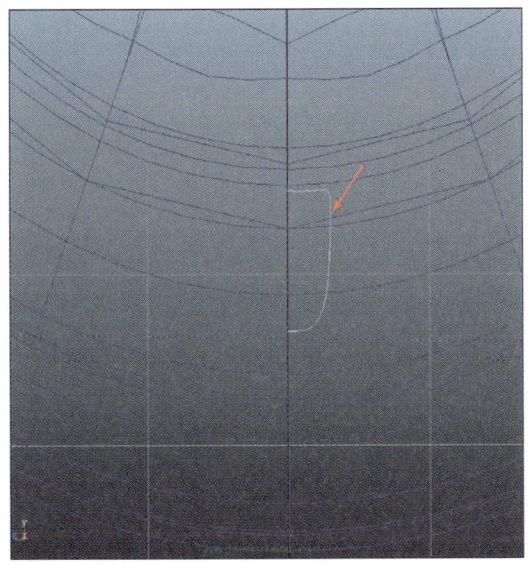

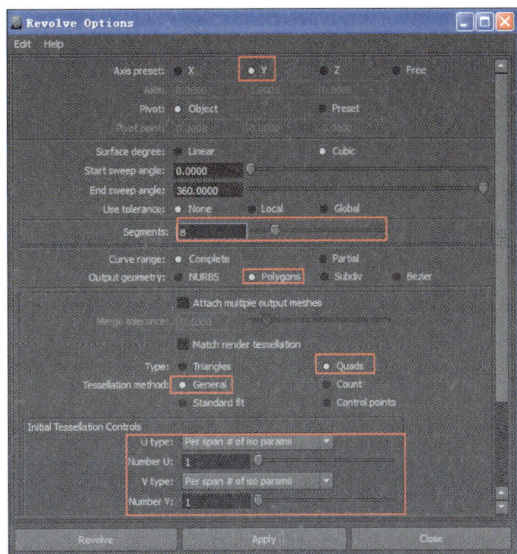

图 1-2-47   图 1-2-48

49 右键对象进入【Edge】(边)层级,双击删除面方向的边,配合【Shift】+鼠标右键,向下选择【Fill Hole】填充空白面,如图 1-2-50 所示。

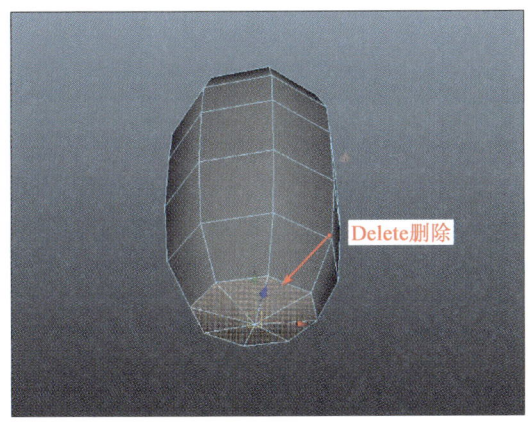

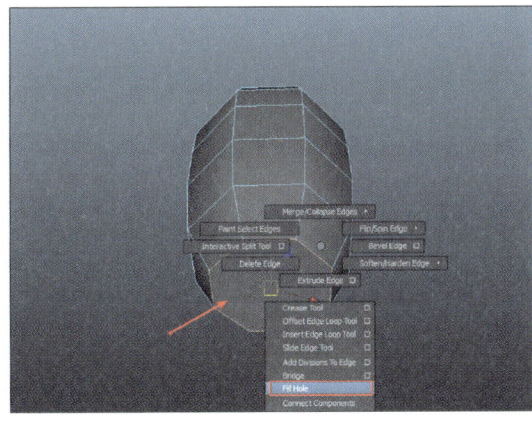

图 1-2-49   图 1-2-50

50 右键对象,进入【Face】(面)层级,选中刚才填充的面,配合【Shift】+鼠标右键进入【Extrude Face】命令,然后按【R】键进行缩放,如图 1-2-51 所示。

51 按【F8】键退出面层级,按空格键,切换到【Side】视图,创建曲线,如图 1-2-52 所示。

52 重新回到刚才创建的对象,右键,进入【Face】(面)层级,选中最底下的面,配合【Shift】键同时选中刚才的曲线。如图 1-2-53 所示。

53 按【Shift】+鼠标右键进入【Extrude Face】命令,将【Divisions】(分段数)设置为 24,效果如图 1-2-54 所示。

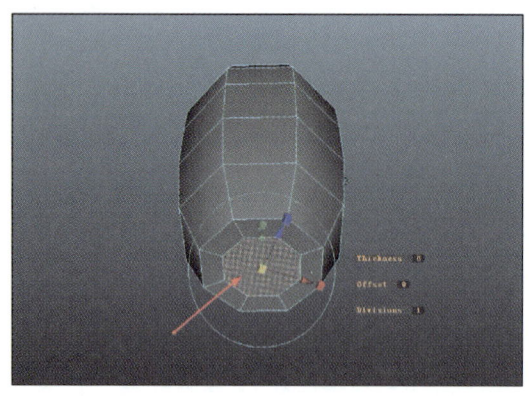

图 1-2-51

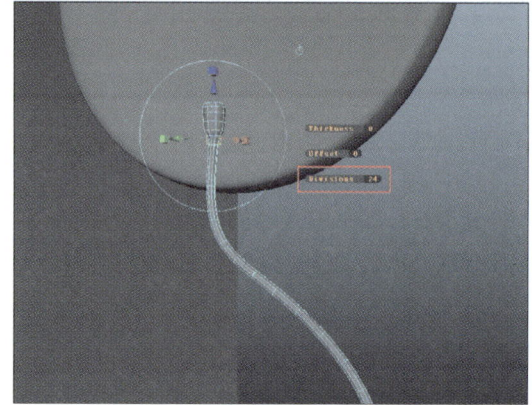

图 1-2-52

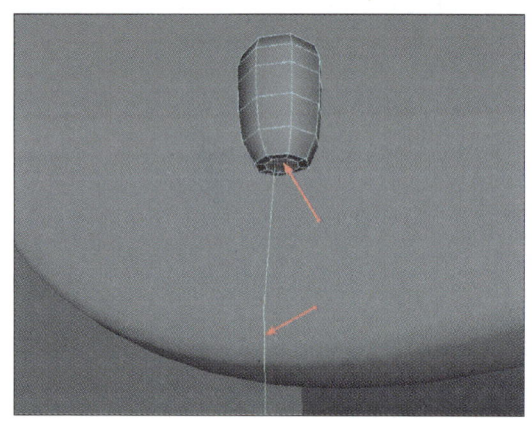

图 1-2-53

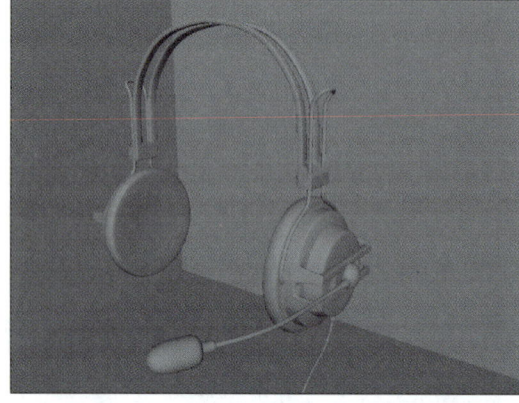

图 1-2-54

任务 1-2-5　OCC 图渲染

54 移动耳线到合适的位置,并创建三个【Plane】作为地面,来渲染 OCC 图,如图 1-2-55 所示。

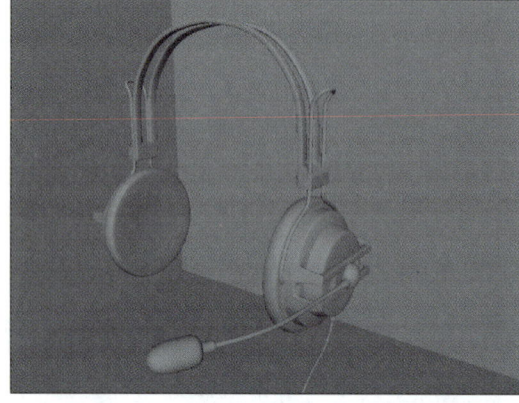

图 1-2-55

55 框选所有物体,再选择右侧面板的 Render (渲染)选项卡,创建新的图层,并右键该层,选择【Attributes】(属性)如图 1-2-56 所示。

56 右侧的面板发生了变化,选择按钮【Presets】/【Occlusion】,窗口变成了黑色,如图 1-2-57 所示。

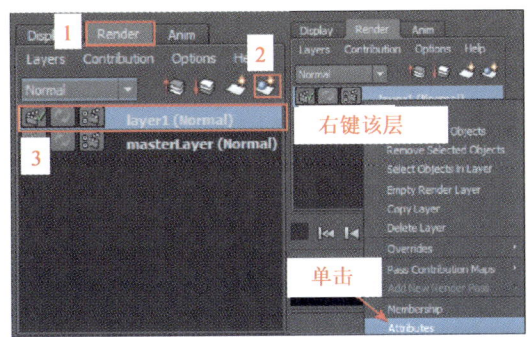

图 1-2-56

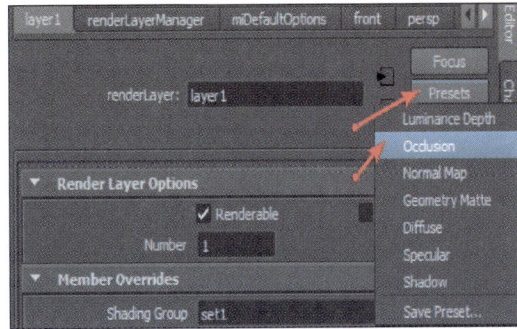

图 1-2-57

57 选择上方的渲染 按钮,对其进行渲染,最终效果如图 1-2-58 所示。

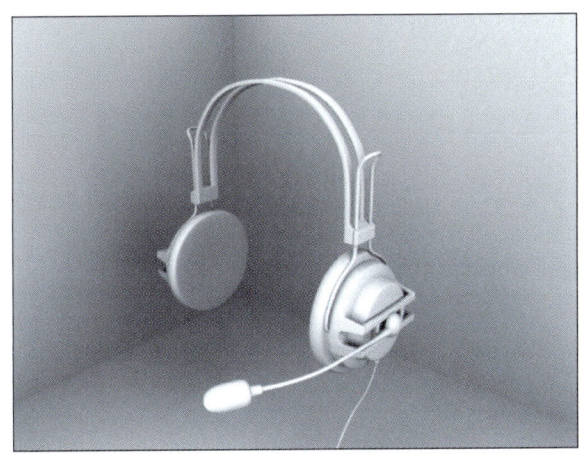

图 1-2-58

技能与相关知识

NURBS 成面工具

一旦将 NURBS 曲线创建完成后,就需要通过某种手段由曲线生成需要的曲面。Surfaces 菜单中的命令提供了由曲线生成曲面的命令。

- Revolve:旋转成面命令
- Loft:放样成面命令
- Plannar:生成平面工具
- Extrude:挤压成面命令

- Birail：轨道成面命令
- Boundary：边界成面命令
- Square：四方形成面命令
- Bevel：倒角成面命令
- Bevel Plus：倒角扩展命令

拓展训练

制作如图 1-2-59 所示的模型。

图 1-2-59

项目实训　轮椅制作

【项目描述】

整个动画的制作过程中，小男孩在画画时，需要一把椅子，在这里我们安排了一把可以移动并上下升降的椅子。请按照描述与要求建模。

【项目要求】

1. 设计美观、合理。
2. 实用性高。
3. 布线合理。

【项目提示】

1. 通过网上多收集一些此类椅子的素材。
2. 运用【Polygons】创建基本体。

【项目评价】

表 1-1 项目实训评价表

内 容		评 价		
学习目标	评价项目	3	2	1
职业能力 使用软件设计整个模型	素材的收集			
	美观			
设计丰富的元素	模型合理			
	布线工整			
	实用性			
通用能力	创新能力			
	排版设计能力			
综合评价				

表 1-2 评价等级说明表

等 级	说 明
3	能高质、高效地完成此学习目标的全部内容,并能解决遇到的特殊问题
2	能高质、高效地完成此学习目标的全部内容
1	能圆满完成此学习目标的全部内容,不需任何帮助和指导

项目二　玩具道具建模组

　　根据项目任务的分配,玩具道具建模组被分配制作玩具房中的所有玩具建模,于是玩具道具建模组负责人小刘,拟定了几个玩具:剑、油箱车、腰鼓和枪等玩具。

任务一　亚瑟女王之剑

　　在冷兵器时代,剑是一种极其重要的武器。千百年来,剑得到人们的珍视,也得到人们的充分利用。

　　最早的剑,是我国西周时期的青铜剑。这已为无数考古学者、历史学家所证实。在陕西省长安县张家坡、北京市琉璃河等地的西周时代的墓中,都曾经挖掘出柳叶形青铜短剑。青铜是用锡铅铜混合而成具有较强的硬度。而现今的剑多出现在游戏中,且外观非常精致。

任务描述

　　小周是建模组的得力干将,在此次的项目任务中,小周制作玩具房中主要道具的模型。在玩具道具建模组负责人小刘的建议下,小周搜寻了各式各样的剑的样式,最终确定了亚瑟女王之剑,效果如图 2-1-1 所示。

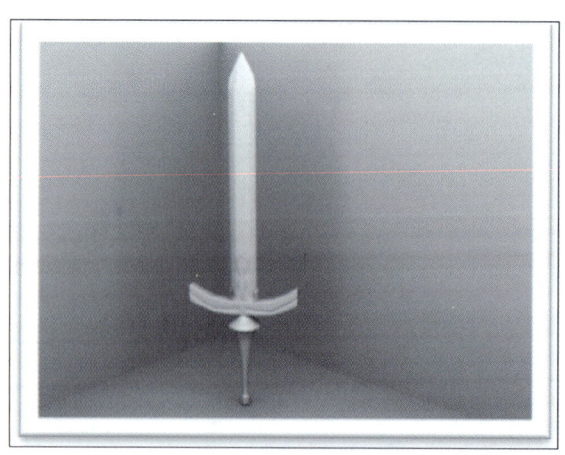

图 2-1-1

任务分析

在这个实例中,我们运用【Polygons】的建模方法创建手柄、刀刃及主体部分。

方法与步骤

任务 2-1-1　剑柄建模

01 打开 MAYA2014,按【Space】(空格键)切换视图,将画面切换到【Persp】视图,按【F3】键进入 Polygons,选择菜单【Create】/【Polygons】/【Cylinder】创建圆柱体,如图 2-1-2 所示。

02 选择右侧的控制面板,调整下圆柱体的分段数,具体参数如图 2-1-3 所示。

图 2-1-2

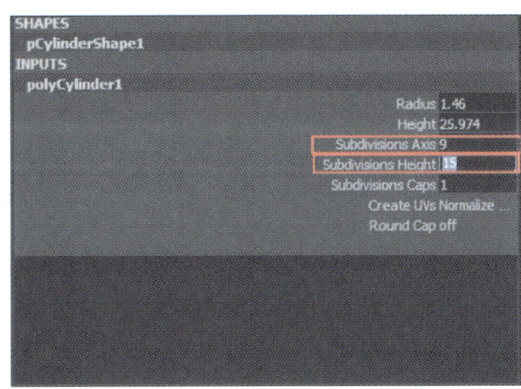

图 2-1-3

03 右键对象,进入【Vertex】(点)层级,对图形的形状进行大致的调整(配合【R】键缩放),效果如图 2-1-4 所示。

04 右键对象,进入【Face】(面)层级,选中面,并将其删除,如图 2-1-5 所示。

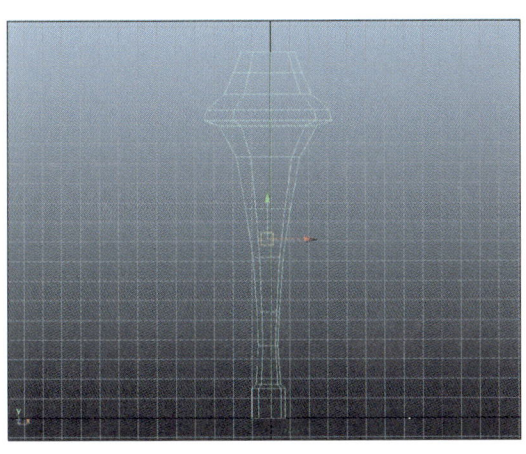

图 2-1-4

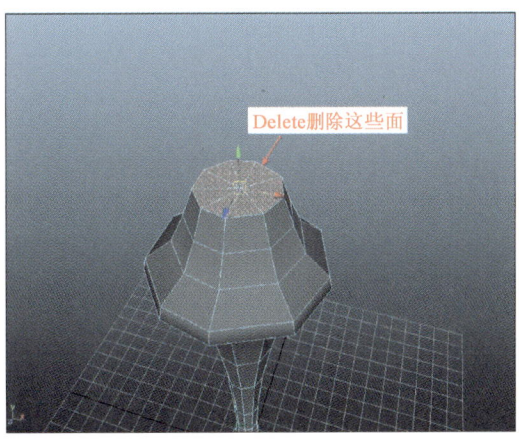

图 2-1-5

05 按【3】键,查看圆滑后的效果并不理想,需要我们进行卡边。选择【Edit Mesh】/【Insert Edge Loop Tool】命令,在相应位置进行卡边,具体卡边的位置根据情况而定,效果如图 2-1-6 所示。

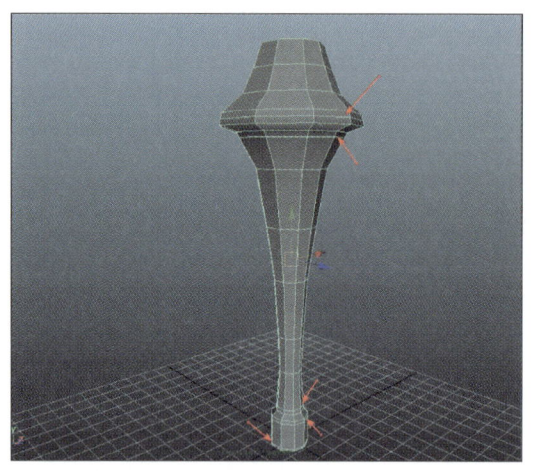
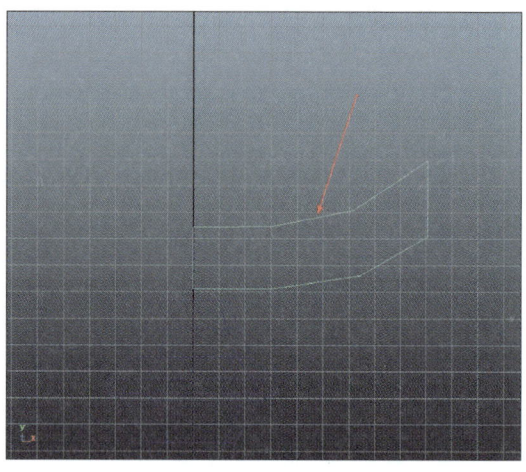

图 2-1-6   图 2-1-7

任务 2-1-2　剑拖建模

06 按【F3】键进入 Polygons ，选择菜单【Mesh】/【Create Polygons Tool】,在【Front】视图创建如图 2-1-7 所示的多边形。

07 选择菜单【Mesh】/【Triangulate】(三边面),再选择菜单【Mesh】/【Quadrangulate】(四边面),将对象转化成四边的面,然后右键对象,进入【Face】(面)的编辑状态,选择三个面,如图 2-1-8 所示。

08 配合【Shift】+鼠标右键选择【Extrude Face】(挤出面)操作,并如图 2-1-9 所示,将一个面选中后删除。

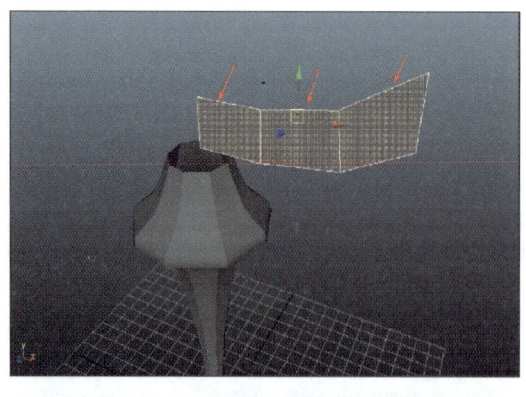
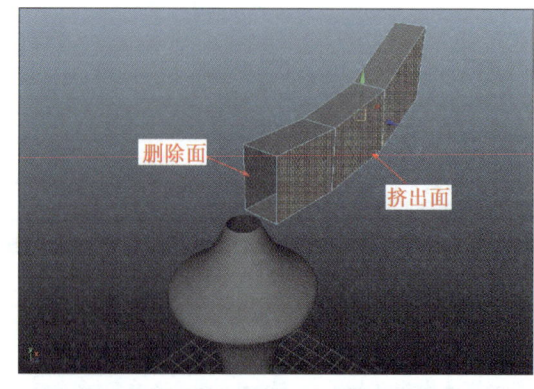

删除面
挤出面

图 2-1-8   图 2-1-9

09 选择【Edit Mesh】/【Insert Edge Loop Tool】命令,在相应位置进行卡边,具体卡边

的位置根据情况而定，进入【Vertex】（点）层级，对齐点的位置进行相应的调整，效果如图 2-1-10 所示。

10 右键对象，进入【Face】（面）层级，配合【Shift】＋鼠标右键，选择【Extrude Face】（挤出面）命令，对选中的面进行挤出，效果如图 2-1-11 所示。

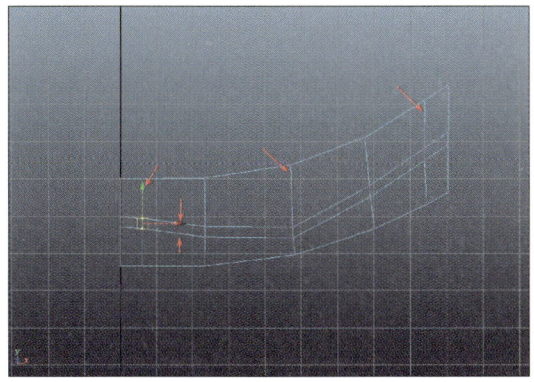
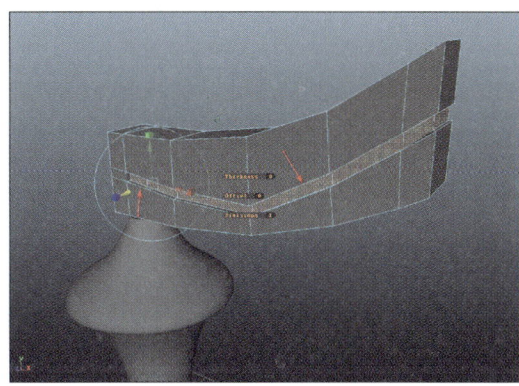

图 2-1-10　　　　　　　　　　　图 2-1-11

11 选择【Edit Mesh】/【Insert Edge Loop Tool】命令，在相应位置进行卡边，具体卡边的位置根据情况而定，进入【Vertex】（点）层级，对齐点的位置进行相应的调整，效果如图 2-1-12 所示。

12 按快捷键【Ctrl】＋【D】键对其进行复制，在右侧的面板中，将【Scale X】的数值改为－1，如图 2-1-13 所示。

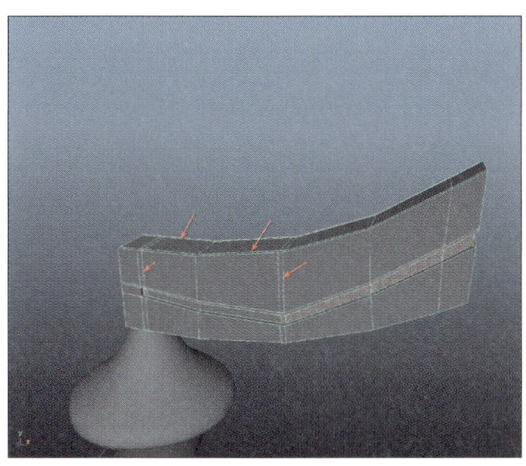
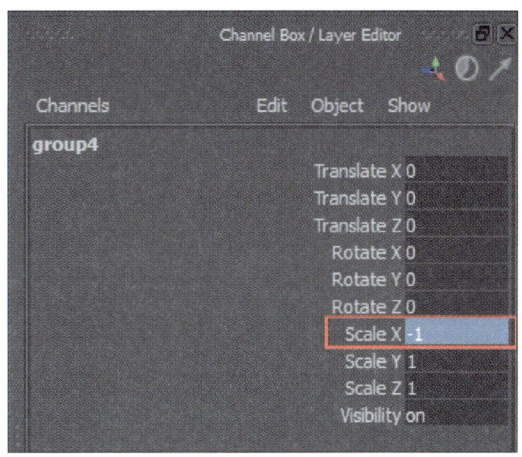

图 2-1-12　　　　　　　　　　　图 2-1-13

13 选中复制和被复制的两个对象，在【Mesh】菜单下选择【Cmobine】（合并），再选择【Edit Mesh】/【Merge】（合并），效果如图 2-1-14 所示。

14 适当缩放移动等操作调整图形，效果如图 2-1-15 所示。

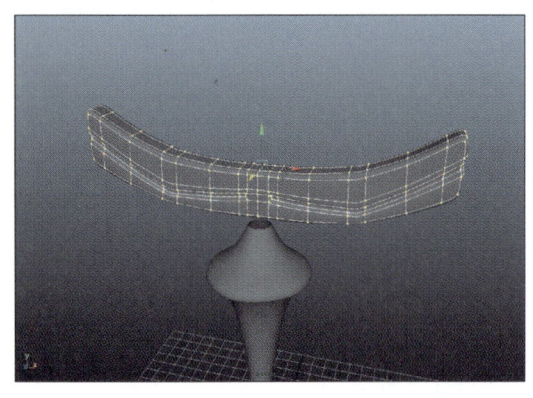

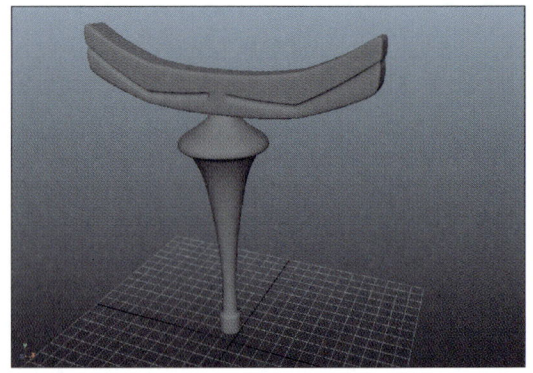

图 2-1-14   图 2-1-15

任务 2-1-3　剑身建模

15 按【F3】键进入 Polygons，选择菜单【Create】/【Polygons】/【Cube】创建长方体，并右键进入【Vertex】(点)的层级，利用【R】键缩放，获得如图 2-1-16 所示的图形。

16 按空格键将视图切换到【Front】视图，按【F4】键进入 Surfaces，选择【Create】/【EP Cure Tool】命令，创建一条直线，如图 2-1-17 所示。

> 💡 **注意**：在创建的线的时候从下往上创建，否则会影响后面的挤出效果。

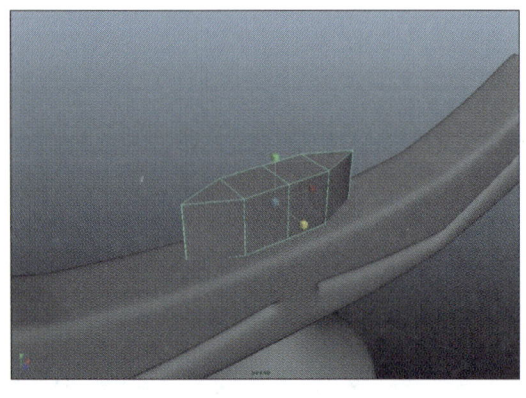

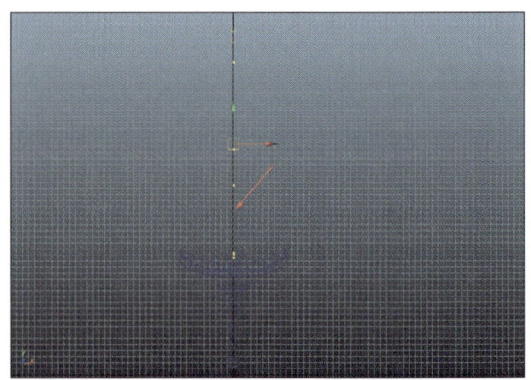

图 2-1-16   图 2-1-17

17 按【F8】键退出层级，选择刚才创建的长方体，右键对象，选择【Face】(面)层级，选中相应的面，配合【Shift】同时选中刚才创建的线，如图 2-1-18 所示。

18 配合【Shift】+鼠标右键，选择【Extrude Face】命令，对齐进行挤出，并将【Divisions】分段数量设置为 9，效果如图 2-1-19 所示。

19 将视图切换到剑的顶部，右键对象，进入【Vertex】(点)层级，对相应的点进行缩放和移动调整，效果如图 2-1-20 所示。

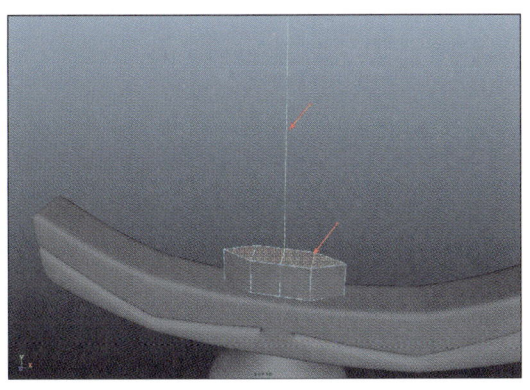

图 2-1-18

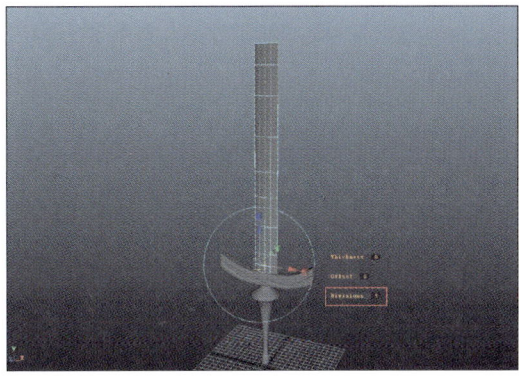

图 2-1-19

![20] 选择【Edit Mesh】/【Insert Edge Loop Tool】命令，在相应位置进行卡边，如图 2-1-21 所示。

> 💡注意：做完之后记得删除历史纪录，方式是：选择【Edit】/【Delete by Type】/【History】。

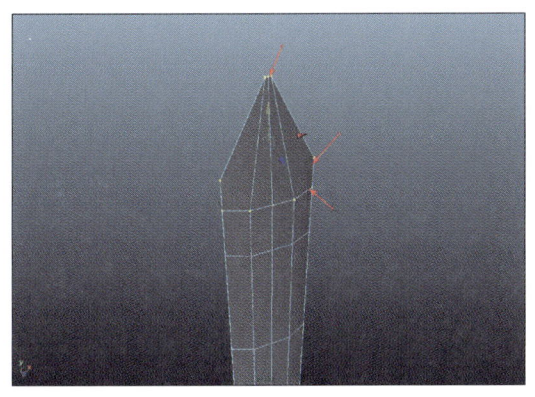

图 2-1-20

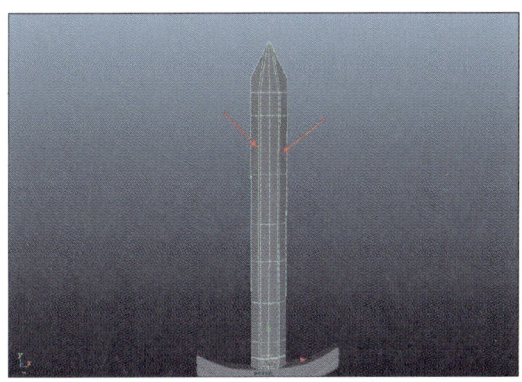

图 2-1-21

任务 2-1-4　护剑部位建模

![21] 右键对象，进入【Face】层级，选择如图 2-1-22 所示的面，选择【Edit Mesh】/【Duplicate Face】（复制面）菜单，对选中的面将其复制出来。

![22] 将主体的剑，移动到其他位置，选择刚才复制出的面，右键进入【Face】层级，将选中的面进行删除。如图 2-1-23 所示。

![23] 再次选中如图 2-1-24 所示的面，将其删除。

![24] 按空格键，将视图切换到【Front】视图，参照如图 2-1-25 所示的步骤对图形进行加线、调整图形形状、删面等操作（在这里我们并不要求必须跟参照对象一样，读者可根据自己的想象，随机的创建图形）。

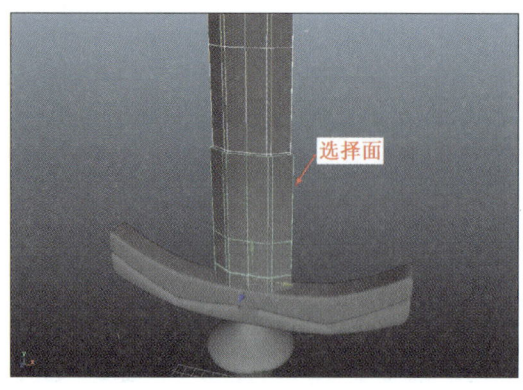

图 2-1-22

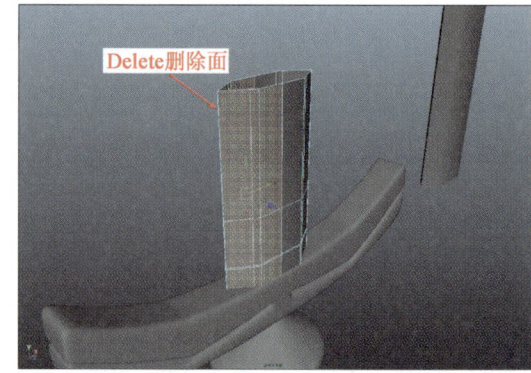

图 2-1-23

图 2-1-24

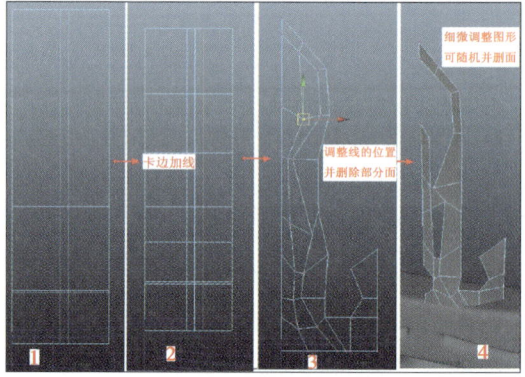

图 2-1-25

25▶ 按【Ctrl】+【D】键复制对象,在右侧的控制面板中,将【Scale X】的数值改为−1,如图 2-1-26 所示。

26▶ 选中复制和被复制的两个对象,在【Mesh】菜单下选择【Cmobine】(合并),再选择【Edit Mesh】/【Merge】(合并),效果如图 2-1-27 所示。

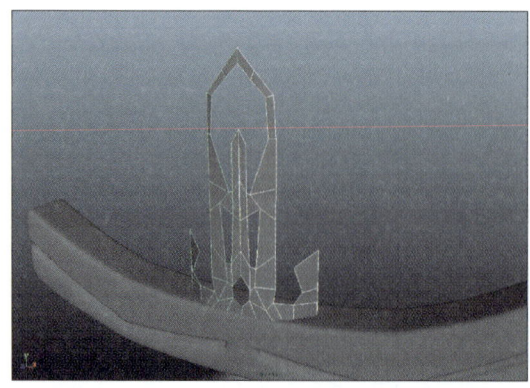

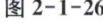

图 2-1-26

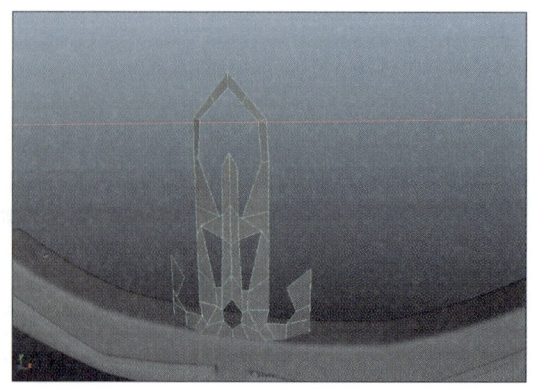

图 2-1-27

27 重复本任务第 25、第 26 的步骤,在复制改对象,效果如图 2-1-28 所示。

💡**注意**:缩放轴需要更改,将【Scale Z】的数值改为一1。

28 调整位置级细节部分的位置的,最终效果如图 2-1-29 所示。

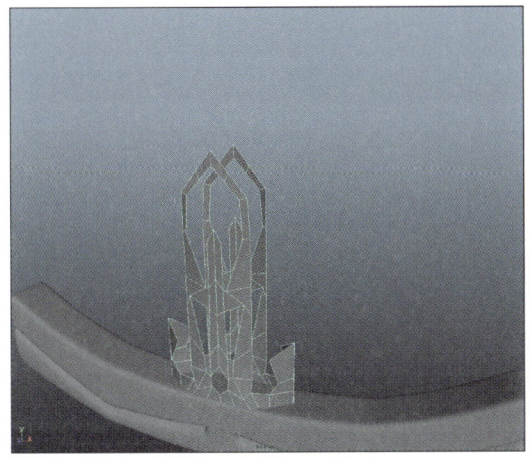

图 2-1-28

图 2-1-29

任务 2-1-5　OCC 图渲染

29 首先创建地面,在 [Curves] 选项卡中选择【NUBURS Plane】📘 按钮创建地面,如图 2-1-30 所示。

30 框选所有物体,再选择右侧面板的 [Render] (渲染)选项卡,创建新的图层,并右键该层,选择【Attributes】(属性),如图 2-1-31 所示。

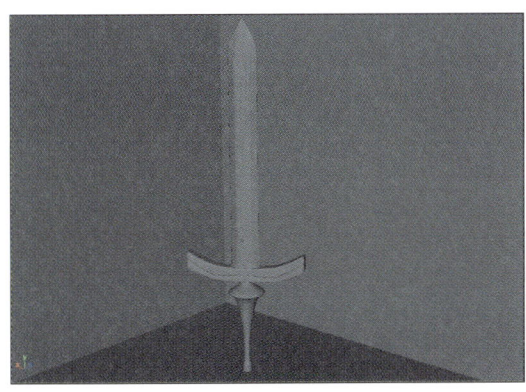

图 2-1-30

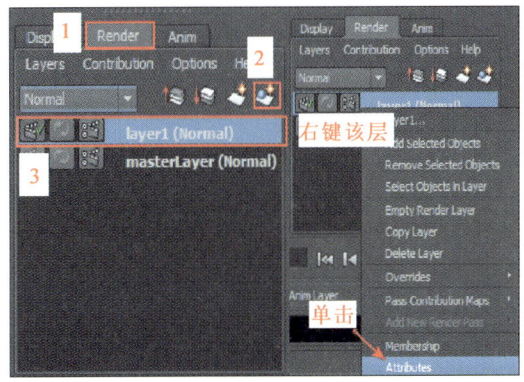

图 2-1-31

31 右侧的面板发生了变化,选择按钮【Presets】/【Occlusion】,窗口变成了黑色,选择上方的渲染🔳按钮,对其进行渲染,最终效果如图 2-1-32 所示。

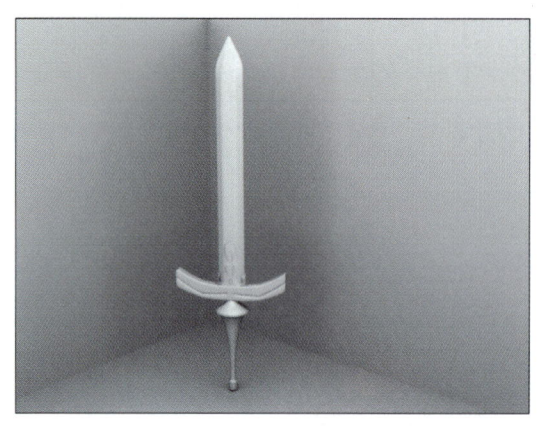

图 2-1-32

技能与相关知识

1. 创建多边形原始物体。

在"多边形建模"方法中,所有复杂的造型——大到一个辉煌的场景,小到一组精良的仪器,又如角色的美貌,都是可以通过最简单的几何体来逐渐修缮和细化而成的。

MAYA 的多边形物体列表中提供了六个原始物体,包括球体、立方体、柱体、圆锥体、多边形平面、圆环体。这些基本的几何物体都可以通过菜单栏【Create】/【Polygon Primitives】中包含的命令来创建,也可以在多边形物体的工具架上点击原始物体的创建按钮来快速地创建物体。

2. 多边形物体表面元素的基本编辑方法。

在多边形建模中,塑造角色的模型基本上都是通过编辑多边形物体的点、边和面元素来完成的。创建模型时,首先通过创建一个多边形的原始物体,或者是用创建多边形工具制作一个粗糙的"胚模",然后使用移动、旋转等变换工具对物体上的点、边和面进行空间上的编辑,得到模型的塑形。在需要精细刻画的模型部分,通过划分多边形面,切割多边形面,加压多边形面、边和点等多种工具的作用增加模型上可编辑的点、边和面的数量,再用变换工具对添加出来的元素进行空间上的编辑,直到创建完整的模型。多边形物体表面元素的基本

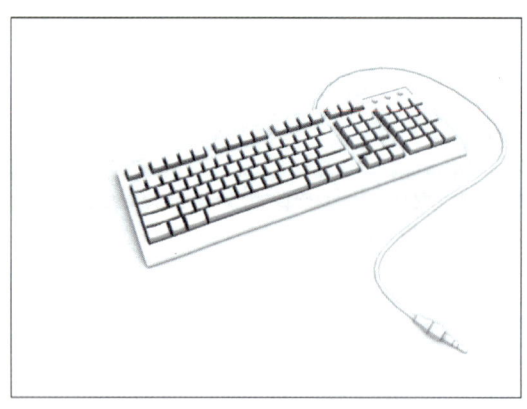

图 2-1-32

编辑方法有:

(1) 面模式。

(2) 点面模式。

(3) 点模式。

(4) 边模式。

(5) 物体模式。

(6) UV 点选择模式。

拓展训练

制作如图 2-1-32 所示的模型。

任务二 枪—M4

自从火药发明后,人们开始在竹竿里塞进火药石子,通过点燃火药把石子发射出去,这个原理至今仍被大多数枪械和火炮采用。之后的改进都是围绕更快、更方便、更准确地发射子弹所进行的。在点火方式上,从最初直接用明火点燃,经过其他形式的使用,演变成用击针撞击底火发射;原先发射的石子也变成了种类繁多结构复杂的弹头。其他如连发装置的发明,也是为了方便和增加威力。

任务描述

小周是个枪械爱好者,在此次任务中,恰巧需要制作一把玩具枪,而考虑到现在小孩的玩具精细度越来越高,为了达到逼真的效果,小周将直接模拟真实的枪械,制作一把枪械爱好者熟知的枪——M4,效果如图 2-2-1 所示。

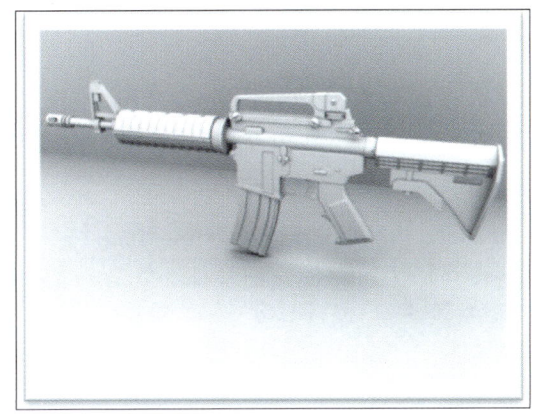

图 2-2-1

任务分析

枪械的制作要求需要我们掌握较为精确的比例,故此,在制作这把 M4 的过程中,我们找了一些参照的图片,并将其导入 MAYA 文件中进行对照制作,这些是 MAYA 建模中经常用到的方法,再利用 Polygon 基本体来创建。

方法与步骤

任务 2-2-1 枪体轮廓建模

01 按空格键将视图切换到【Front】视图,如图 2-2-2 所示。

02 选择舞台左上角的【View】/【Image Plane】/【Import Image…】,在弹出的对话框

中，找到光盘【单元一】/【相关素材】中的 M-4.jpg 图片，如图 2-2-3 所示。

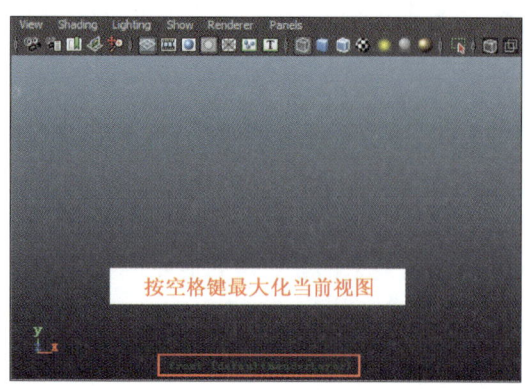

图 2-2-2　　　　　　　　　　　　　　　图 2-2-3

📝 提示

外部图片导入 MAYA 中，可以通过右侧控制面板中的【Inputs】下的基础参数来改变图片的大小，位置等属性。

03 导入图片后再次选择舞台左上角的【View】/【Image Plane】/【Import Image Attributes】/【Image Plane1】，在右侧弹出的控制面板中，有个【Alpha Gain】参数，可设置图片的不透明度。将其参数降低到 0.4，如图 2-2-4 所示。

04 参照图片的各部位的形状，创建一些基本体，可选择上方的 Polygons 选项卡快速创建基本体，如图 2-2-5 所示，选择按钮 🔲 创建圆柱体，在右侧的控制面板中将分段数设置为 8。

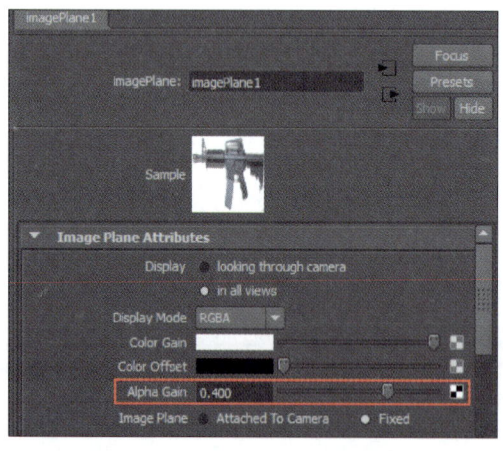

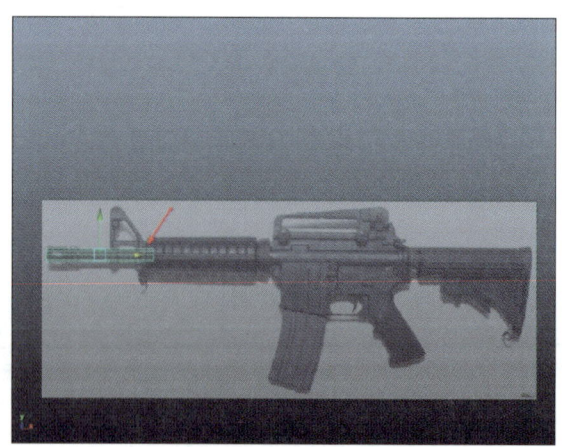

图 2-2-4　　　　　　　　　　　　　　　图 2-2-5

05 接下来将一些类似圆柱体的形状，通过【Ctrl】+【D】键创建出来。如图 2-2-6 所示，另加五个圆柱体。

06 同理,创建一些长方体的基本体,选择按钮▦,并根据图片,适当调整四个点的位置,如图 2-2-7 所示。

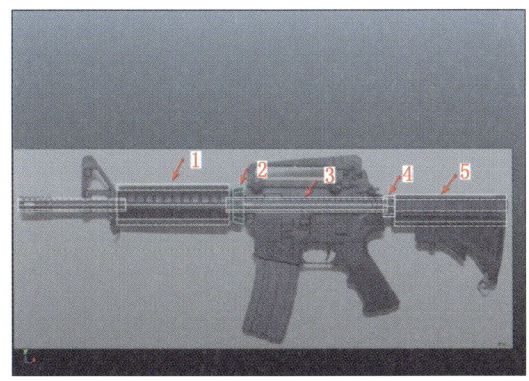

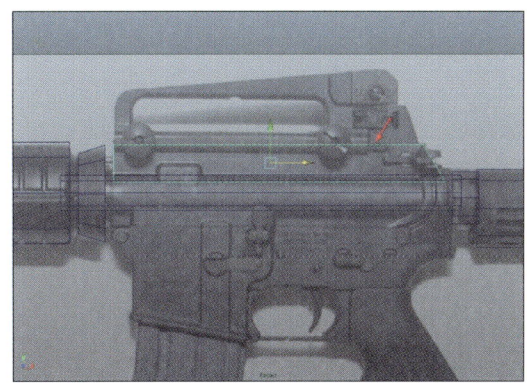

图 2-2-6   图 2-2-7

07 选择按钮▦,再次创建长方体,我们来制作弹夹,原理相同,只需先制作大概的轮廓即可,并适当调整点的位置,如图 2-2-8 所示。

> **提示**
>
> 在制作复杂建模的时候,往往我们先制作大概的轮廓线,暂且忽略细节部分,等大致轮廓做完之后,在进行每一个单独零件的细节部分的加工。

08 继续制作下面弹夹的部分,在创建基本体之后,可以通过【Edit Mesh】/【Insert Edge Loop Tool】(卡边)的方法增加线段,并调整点的位置,如图 2-2-9 所示。

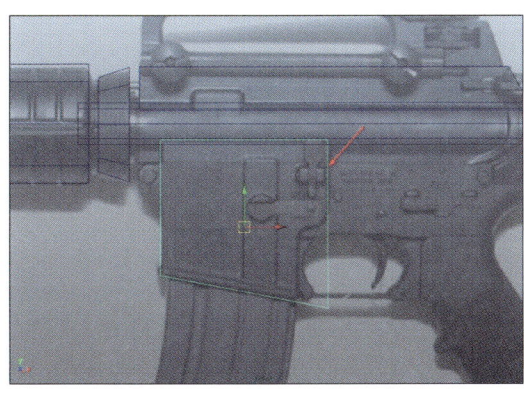

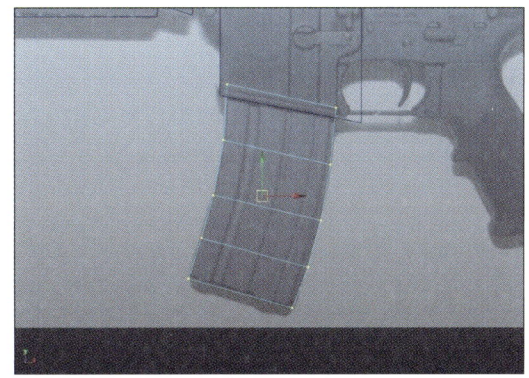

图 2-2-8   图 2-2-9

09 制作把手部分,方法同上第 9 步骤,效果如图 2-2-10 所示。

> **注意:** 现在我们只是在【Front】视图进行编辑,所以大家可以通过空格键的方法切换到其他视图看下,在宽度上,我们暂且不考虑,等细调的时候我们再考虑这些因素。

10 继续创建枪身部分,基本方法同上第 7 步骤,效果如图 2-2-11 所示。

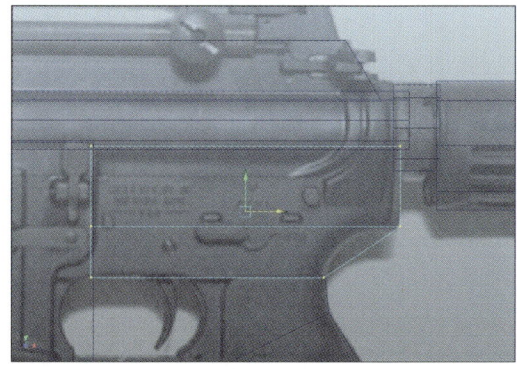

图 2-2-10   图 2-2-11

11 还剩下一些不规则的形状,我们可以通过【Mesh】/【Create Polygon Tool】(创建多边形给您根据)来创建,如图 2-2-12 所示。

12 继续创建不规则的多边形,如图 2-2-13 所示。

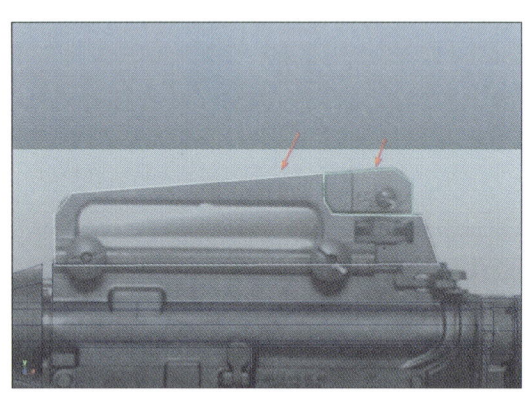

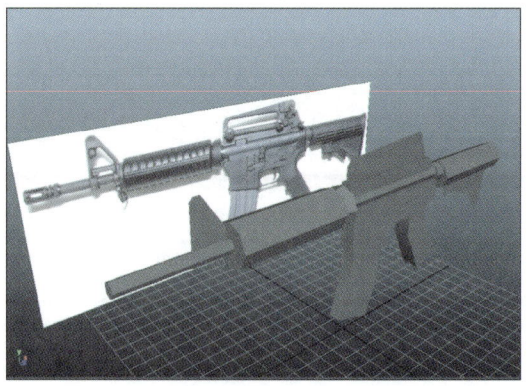

图 2-2-12   图 2-2-13

13 继续创建不规则的多边形,如图 2-2-14 所示。

14 按空格键,切换到【Persp】视图,按【R】键(缩放)命令,调整各个小零件的宽度,如图 2-2-15 所示。

图 2-2-14   图 2-2-15

任务 2-2-2　枪口建模

15 接下来我们开始做细化部分,先做枪头,按【Ctrl】+【D】键复制一个出来,我们将枪管和枪头分两个部分制作,如图 2-2-16 所示。

> ✎ **提示**
>
> 对于一些经常使用的命令,我们可以通过菜单找到该命令后,配合【Ctrl】+【Shift】+鼠标左键将其放入到【Custom】(Custom 自定义)选项卡中,以便于我们后面的操作,可以通过直接点击来进行选择。

16 找到菜单【Edit Mesh】/【Insert Edge Loop Tool】,配合【Ctrl】+【Shift】+鼠标左键将该命令放入【Custom】(Custom 自定义)选项卡中,这时该选项卡会出现一个新的图标,点击这个按钮,参照图形,对齐进行卡边操作。如图 2-2-17 所示。

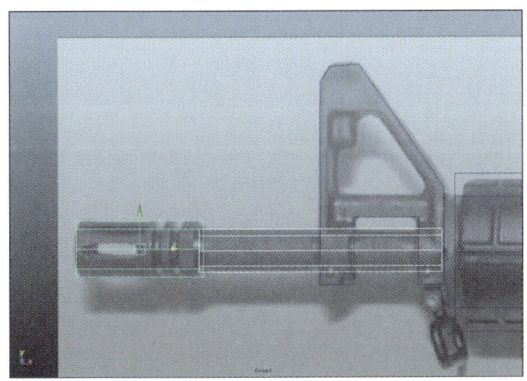

图 2-2-16　　　　　　　　　　　　　　　　图 2-2-17

17 右键该对象,选择【Face】(面)层级,选择相对应的面,再配合【Shift】+鼠标右键选择【Extrude Face】命令,对其进行缩放,效果如图 2-2-18 所示。

18 枪口部分,有些孔,需要我们选择相应的面,并对其进行删除。在选择过程中,一个隔一个地选,配合【Shift】可选择多个,如图 2-2-19 所示。

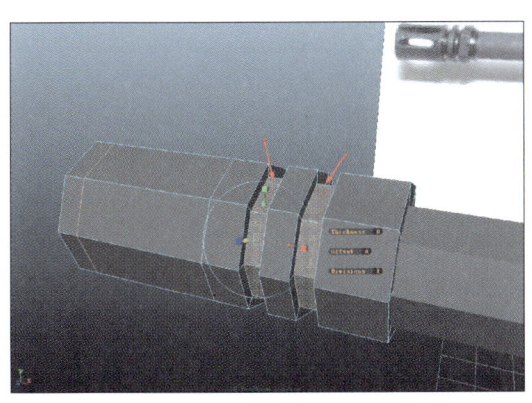
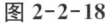
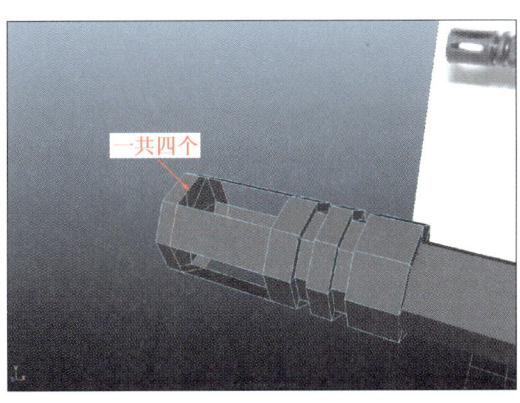

图 2-2-18　　　　　　　　　　　　　　　　图 2-2-19

19 右键对象,进入【Edge】(边层级),鼠标左键双击缺口处的线,配合【Shift】+鼠标左键双击,将四个缺口的环线全部选上,如图 2-2-20 所示。

20 配合【Shift】+鼠标右键,选择【Extrude Edge】,挤出线,效果如图 2-2-21 所示。

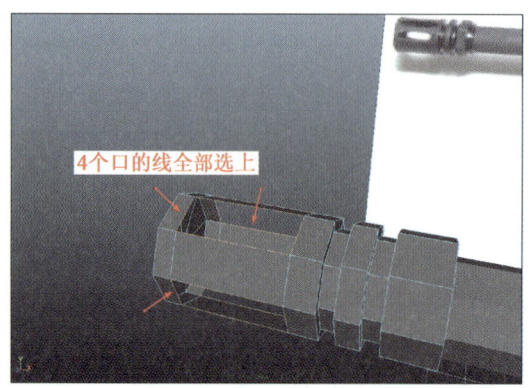

图 2-2-20

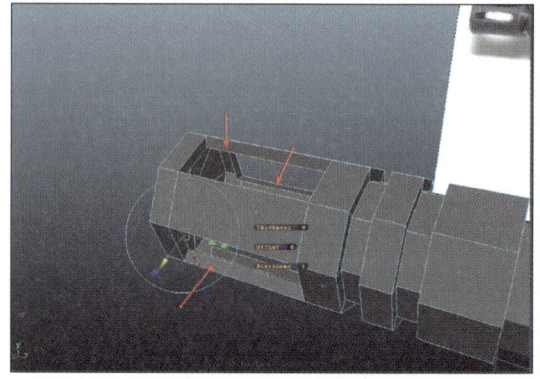

图 2-2-21

21 右键该对象,进入【Face】(面)层级,删除图 2-2-22 所示的面。

22 参照本次任务中第 19、第 20 步骤,对该面及线段经行操作,效果如图 2-2-23 所示。

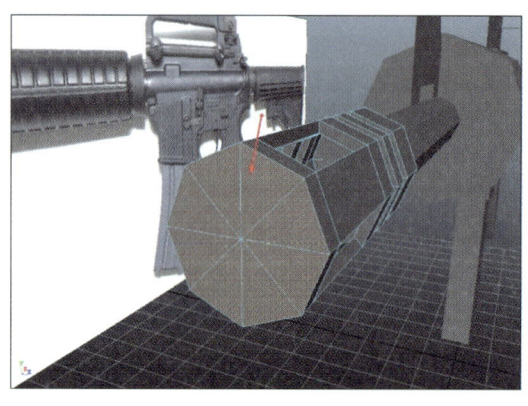

图 2-2-22

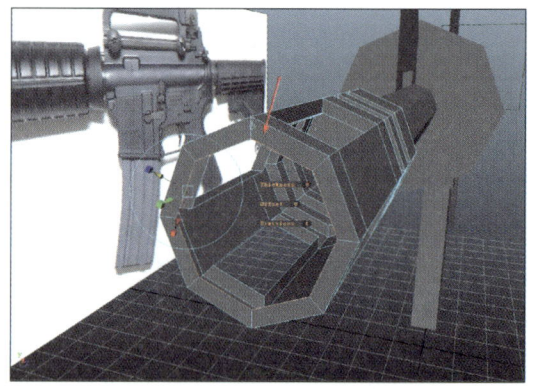

图 2-2-23

23 按【G】键,重复上一次【Extrude Edgy】命令,再次对其进行挤出,效果如图 2-2-24 所示。

24 按【3】键平滑图形,之后我们发现,很多地方不够理想,需要我们卡边进行操作。选择按钮,效果如图 2-2-25 所示。

25 枪管部分,将头和尾的面全部删除掉后,后【3】键效果就比较理想了。如图 2-2-26 所示。

26 选择背后的图片及后半段的枪管,选择舞台上方的按钮,隐藏其他未被选中的对象,如图 2-2-27 所示。

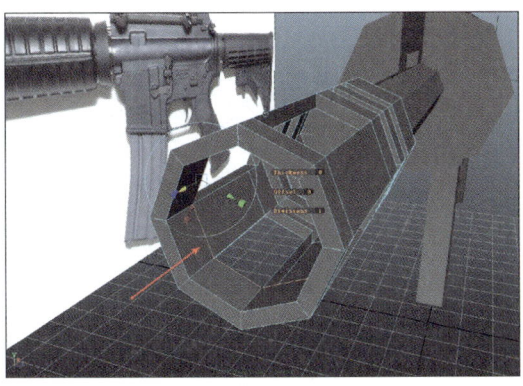

图 2-2-24

图 2-2-25

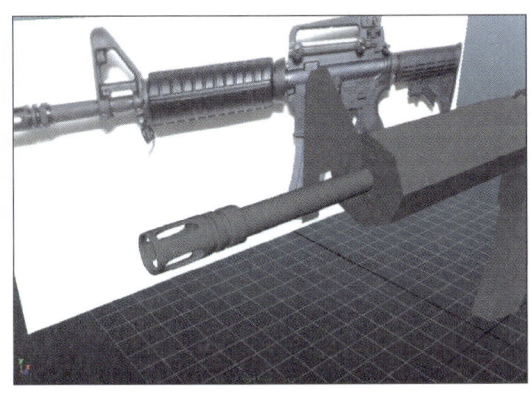

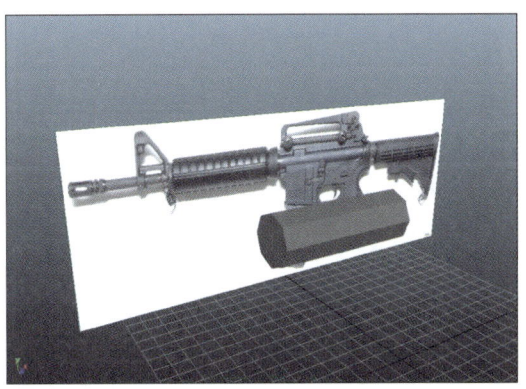

图 2-2-26

图 2-2-27

27 右键对象,进入【Face】(面)层级,删除左侧的面,如图 2-2-28 所示。

28 切换到【Front】视图,进入点的层级,对齐进行适当的缩放,如图 2-2-29 所示。

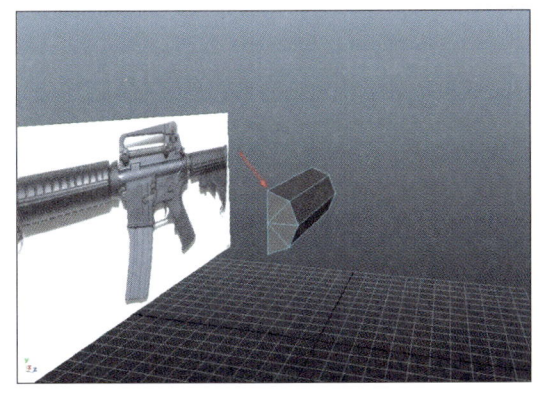

图 2-2-28

图 2-2-29

29 选择按钮▓,参照背后的图片,进行适当的卡边,如图 2-2-30 所示。

30 切换到【Persp】视图,再次进行卡边,并选择相应的边,使其跟刚才卡的边保持水平,效果如图 2-2-31 所示。

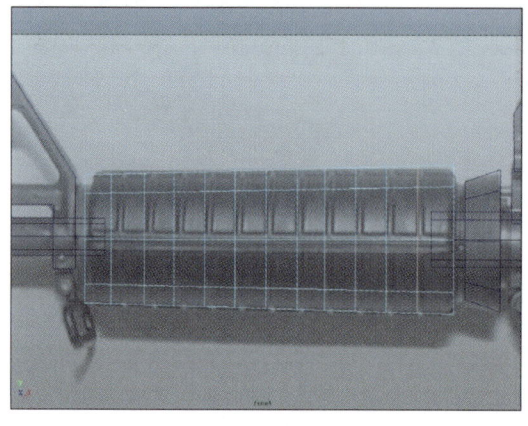

图 2-2-30

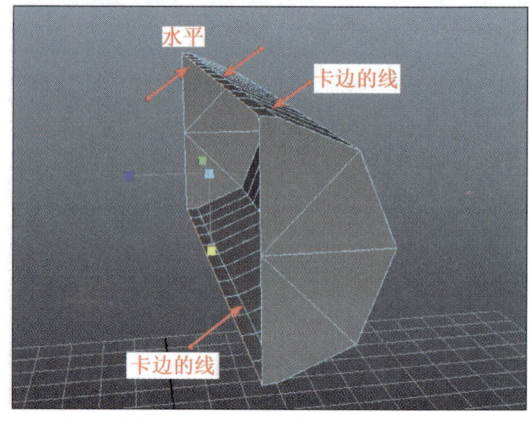

图 2-2-31

31 再一次卡边,如图 2-2-32 所示。

32 找到【Edit Mesh】/【Interactive Split Tool】,配合【Ctrl】+【Shift】+鼠标左键将其添加到【Custom】选项卡中,这时出现新的图标 ,在相应的位置将点进行连接成线,如图 2-2-33 所示。

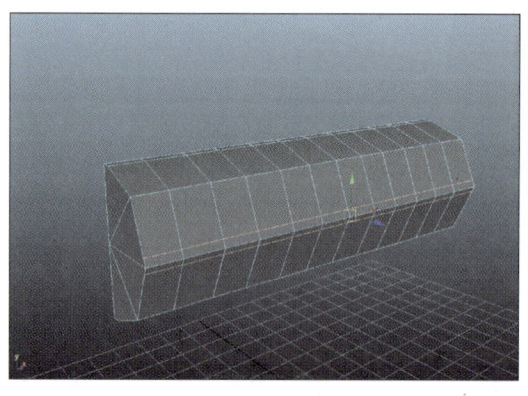

图 2-2-32

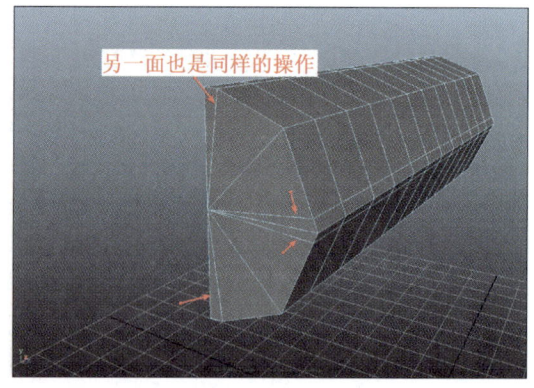

图 2-2-33

💡 **注意:**另一边也是相同的连线。

33 右键该对象,进入【Face】层级,选择如图 2-2-34 所示的面,配合【Shift】+鼠标右键,选择【Extrude Face】进行挤出面的操作。

34 右键对象,进入【Edge】(边)层级,选中如图 2-2-35 所示的边,配合【Shift】+鼠标右键,选择【Delete Edge】(删除边)的操作。

35 将菜单【Edit Mesh】下的【Keep Face Together】前面的钩去掉,选择如图 2-2-35 所示的面,配合【Shift】+鼠标右键,选择【Extrude Face】进行挤出面的操作。要得到如图 2-2-36 所示的效果,需要挤出两次。

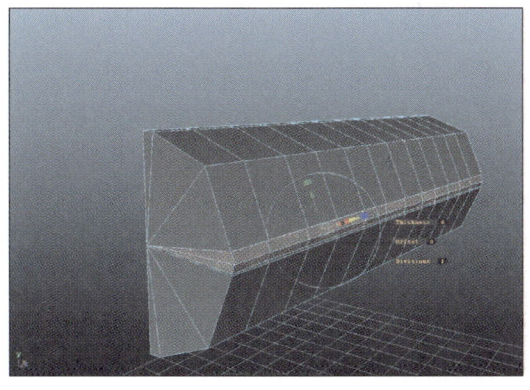

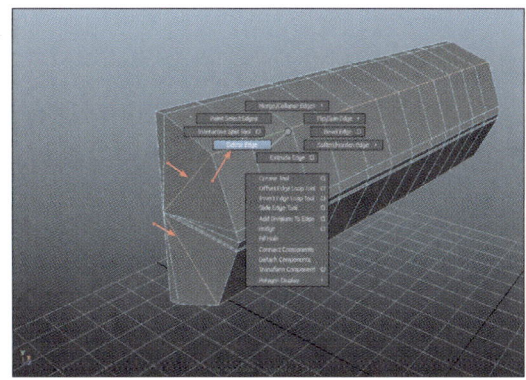

图 2-2-34　　　　　　　　　　　　图 2-2-35

36 选择按钮,进行适当的卡边,在刚才删除的线的位置,再次添加两根线,并适当的调整位置,如图 2-2-37 所示。

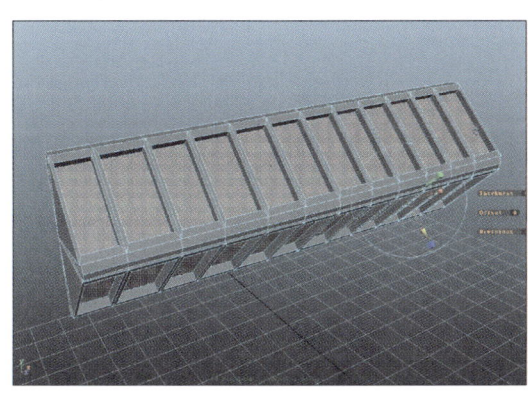

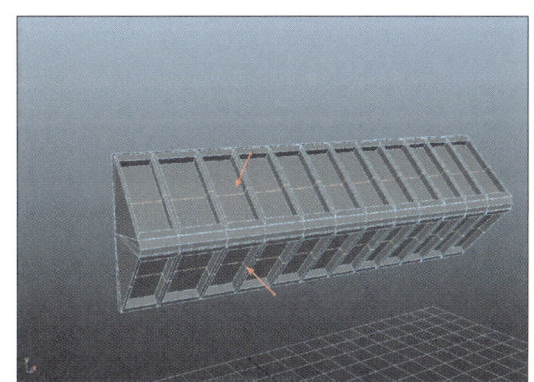

图 2-2-36　　　　　　　　　　　　图 2-2-37

37 选择按钮,在相应的位置将点进行连接成线,如图 2-2-38 所示。

38 选择适当的点,对其进行位置上的调整,效果如图 2-2-39 所示。

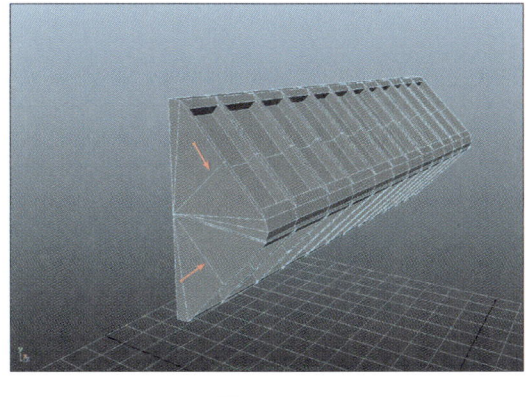

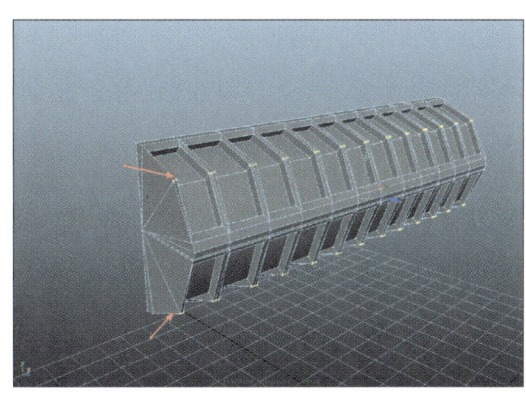

图 2-2-38　　　　　　　　　　　　图 2-2-39

💡 **注意:**另一面也是相同的连线。

39 按【3】键后，为了得到理想的圆滑效果，我们选择按钮██，进行适当的卡边，效果如图 2-2-40 所示。

40 按【F8】键退出层级，到物体层级，选择【Modify】/【Freeze Transformations】(冻结信息)，也是将物体的参数均归为基础参数。这时可以查看右侧的控制面板，如图 2-2-41 所示。

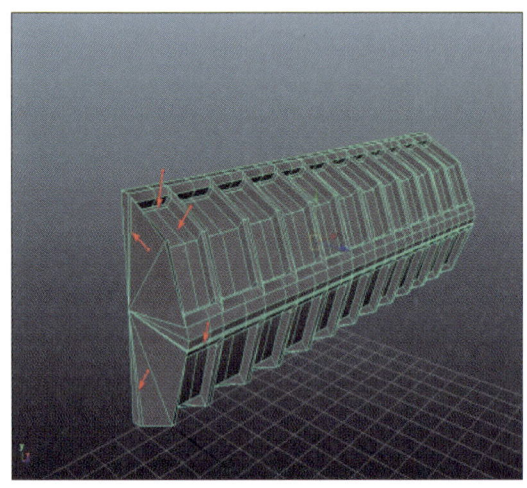

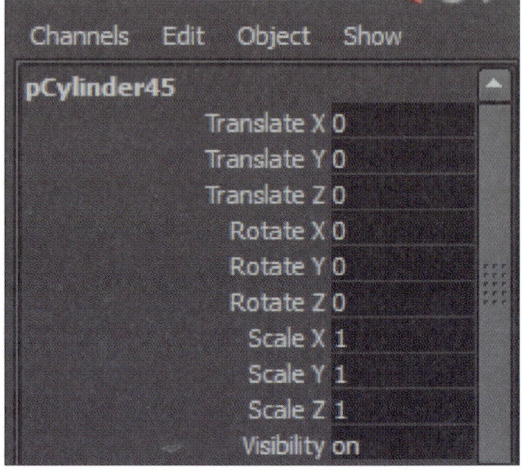

图 2-2-40   图 2-2-41

> 💡**注意**：读者可根据自己的经验增加或删除线，以达到最理想的效果。

41 按【Ctrl】+【D】键复制对象，并在右侧的面板中，将【Scale Z】的参数设置为-1，并选择【Mesh】/【Combine】合并两个对象，继续选择【Edit Mesh】/【Merge】合并点，按【3】键后的效果如图 2-2-42 所示。

42 继续做下一个零件，我们选择按钮██，进行适当的卡边，效果如图 2-2-43 所示。

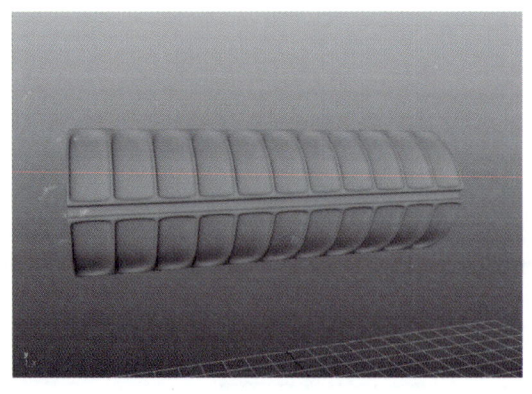

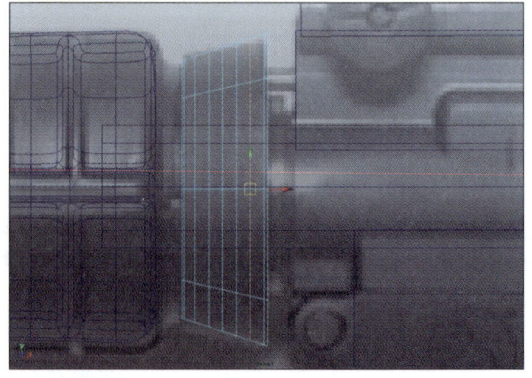

图 2-2-42   图 2-2-43

43 将菜单【Edit Mesh】下的【Keep Face Together】前面的钩勾上，右键对象，进入

【Face】层级,选择相应的面,右键【Extrude Face】命令,对其进行挤出面操作,效果如图2-2-44所示。

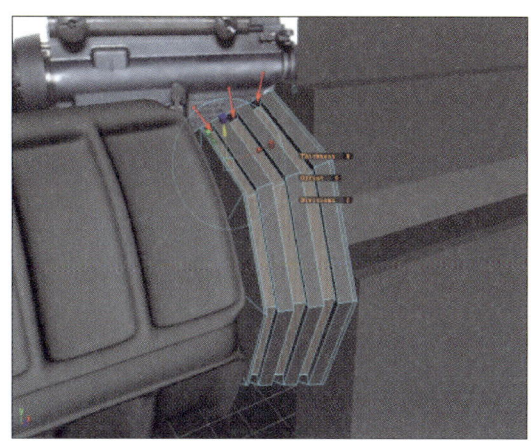

图 2-2-44

任务 2-2-3　枪身建模

44　接下来我们来制作枪身的弹夹部分。选择弹夹和图片,单击舞台上方的按钮 ，隐藏其他对象,如图2-2-45所示。

45　右键该对象,进入【Face】(面)层级,将顶上的面删除,并在中间卡一条边,效果如图2-2-46所示。

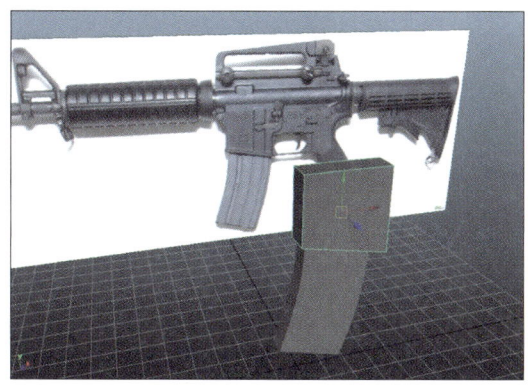

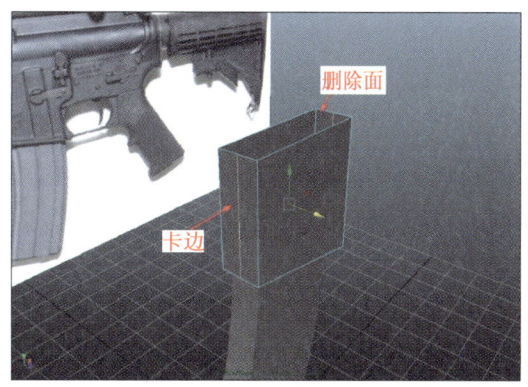

图 2-2-45　　　　　　　　　　　　　　　　图 2-2-46

46　按空格键,将视图切换到【Front】视图,参照图片进行加线和移动点位置,如图2-2-47所示。

47　按空格键切换到【Persp】视图,并对其进行加线,右键进入【Face】(面)层级,选择左侧的面,按【Delete】删除。如图2-2-48所示。

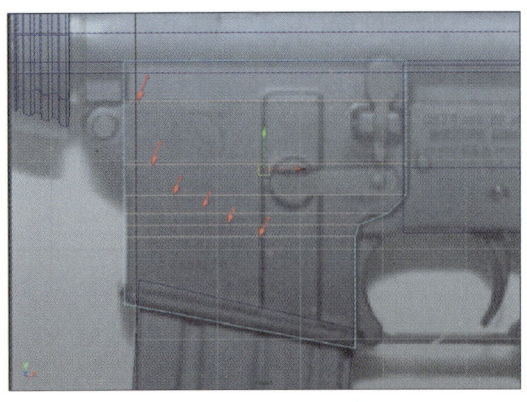

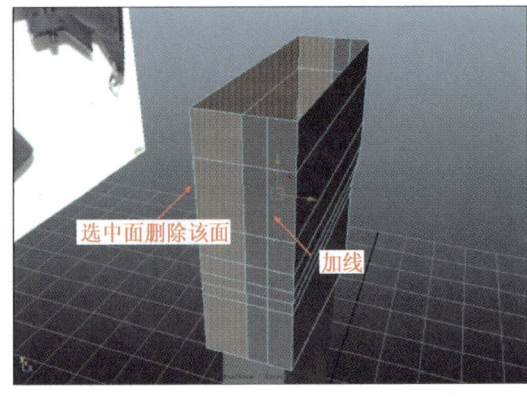

图 2-2-47　　　　　　　　　　　　　　　图 2-2-48

💡 **注意:** 左侧的部分因为不对称,所以我们删除后,需要参照其他图片进行制作。

48 选择面,配合【Shift】+鼠标右键,选择【Extrude Face】,对其进行挤出,并加线,适当调整点的位置,效果如图 2-2-49 所示。

49 选择 按钮,对其进行加线,之后再选择底下的面,并进行【Extrude Face】挤出面操作。具体效果如图 2-2-50 所示。

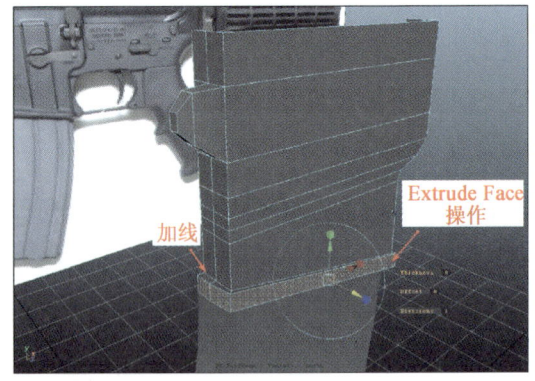

图 2-2-49　　　　　　　　　　　　　　　图 2-2-50

50 再次切换到【Front】视图,选择 按钮,加线,如图 2-2-51 所示。

51 在挤出面之前,按【F8】键退出子物体层级,再选择【Modify】/【Freeze Transformations】(冻结信息),再按【Ctrl】+【D】键复制弹夹,在右侧的面板中,将【Scale Z】的参数设置为-1,如图 2-2-52 所示。

52 将刚才复制的面隐藏起来,继续制作弹夹的左侧部分。切换到【Persp】视图,右键对象,进入【Face】(面)层级,选择相应的面,配合【Shift】+鼠标右键,选择【Extrude Face】,挤出面操作,如图 2-2-53 所示。

53 按【3】键后的效果并不理想,这时需要我们加线进行卡边,使得边缘的效果更加理想。选择按钮 ,进行卡边,效果如图 2-2-54 所示。

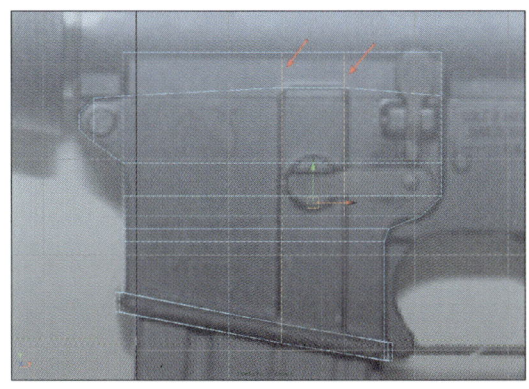

图 2-2-51

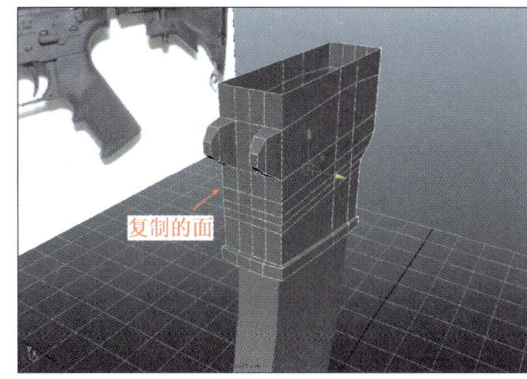

图 2-2-52

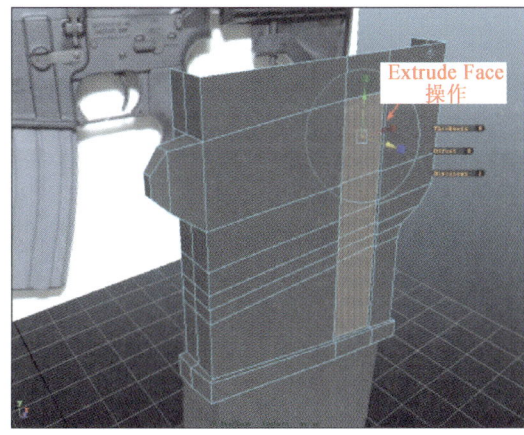

图 2-2-53

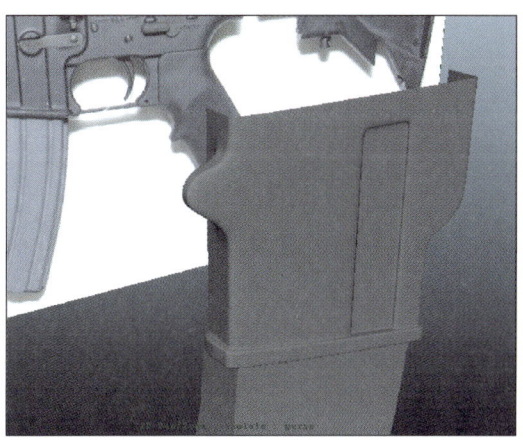

图 2-2-54

54 接下来制作弹夹上的一些小零件,如图 2-2-55 所示。先创建一个 ▦,加线后进行面的挤出,具体步骤这里不详细介绍了。

55 选择按钮 ▦,进行加线卡边,如图 2-2-56 所示。

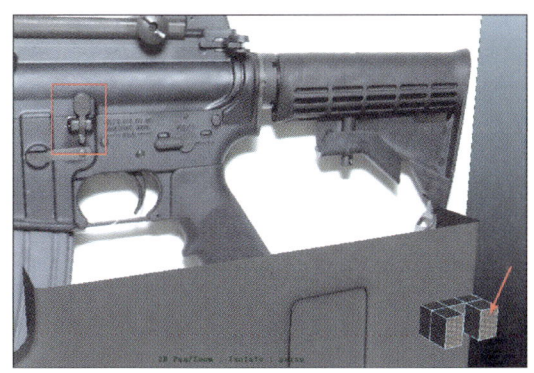

图 2-2-55

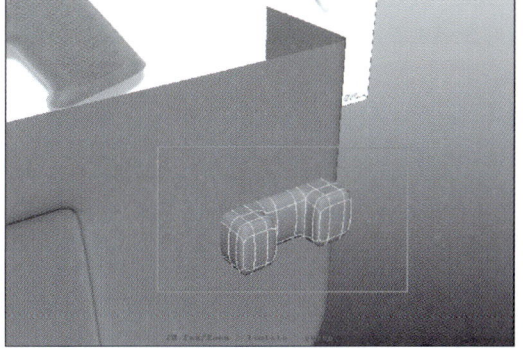

图 2-2-56

56 选择按钮█,创建多边形,如图 2-2-57 所示。

57 右键对象,进入【Face】(面)层级,配合【Shift】+鼠标右键选择【Extrude Face】挤出面操作,效果如图 2-2-58 所示。

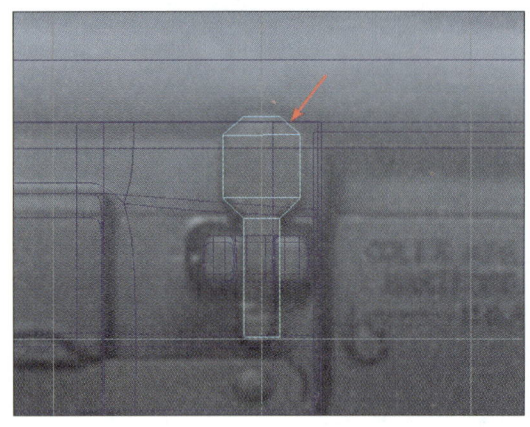

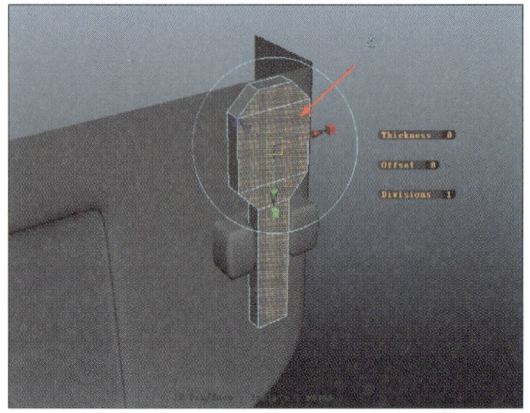

图 2-2-57   图 2-2-58

58 选择按钮█进行卡边,按【3】键后的效果如图 2-2-59 所示。

59 制作弹夹的另外一半,通过选择对象和按钮█的配合使用,将其他部件隐藏,如图 2-2-60 所示。

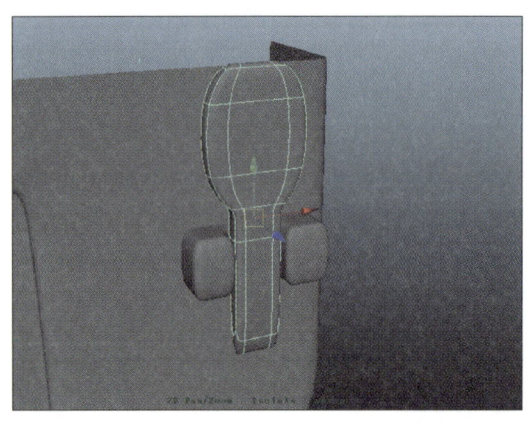

图 2-2-59   图 2-2-60

60 按空格键,将视图切换到【Front】视图,选择按钮█,对右侧部位进行卡边,如图 2-2-61 所示。

61 按空格键,切换到【Front】视图,右键对象,进入【Face】(面)层级,配合【Shift】+右键选择【Extrude Face】挤出面操作,效果如图 2-2-62 所示。

62 选择按钮█,卡边加线,按【3】键后的效果如图 2-2-63 所示。

63 制作如图 2-2-64 所示的模型,方法参照本次任务步骤 54、55。

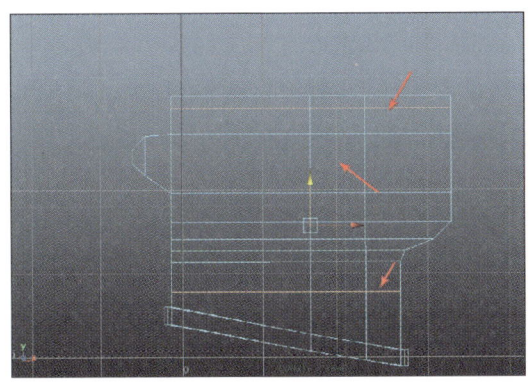

图 2-2-61

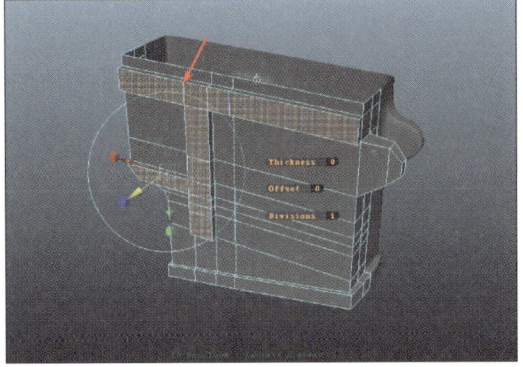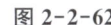

图 2-2-62

图 2-2-63

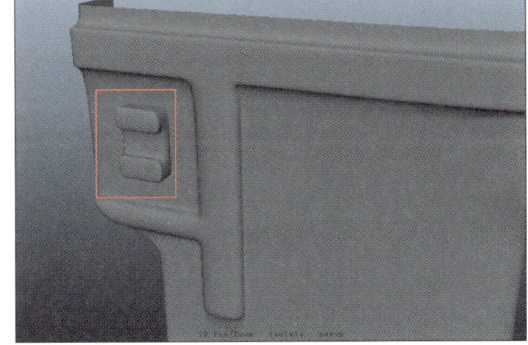

图 2-2-64

64▶ 制作弹夹的下半部分,先删除上面的面,如图 2-2-65 所示。

65▶ 选择█按钮,在中间卡一条边,进入【Face】层级,选择右侧的面,将其删除,如图 2-2-66 所示。

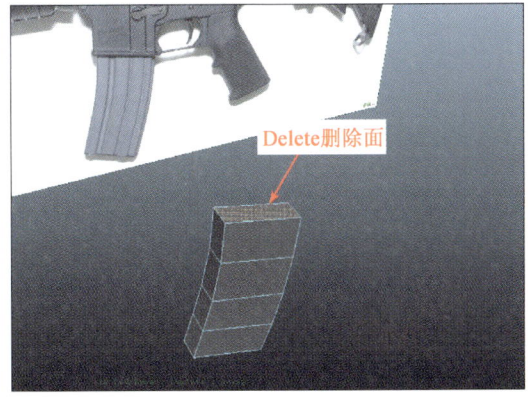

图 2-2-65

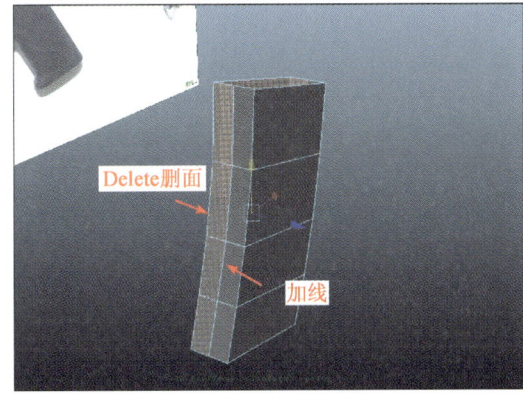

图 2-2-66

66 按空格键，将视图切换到【Front】，选择 ▦ 按钮，参照后面的图片进行加线，如图 2-2-67 所示。

67 按空格键，切换到【Persp】视图，右键对象，进入【Face】层级，选择相应的面，配合【Shift】＋鼠标右键，选择【Extrude Face】，挤出面，效果如图 2-2-68 所示。

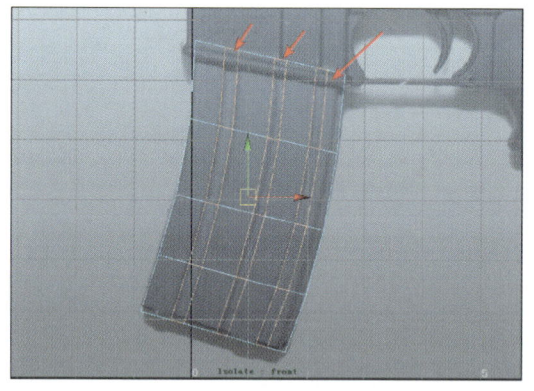

图 2-2-67

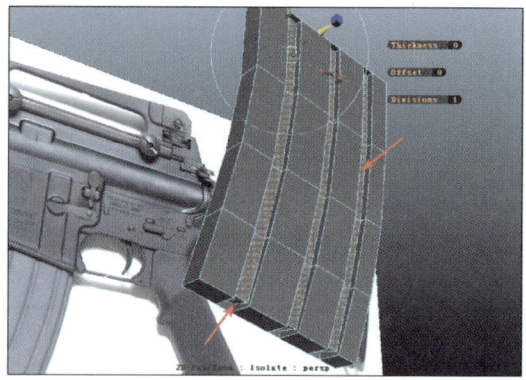

图 2-2-68

68 选择如图 2-2-69 所示的面，并将其删除。

69 按【3】键后的效果并不理想，依旧需要我们选择 ▦ 按钮，进行加线，如图 2-2-70 所示。

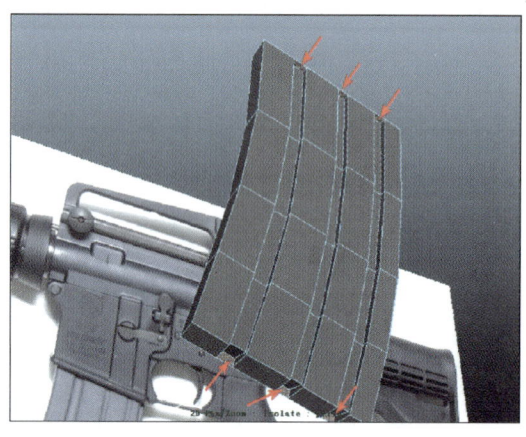

图 2-2-69

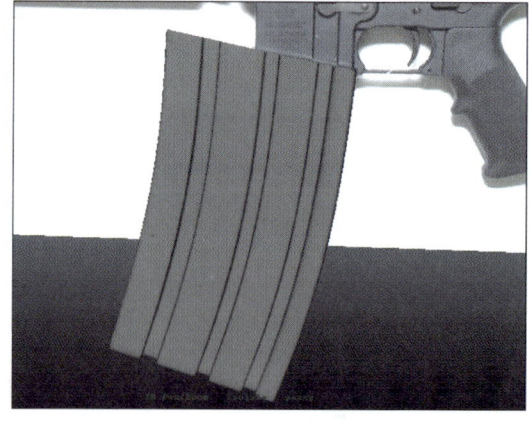

图 2-2-70

70 【Ctrl】＋【D】键复制另一半弹夹，在右侧的面板中将【Scale Z】改为－1，效果如图 2-2-71 所示。

71 下面的操作类似，在这里不再详细介绍，直接上图，看效果，如图 2-2-72 所示。

💡**注意：**主要参照背后的图片进行加线卡边操作。

72 制作正面的小零件，效果如图 2-2-73 所示。

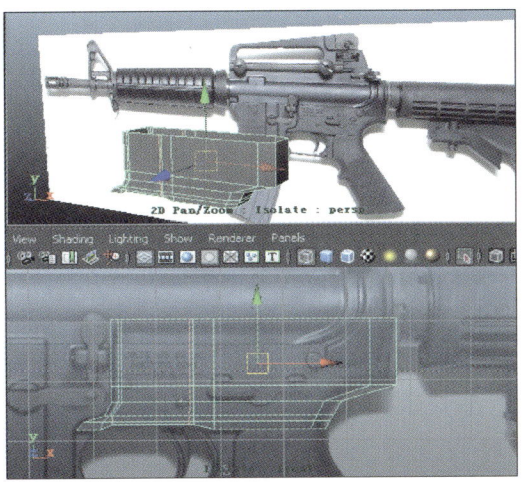

图 2-2-71

图 2-2-72

73 继续制作小零件,效果如图 2-2-74 所示。

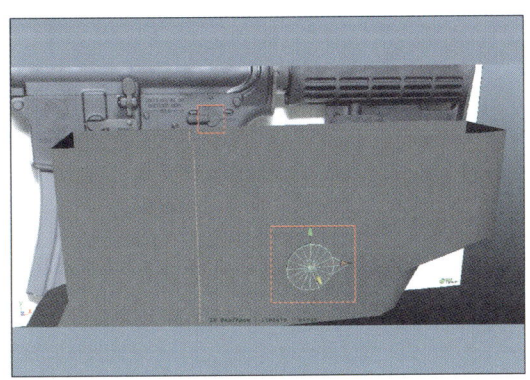

图 2-2-73

图 2-2-74

74 枪把手制作。选择 ⬚ 按钮,进行加线,如图 2-2-75 所示。

75 按【3】键后,对其再次进行卡边加线,效果如图 2-2-76 所示。

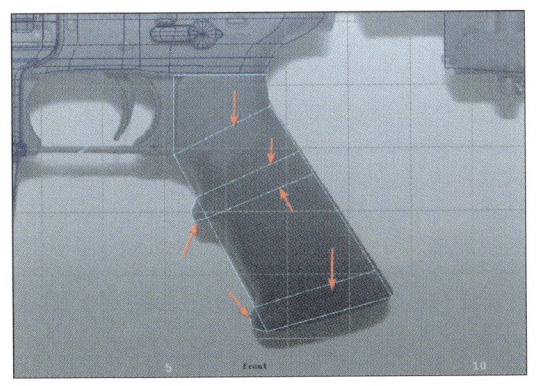

图 2-2-75

图 2-2-76

76 制作扳机。按空格键将视图切换到【Front】视图,选择按钮 ▣,创建多边形,如图 2-2-77 所示。

💡**注意:**两处需要加线。

77 右键对象,进入【Face】层级,配合【Shift】+鼠标右键,选择【Extrude Face】,进行面的挤出,如图 2-2-78 所示。

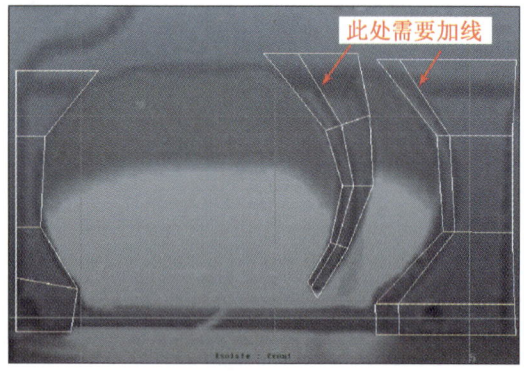

图 2-2-77

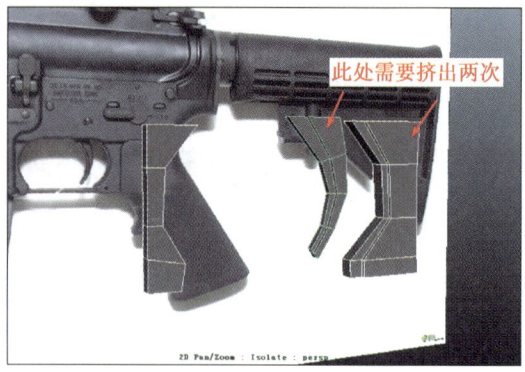

图 2-2-78

💡**注意:**两处需要挤出两次。

78 按【3】键,选择 ▣ 按钮,进行加线,如图2-2-79 所示。

79 选择按钮 ▣,创建长方体,按【3】键后进行卡边,效果如图 2-2-80 所示。

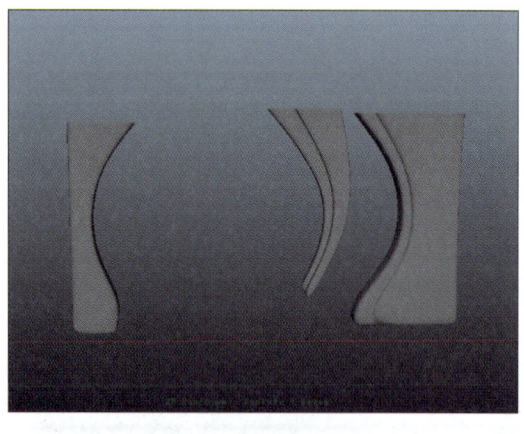

图 2-2-79

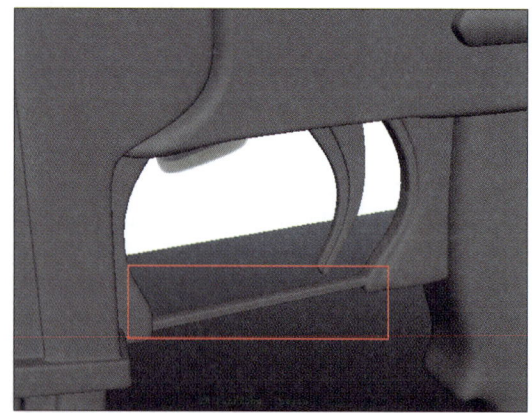

图 2-2-80

任务 2-2-4 枪拖及剩余小零件建模

80 隐藏其余部分,右键对象,并选择【Face】层级,删除面,如图 2-2-81 所示。

81 按空格键,切换到【Front】视图,选择 ▣ 按钮,进行加线,如图 2-2-82 所示。

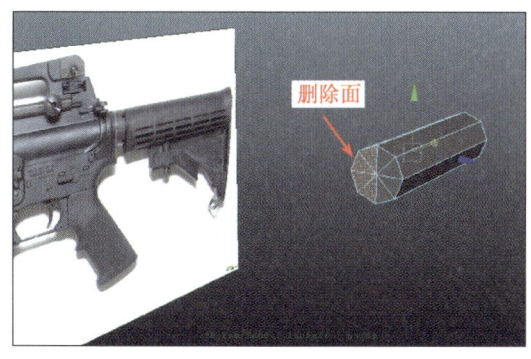

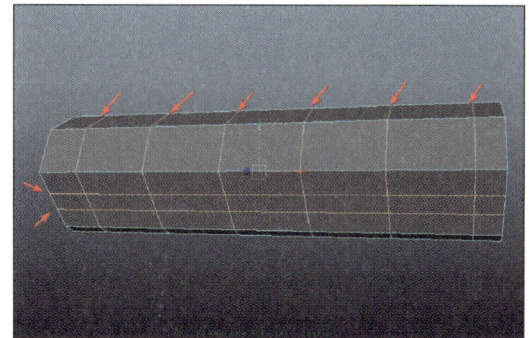

图 2-2-81　　　　　　　　　　　　图 2-2-82

82 右键对象,进入【Face】层级,选择相应的面,并将【Edit Mesh】下的【Keep Faces Togehter】前的钩去掉,配合【Shift】+鼠标右键,选择【Extrude Face】命令,挤出面,效果如图 2-2-83 所示。

83 按【3】键选择 按钮,进行加线,如图 2-2-84 所示。

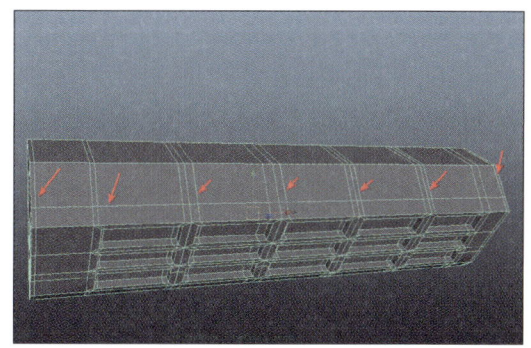

图 2-2-83　　　　　　　　　　　　图 2-2-84

84 按空格键,切换视图到【Front】,选择按钮 ,进行点线的连接,实现加线的效果,如图 2-2-85 所示。

85 右键对象,进入【Face】层级,将选中的面删除,如图 2-2-86 所示。

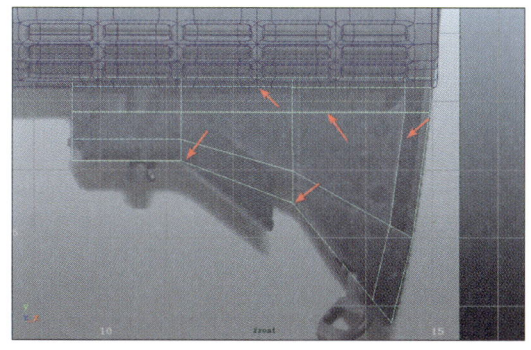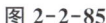

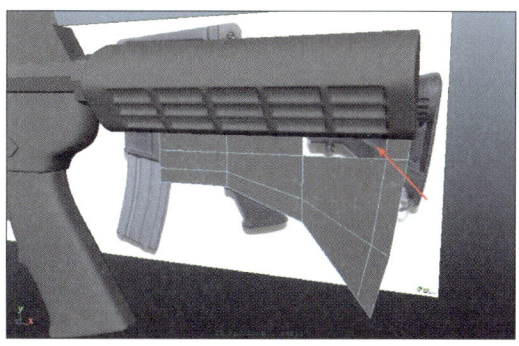

图 2-2-85　　　　　　　　　　　　图 2-2-86

86 选择其余的面,将【Edit Mesh】下的【Keep Faces Togehter】前的勾勾上,配合【Shift】+鼠标右键挤出面操作,如图 2-2-87 所示。

87 将背面选中的面进行删除,效果如图 2-2-88 所示。

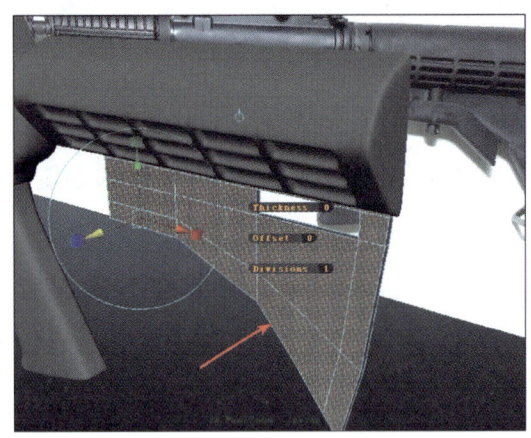

图 2-2-87

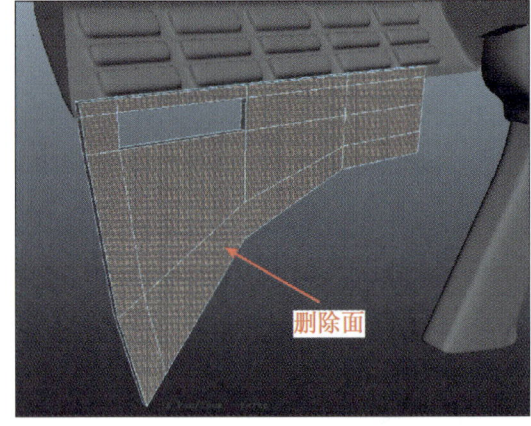

图 2-2-88

88 按【3】键选择 ▨ 按钮,进行加线,如图 2-2-89 所示。

89 将视图切换到【Side】,按钮 ▨ ,创建多边形,如图 2-2-90 所示。

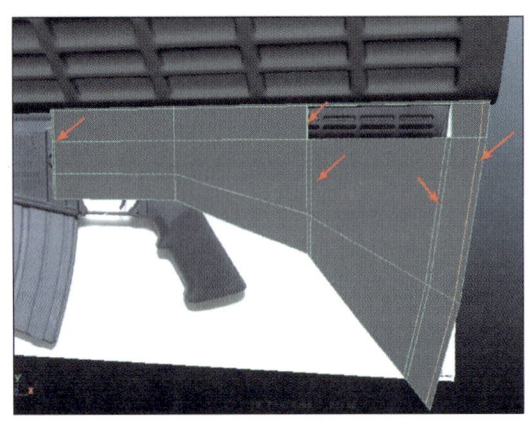

图 2-2-89

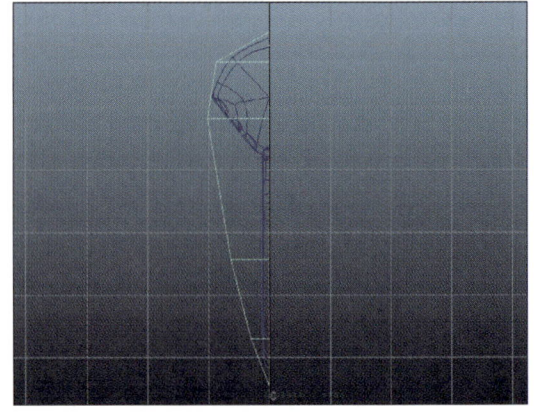

图 2-2-90

90 将视图切换到【Persp】,右键对象,进入【Face】层级,进行挤出和删除面操作,如图 2-2-91 所示。

91 制作小零件,在这里不做详细介绍,效果如图 2-2-92 所示,制作三个零件。

92 复制三个对象,按【Ctrl】+【D】键进行复制,在右侧面板中将【Scale Z】的参数设置为—1,并进行合并。效果如图 2-2-93 所示。

93 还剩下几个部位的建模,我们在这里不再详细介绍,瞄准器部分的布线结构,如图 2-2-94 所示。

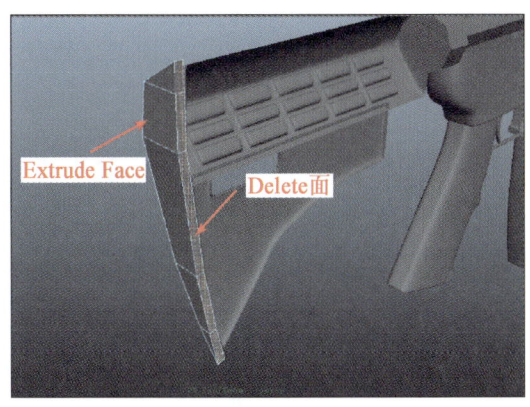

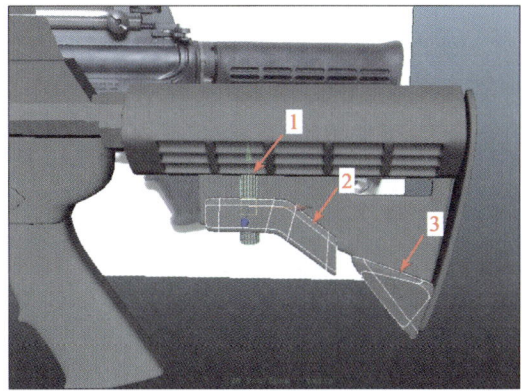

图 2-2-91   图 2-2-92

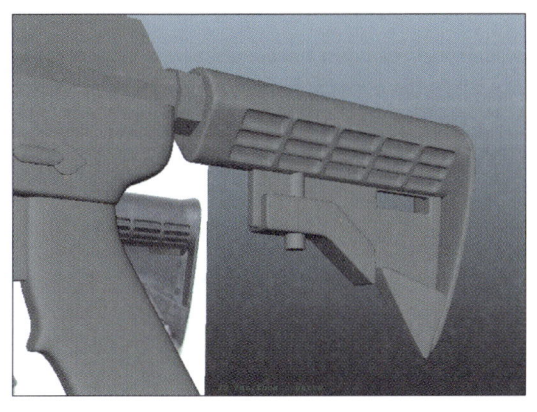

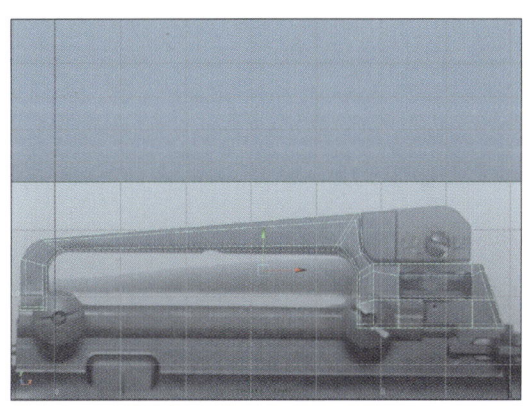

图 2-2-93   图 2-2-94

94 右上角的零件布线，如图 2-2-95 所示。

95 继续图 2-2-95，如图 2-2-96 所示的零件效果图。

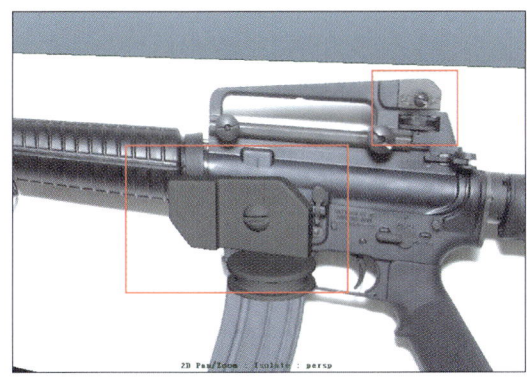

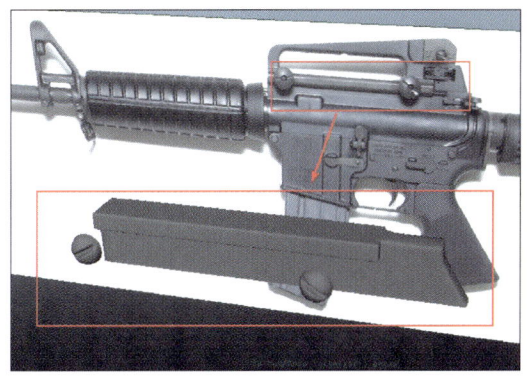

图 2-2-95   图 2-2-96

96 最后剩下枪头的瞄准器，操作不走如下。选择 点线连接按钮，对之前创建的轮廓进行勾勒,效果如图 2-2-97 所示。

97 按空格键切换到【Persp】视图,右键对象,进入【Face】层级,将选中的面进行删除,如图 2-2-98 所示。

图 2-2-97

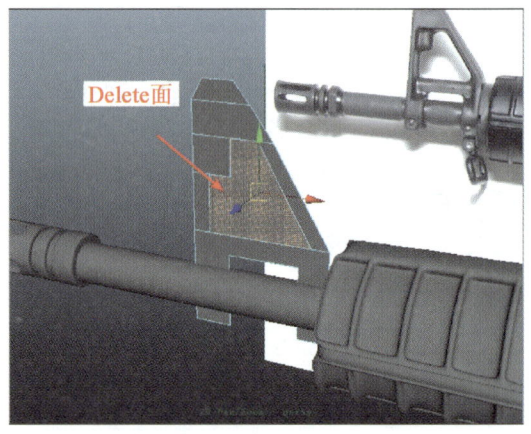

图 2-2-98

98 选中剩下的所有的面,配合【Shift】+鼠标右键选择【Extrude Face】,挤出面,效果如图 2-2-99 所示。

99 继续进行布线,如图 2-2-100 所示。

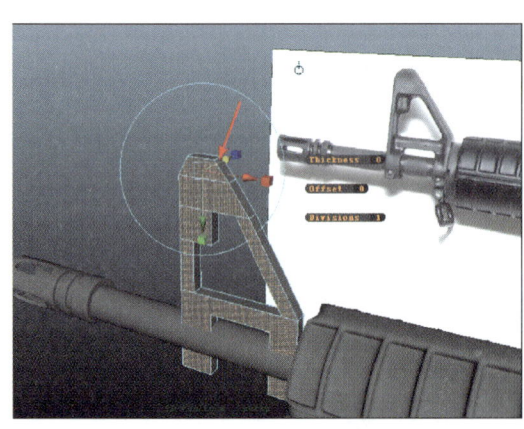

图 2-2-99

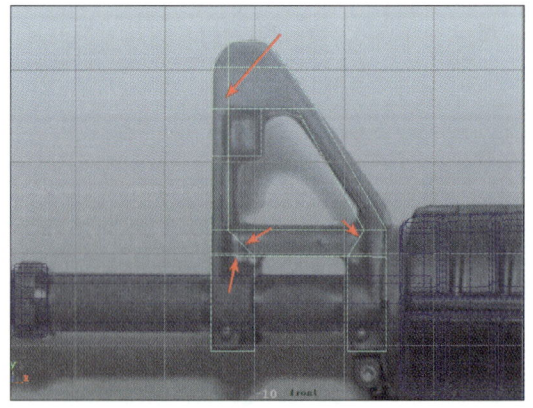

图 2-2-100

100 空格键切换视图到【Persp】视图,选中相应面,进行挤出,效果如图 2-2-101 所示。

101 按【3】键后,要得到理想的效果,需要加线卡边,如图 2-2-102 所示。

102 删除另一边的所有的面,如图 2-2-103 所示。

103 按【Ctrl】+【D】键对其进行复制,并在右侧【Scale Z】的参数设置为-1。效果如图 2-2-104 所示。

104 至此所有的模型建模完毕,成品效果如图 2-2-105 所示。

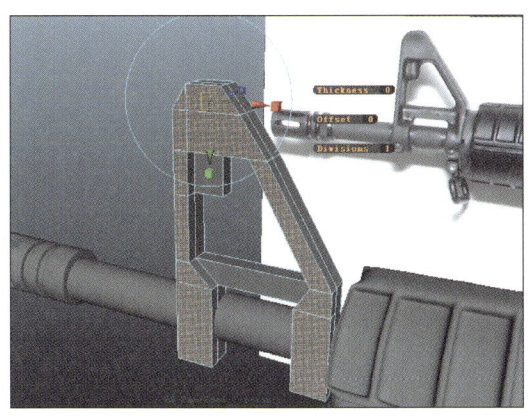

图 2-2-101

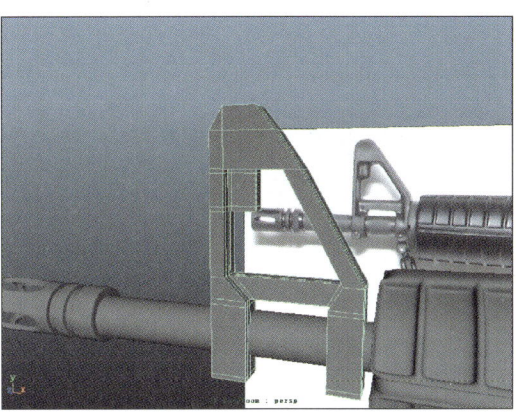

图 2-2-102

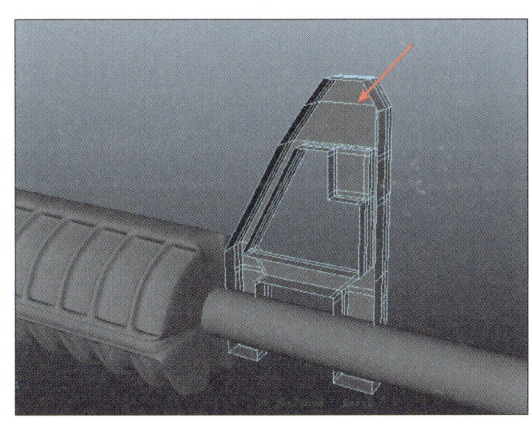

图 2-2-103

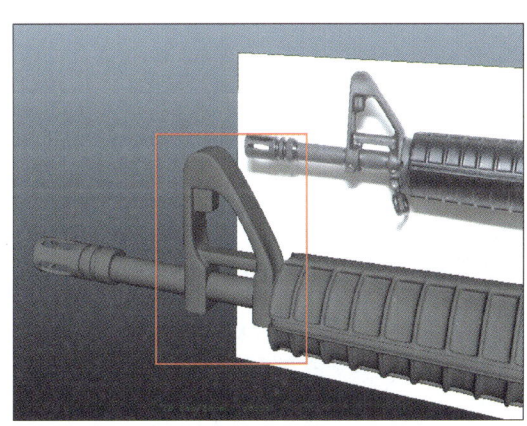

图 2-2-104

图 2-2-105

任务 2-2-5 OCC 图渲染

105 创建地面,在 [Curves] 选项卡中选择【NUBURS Plane】 按钮创建地面,如图 2-2-106 所示。

106 框选所有物体，再选择右侧面板的 Render （渲染）选项卡，创建新的图层，并右键该层，选择【Attributes】（属性），如图 2-2-107 所示。

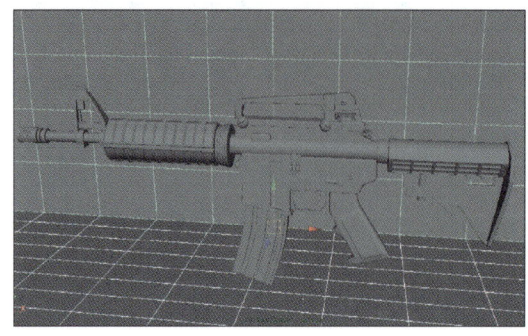

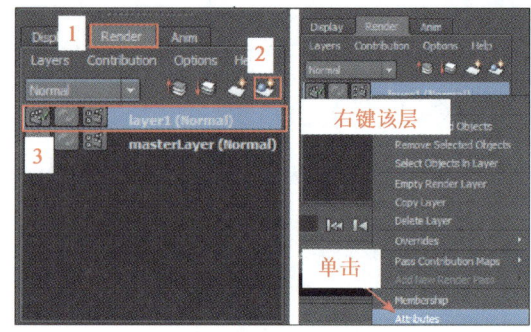

图 2-2-106   图 2-2-107

107 右侧的面板发生了变化，选择按钮【Presets】/【Occlusion】，窗口变成了黑色，如图 2-2-108 所示。

108 选择上方的渲染 按钮，对其进行渲染，最终效果如图 2-2-109 所示。

图 2-2-108   图 2-2-109

技能与相关知识

NURBS 曲面编辑命令

Edit NURBS 菜单中包含了编辑和修改 NURBS 表面的各种工具。

- Duplicate NURBS Patches：复制 NURBS 面片命令
- Project Curve On Surface：投射曲线到曲面命令
- Intersect Surfaces：相交曲面命令
- Trim Tool：剪切工具
- Untrim Surfacdes：取消剪切面工具
- Booleans：布尔运算命令组
- Attach Surfaces：结合面命令

- Attach Without Moving：非移动结合命令
- Detach Surfaces：分离面命令
- Align Surfaces：对齐面命令
- Open/Close Surfaces：打开/关闭面命令
- Move Seam：移动缝命令
- Insert Isoparms：插入结构线命令
- Reverse Surface Direction：翻转面方向命令
- Rebuild Surfaces：重建曲面命令
- Round Tool：倒角工具
- Surface Fillet：曲面圆角命令组
- Stitch：缝合命令组
- Sculpt Surfaces Tool：雕刻曲面工具
- Surface Editing：曲面编辑命令组
- Selection：选择命令组

拓展训练

制作如图 2-2-110 所示的模型。

图 2-2-110

任务三　油箱车和腰鼓

任务描述

　　油箱车和腰鼓是很多小孩子炙手可热的玩具，小周在此次建模中，将两个模型放在一个场景中，为此我们来制作一个油箱车和腰鼓的场景。效果如图 2-3-1 所示。

图 2-3-1

任务分析

在这个任务中，油箱车的轮胎需要我们多多思考其图形的构成，还有腰鼓四周的绳索也是这一次任务的重点。

方法与步骤

任务 2-3-1　油桶箱建模

01 打开 MAYA2014，按【Space】(空格键)切换视图，将画面切换到【Front】视图，如图 2-3-2 所示。

02 选择【Create】/【CV Cure Tool】工具创建 CV 曲线，在【Front】视图中，创建如图 2-3-3 所示的曲线。

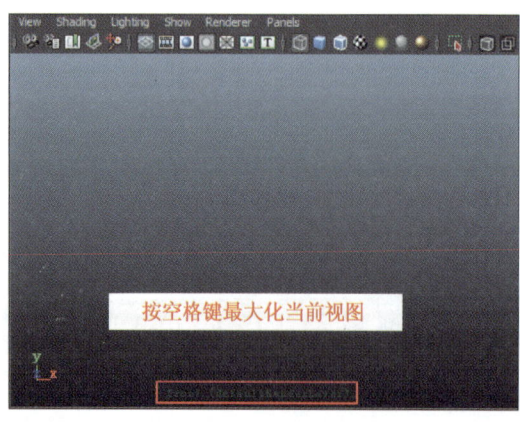

图 2-3-2　　　　　　　　　　　　　　　　图 2-3-3

💡**注意:** 在创建曲线时，第一点对齐视图的中心线(这样在后面的操作中不会出现错误)，并按【D】+【C】键将点对齐到中心线上。

CV 曲线的创建方式是通过起初确定的四个点来确定曲面的,大家可以多练习掌握其方法。另外,如果对创建的曲线不满意,可通过右键曲线,选择【Control Vertex】(控制点)来对曲线上的点进行编辑。

03 按【F4】键打开【Surfaces】(曲面)编辑状态,选择菜单【Surfaces】/【Revolve】(旋转成面)工具,轴向选为 X 轴,对创建的曲线进行旋转,效果如图 2-3-4 所示。

04 选择【Create】/【Polygon Primitives】/【Sphere】(圆多边形)工具创建一个双六面圆,并且选中半面删除,在【Persp】自由视图中创建,如图 2-3-5 所示。

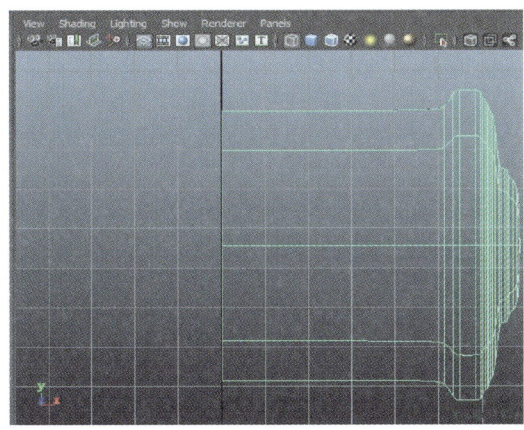

图 2-3-4

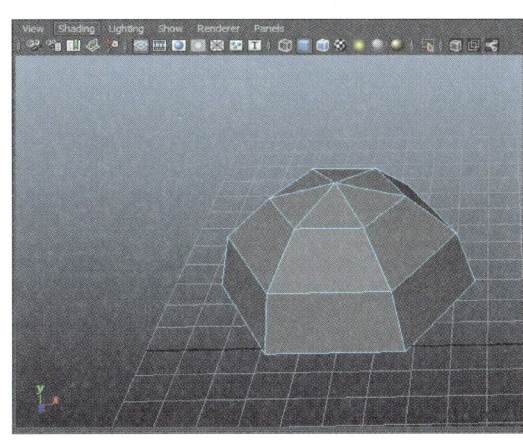

图 2-3-5

05 选择菜单【Edit Mesh】/【Extrude】(挤出)工具,对半圆底部进行两次挤出,效果如图 2-3-6 所示。

06 按【R】键,将做好的半圆图形进行适当的缩放,然后放至最初制作的圆桶上,并将这些半圆中心点放至圆桶中心点(【D】+【C】+鼠标中键),效果如图 2-3-7 所示。

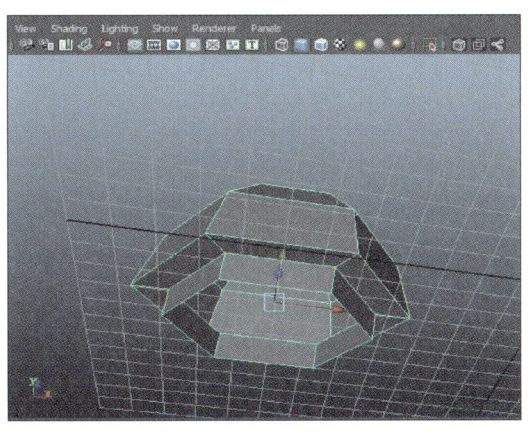

图 2-3-6

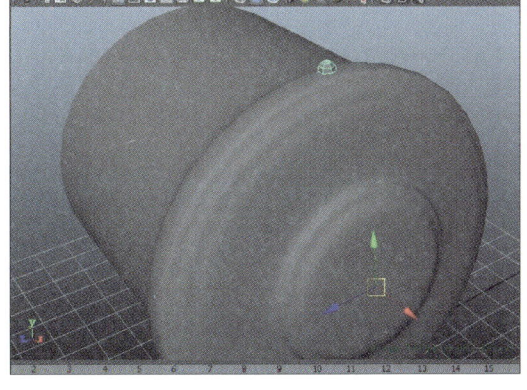

图 2-3-7

07 选择菜单【Edit】/【Duplicate special】(阵列)工具右侧的小按钮🔲,打开"阵列"窗口菜单,如图 2-3-8 所示。并选择旋转 X 轴 20 度,旋转 17 个,然后单击【Apply】运用按钮。

08 按空格键,将视图切换到【Persp】视图,旋转阵列成面后的效果如图 2-3-9 所示。

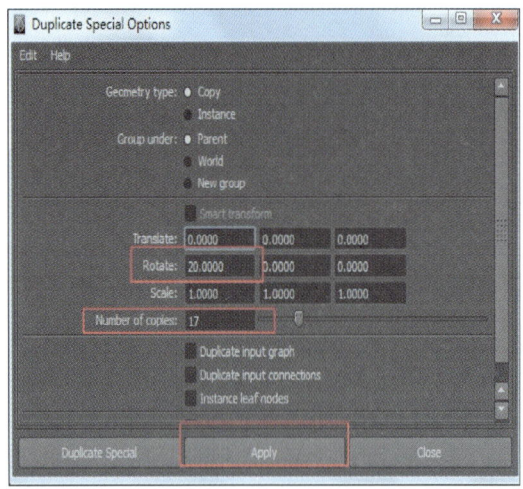
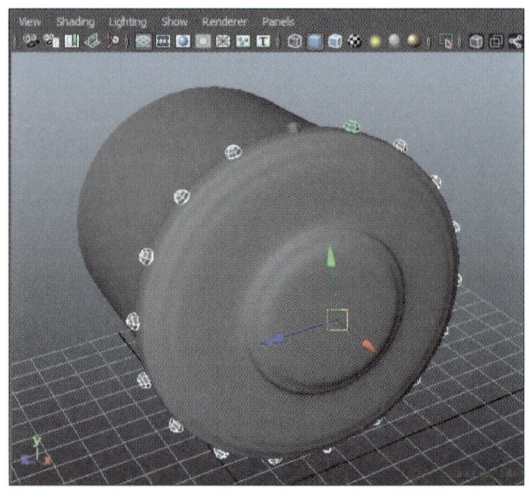

图 2-3-8　　　　　　　　　　　图 2-3-9

09 将所建物体全部选中,选择 Polygons 模式菜单【Mesh】\【Combine】(合并)工具进行合并,并将中心点调整至如图 2-3-10 所示。

10 复制铃铛【Ctrl】+【D】键。在右侧的面板中,将【Scale X】的数值改为-1,如图 2-3-11 所示。

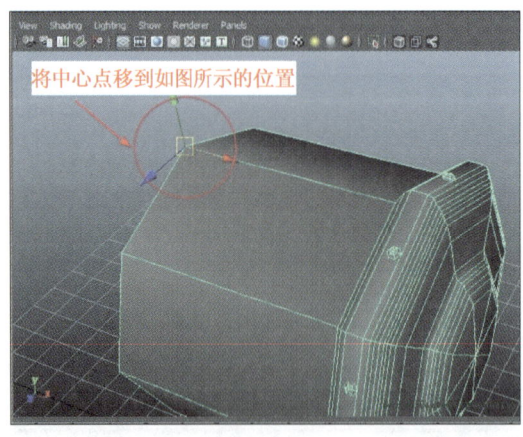
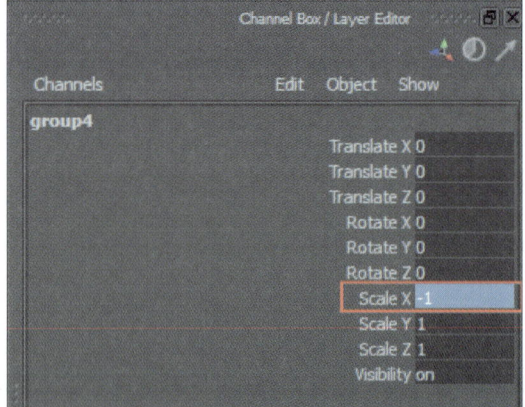

图 2-3-10　　　　　　　　　　　图 2-3-11

11 将两物体进行合并(Polygons 模式下【Mesh】\【Combine】),并选择菜单【Edit Mesh】\【Merge】(混合)。效果如图 2-3-12 所示。

12 按空格键,切换视图到【Front】视图,选择【Create】/【CV Cure Tool】工具创建 CV 曲线,如图 2-3-13 所示。

> 💡 **注意:**起始点对齐中心线。

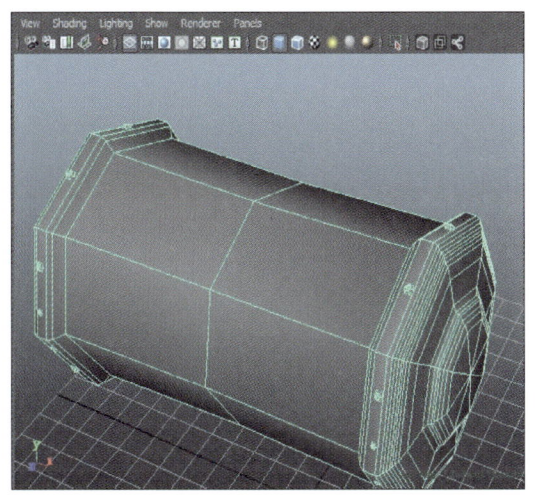

图 2-3-12

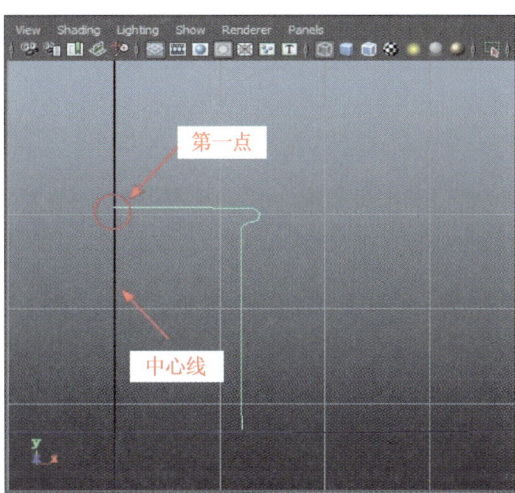

图 2-3-13

🔢 按【F4】键打开【Surfaces】(曲面)编辑状态,选择菜单【Surfaces】/【Revolve】(旋转成面)工具,轴向选为 Y 轴,对创建的曲线进行旋转,效果如图 2-3-14 所示。

🔢 按空格键,切换视图到【Persp】视图,将所做好的物体放到合适的位置,如图 2-3-15 所示。

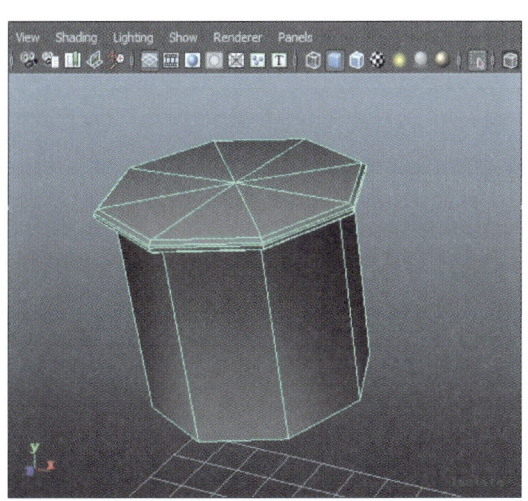

图 2-3-14

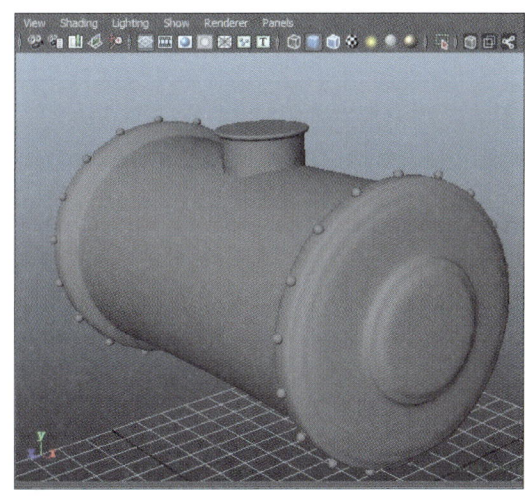

图 2-3-15

🔢 在【Front】视图中选择 Polygons 模式下菜单【Create】\【Polygons Primitives】\【Cube】(长方体)工具创建一个长方体,前使用菜单【Edit Mesh】\【Insert Edge Loop Tool】

（环形卡边）工具进行加线，效果如图 2-3-16 所示。

16 回到【Persp】视图中，效果如图 2-3-17 所示。

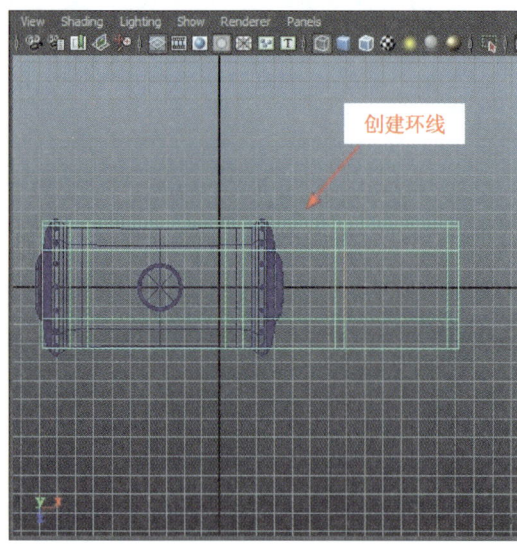

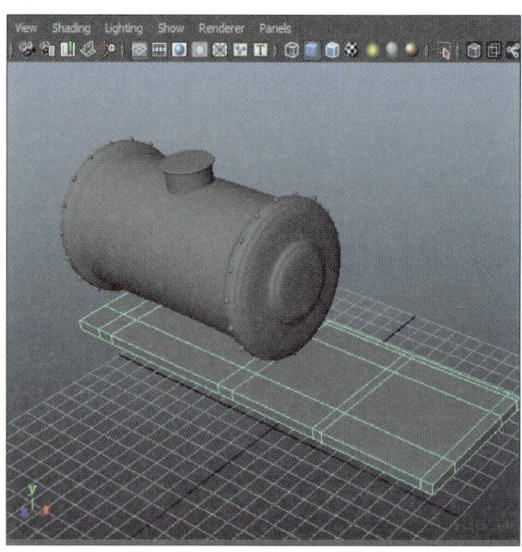

图 2-3-16　　　　　　　　　　　图 2-3-17

17 选中需要挤出的面，选择 Polygons 模式下菜单【Edit Mesh】\【Extrude】（挤出）工具进行适当的挤出，效果如图 2-3-18 所示。

18 在挤出的长方体上环形一条边（【Edit Mesh】\【Insert Edge Loop Tool】环形工具）。并删除如图 2-3-19 所示的面。

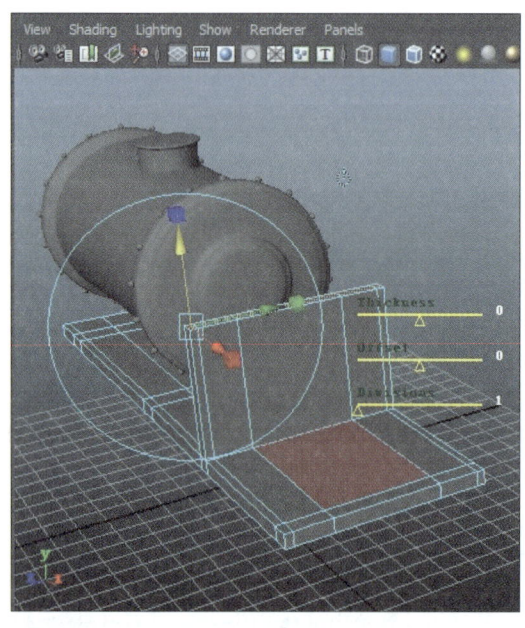

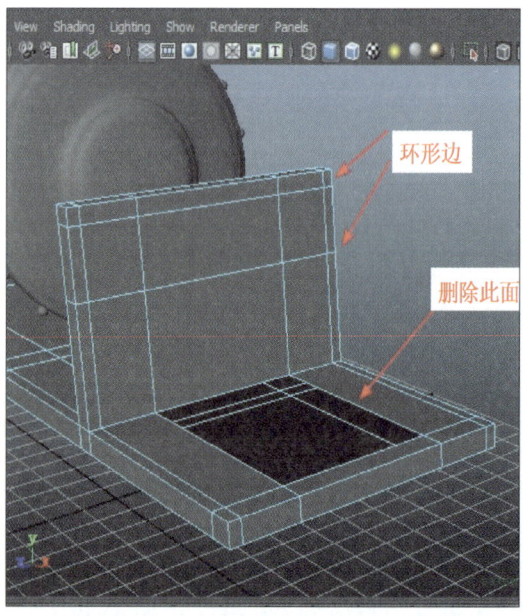

图 2-3-18　　　　　　　　　　　图 2-3-19

19 切换到【点】级状态,将选中点调整至如图 2-3-20 所示。

20 选中如图 2-3-20 所选的面,选择菜单【Edit Mesh】\【Extrude】(挤出)工具进行挤出,效果如图 2-3-21 所示。

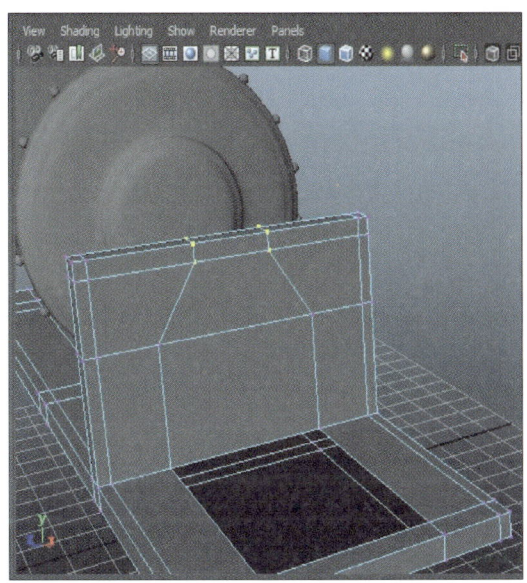
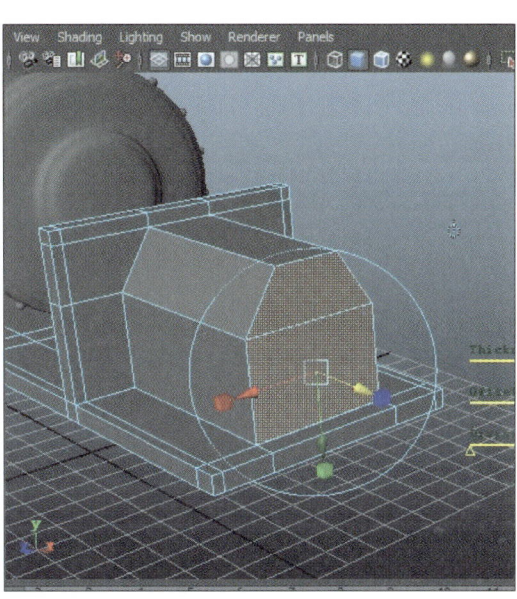

图 2-3-20   图 2-3-21

21 在【Persp】视图下选择图 2-3-22 中所选中的点选择菜单【Edit Mesh】\【Merge To Center】(点合并)工具进行合并。

22 在【Persp】视图下选中图 2-3-23 里四个面,然后选择菜单【Edit Mesh】\【Extrude】(挤出)工具进行挤出,需要注意的是,必须得先点击一次图 2-3-23 中所圈示的小方块,才能再移动方向。

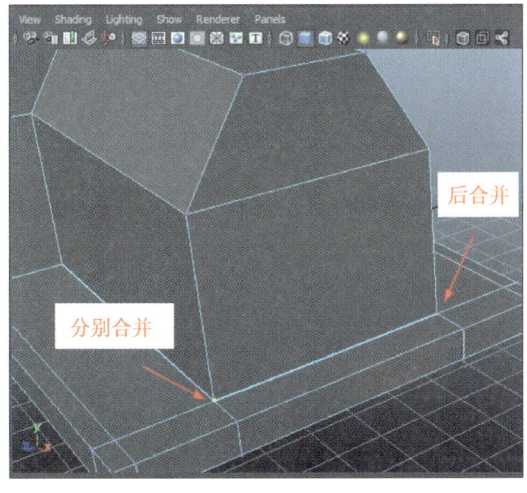
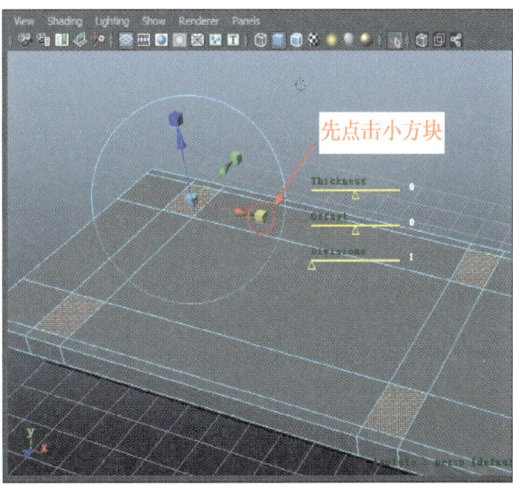

图 2-3-22   图 2-3-23

23 将移动好的小方块再次进行挤出,效果如图 2-3-24 所示。

24 选择菜单【Edit Mesh】\【insert Edge Loop Tool】(环行边)工具进行适当的卡边,效果如图 2-3-25 所示。

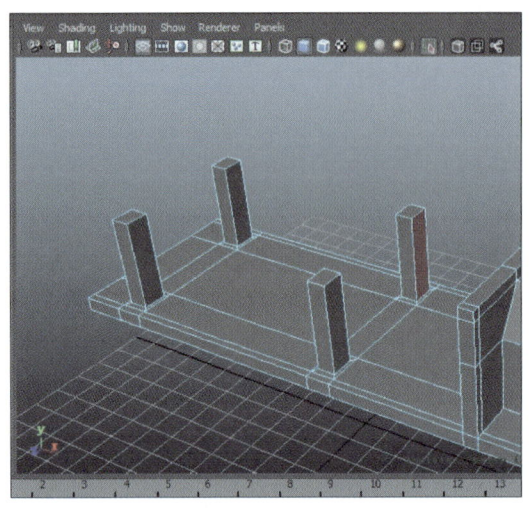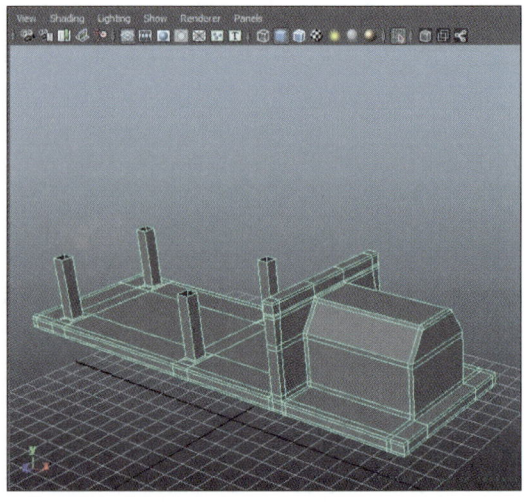

图 2-3-24   图 2-3-25

任务 2-3-3   油箱车轮胎建模

25 在【Front】视图下,选择菜单【Mesh】/【Create Polygon Tool】(创建多边形)工具,创建一个如图 2-3-26 所示的图形。

26 在【Persp】视图下,将图形转变到【面】级别,选择菜单【Edit Mesh】\【Extrude】(挤出)工具,效果如图 2-3-27 所示。

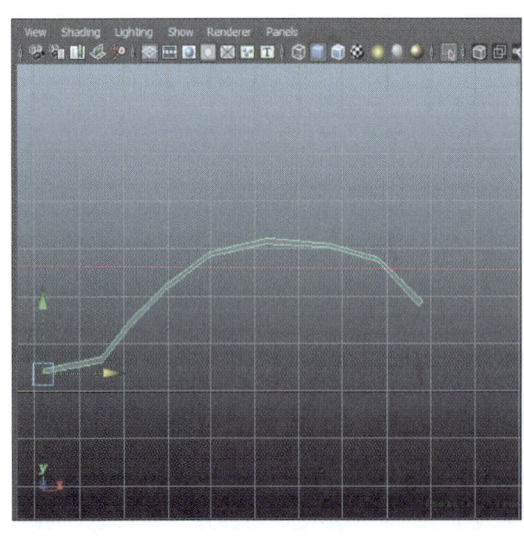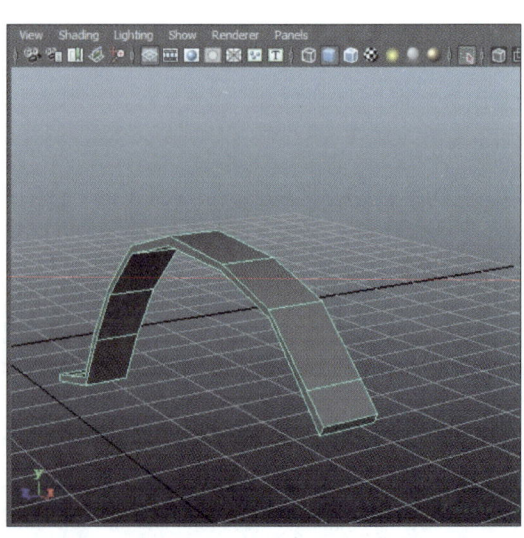

图 2-3-26   图 2-3-27

27 然后选择菜单【Edit Mesh】\【Insert Edge Loop Tool】(环形边)工具进行适当的卡边,效果如图 2-3-28 所示。

28 在【Side】视图下,选择菜单【Create】\【CV Curve Tool】创建如图 2-3-29 所示的图形。

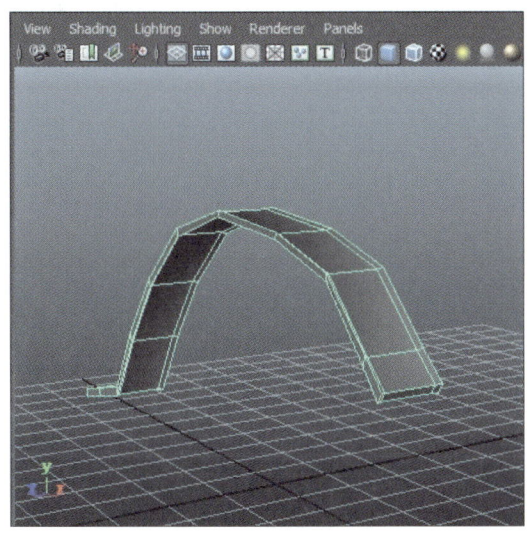

图 2-3-28

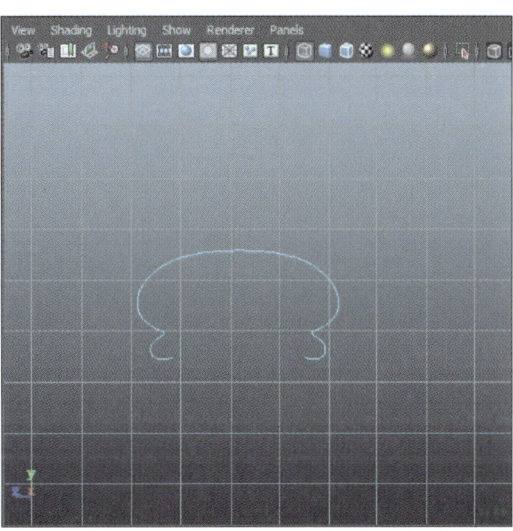

图 2-3-29

29 然后继续在【Side】视图下,选择菜单【Create】\【CV Curve Tool】创建如图 2-3-30 所示的图形。

30 分别选中两图形的中心点,按【D】+【X】+鼠标中键定位到 X、Y 轴的黑线上,效果如图 2-3-31 所示。

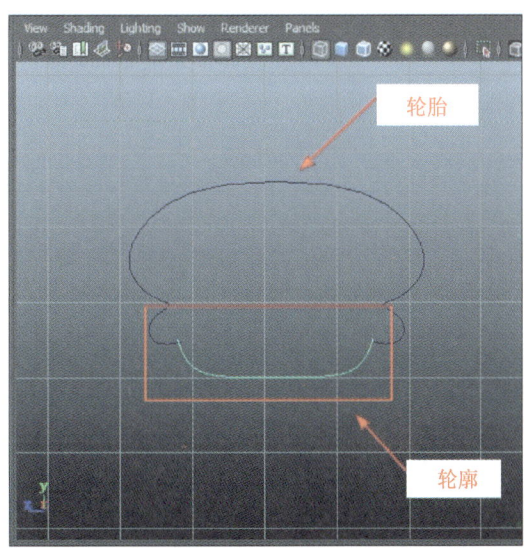

图 2-3-30

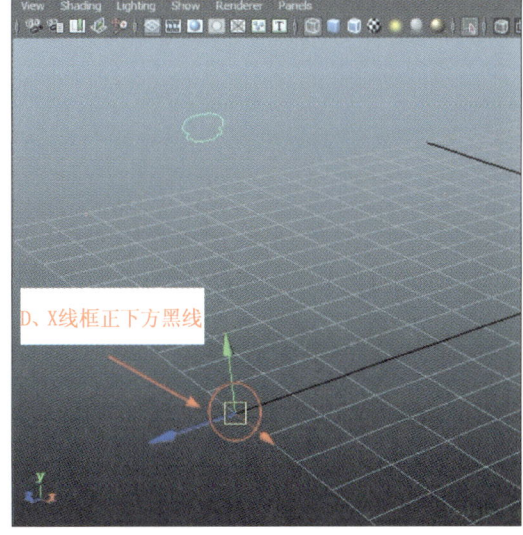

图 2-3-31

31 选中轮胎的线,按【F4】键进入 Surfaces 模式下,选择菜单【Surfaces】\【Revolve】(旋转)工具,选中 Z 轴进行旋转,效果如图 2-3-32 所示。

32 并在右边框里设置相关参数,如图 2-3-33 所示。

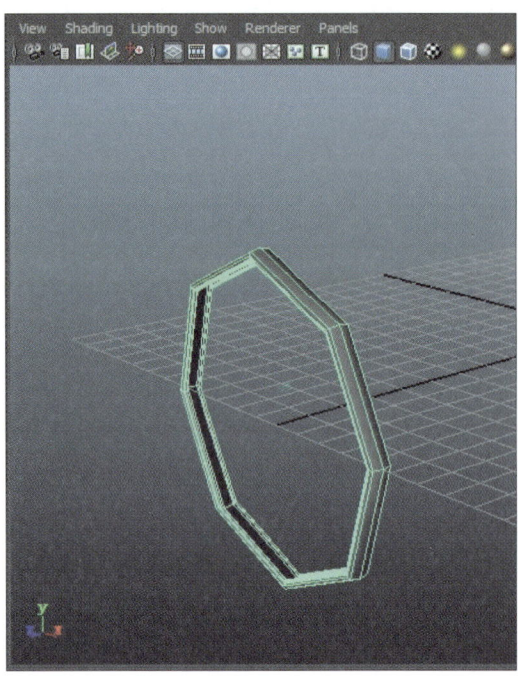

图 2-3-32

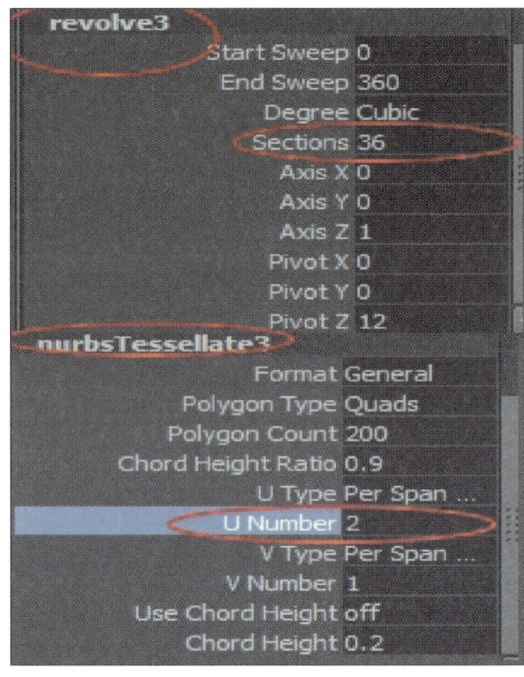

图 2-3-33

33 轮胎最后效果如图 2-3-34 所示。

34 同理,轮毂也按做轮胎的方式进行制作。最后效果如图 2-3-35 所示。

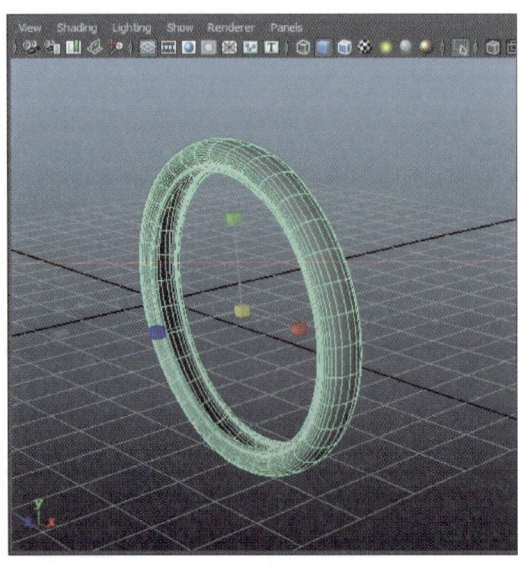

图 2-3-34

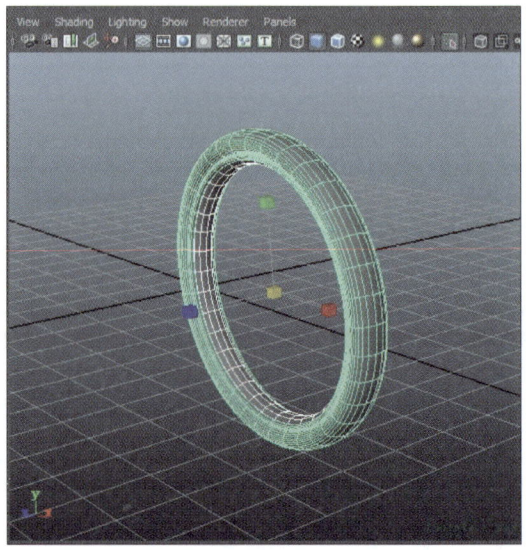

图 2-3-35

35 选择【Curves】的【圆】工具和【Create】\【CV Curve Tool】分别在【Top】与【Side】视图下创建样条线,效果如图 2-3-36 所示。

36 在【Top】视图下,将圆图形转变到【点】级别进行修改,效果如图 2-3-37 所示。

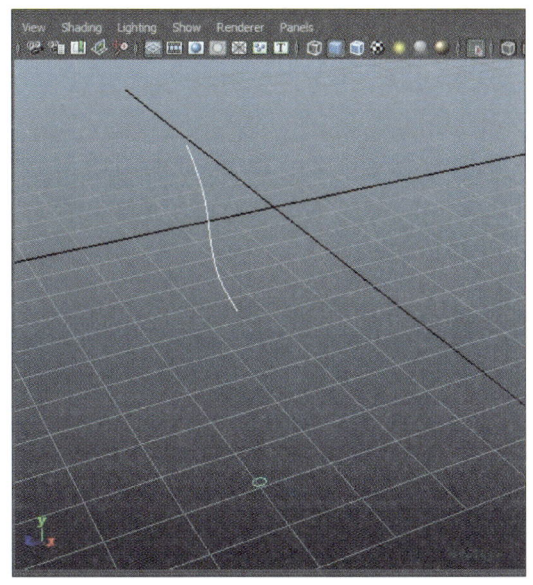

图 2-3-36

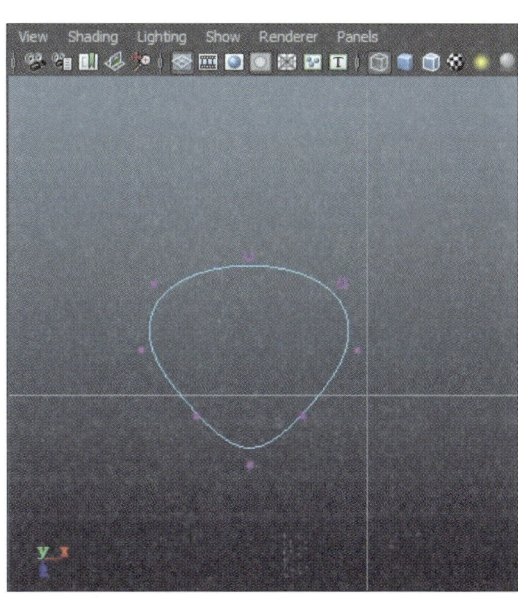

图 2-3-37

37 在【Sersp】视图下同时选中两个样条线,在 Surfaces 模式下选择菜单【Surfaces】\【Extrude】(曲线挤出)工具,必设置相关参数,如图 2-3-38 所示。

38 放样后效果如图 2-3-39 所示。

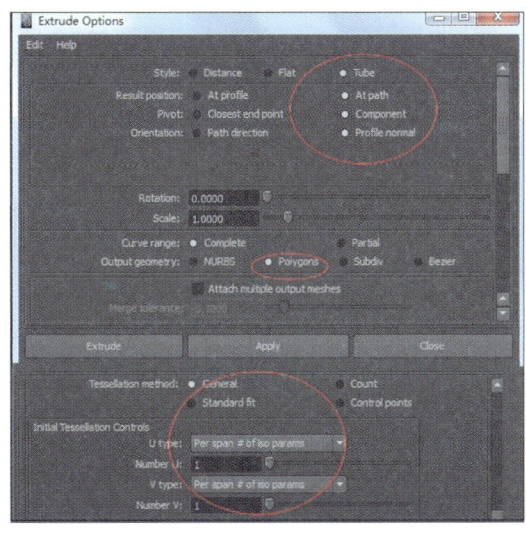

图 2-3-38

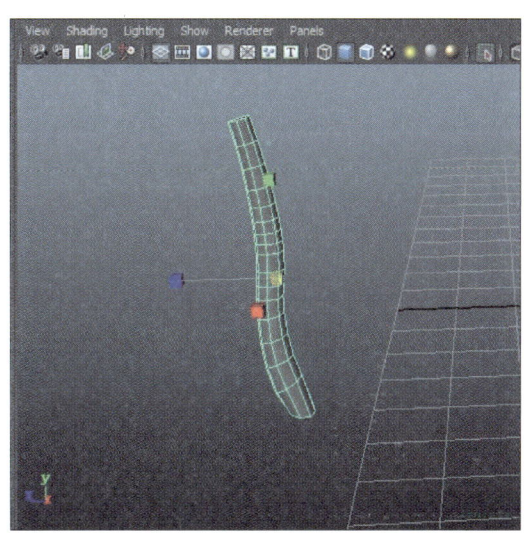

图 2-3-39

39 在【Persp】视图下,将放样物体切换到【点】级别,并按【B】键,选中上面几排点进行缩放(【R】键),效果如图 2-3-40 所示。

40 在【Persp】视图中,选中放样物体,按键盘【W】键,然后并按【D】+【X】+鼠标中键
将中心点放至如图 2-3-41 所示处。

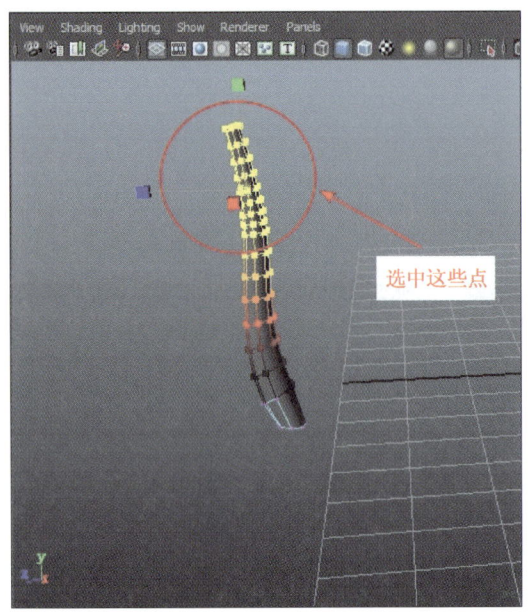

图 2-3-40

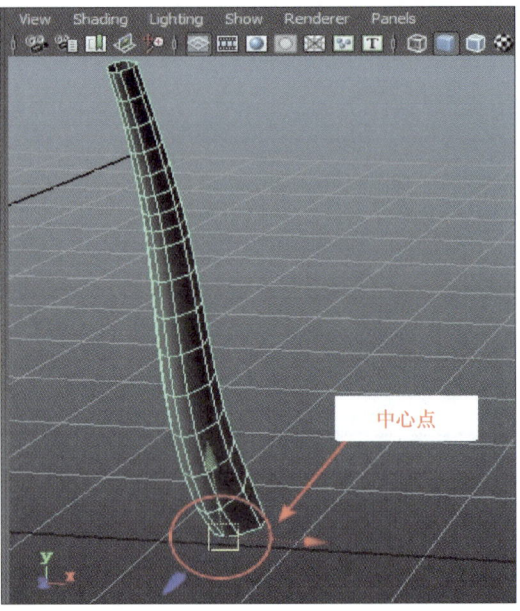

图 2-3-41

41 选中物体,选择菜单【Edit】\【Duplicate Special】旁边的小方块进行旋转阵列,具体
参数如图 2-3-42 所示。

42 效果如图 2-3-43 所示。

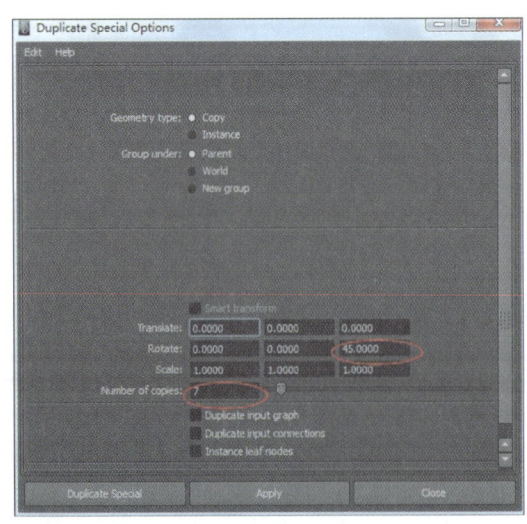

图 2-3-42

图 2-3-43

43 将之前做的轮胎、轮毂和放样物体进行适当的缩放和摆放,最后得到如图 2-3-44

的效果。

44 在【Front】视图中,选择【Create】\【CV Curve Tool】创建如图 2-3-45 中的图形,并将中心点调至顶端。

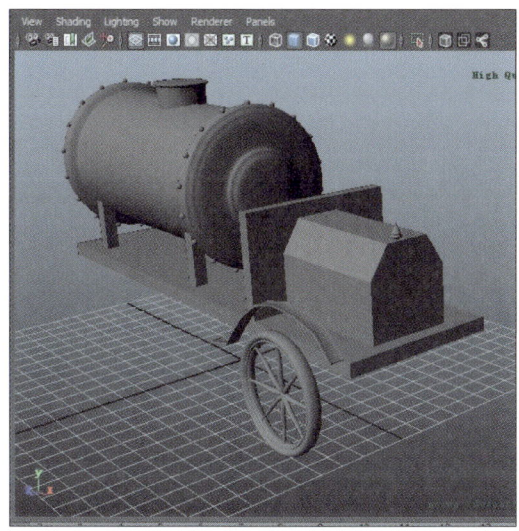

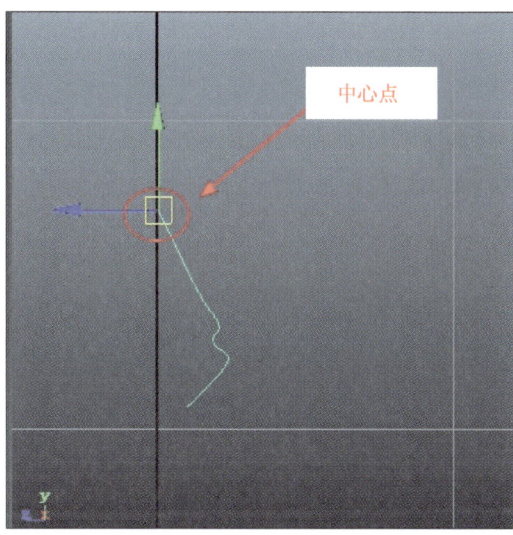

中心点

图 2-3-44　　　　　　　　　　　　　　　　图 2-3-45

45 在 Surfaces 模式下选择菜单【Surfaces】\【Revolve】旋转(旋转)工具,并设置轴向为 Y 轴,效果如图 2-3-46 所示。

46 选中创建物体并按【Ctrl】+【D】键进行复制,移开后,将右边的参数向 X 轴旋转 90 度的设置,效果如图 2-3-47 所示。

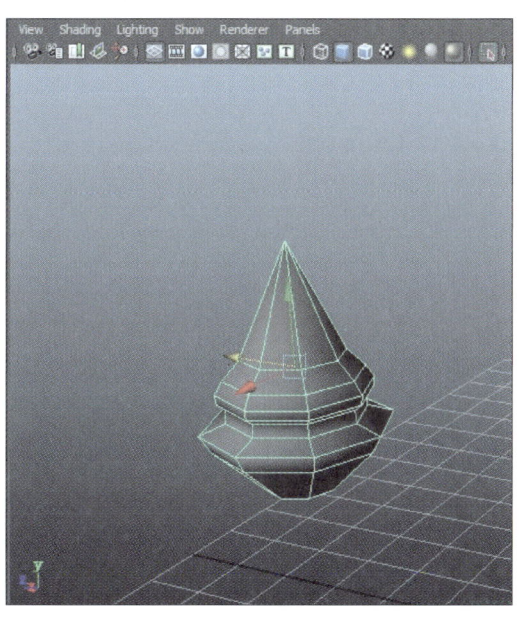

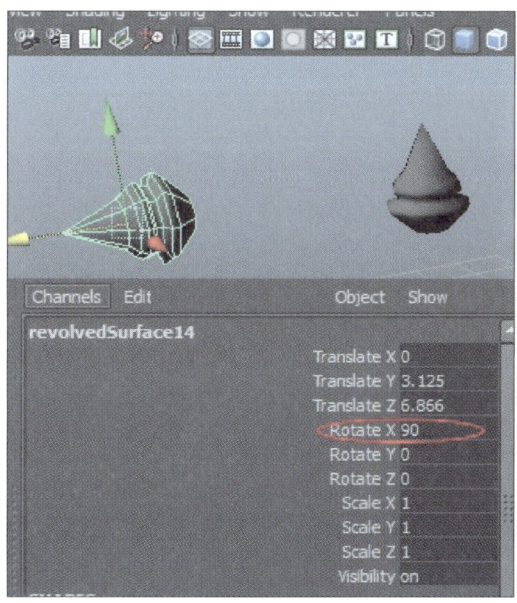

图 2-3-46　　　　　　　　　　　　　　　　图 2-3-47

47 在【Persp】视图中,将复制的物体切换到【点】级别,然后选中顶点,向内进行移动,效果如图 2-3-48 所示。

48 将此物体背面的最外边一圈线选中,在 polygons 模式下选择菜单【Mesh】\【Fill Hole】(面填充)工具,效果如图 2-3-49 所示。

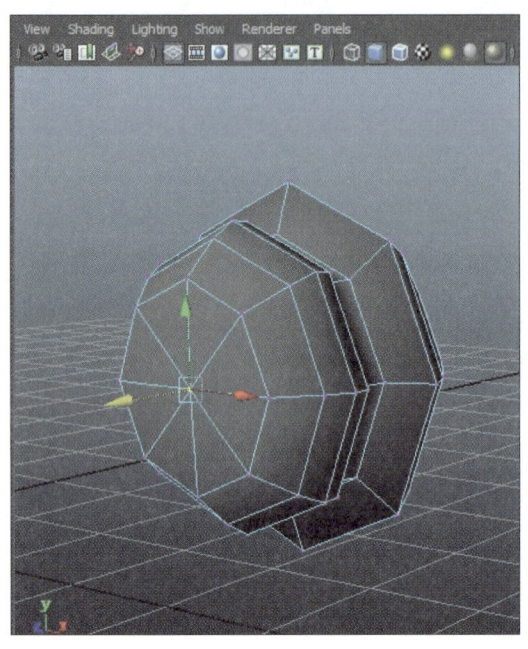

图 2-3-48

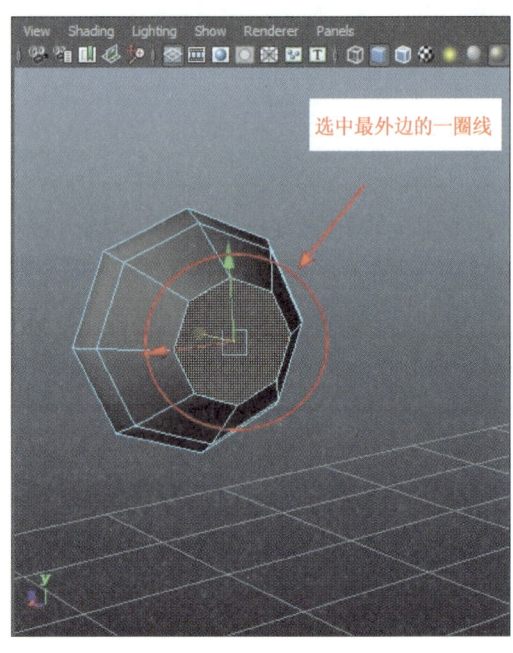

选中最外边的一圈线

图 2-3-49

49 选中此面,选择菜单【Edit Mesh】\【Extrude】(挤出)工具进行挤出,效果如图 2-3-50 所示。

50 同上第 48、第 49 步骤,紧接着进行第二次挤出,效果如图 2-3-51 所示。

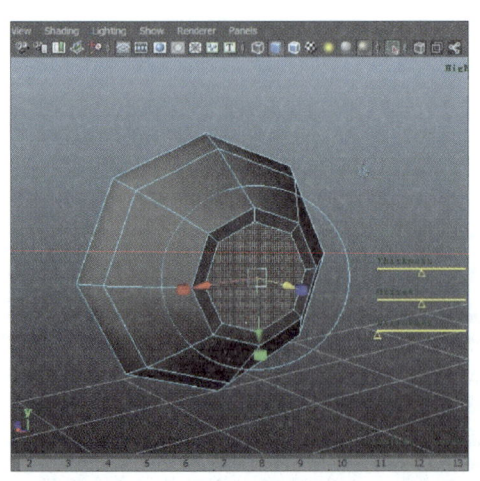

图 2-3-50

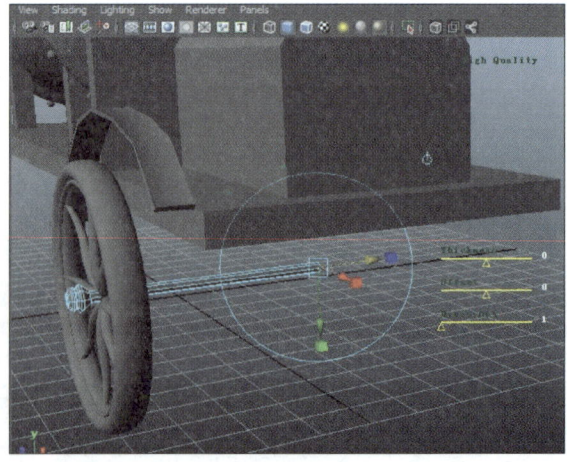

图 2-3-51

51 将之前所制作的挡泥板、轮胎、轮毂以及放样物体和车轴全部选中,按【Ctrl】+【G】键进行组合,并在【W】的模式下按住【D】+【C】+鼠标中键将中心点移至如图 2-3-52 所示之处。

52 按【Ctrl】+【D】键进行复制,并按图 2-3-53 修改复制物体方向。

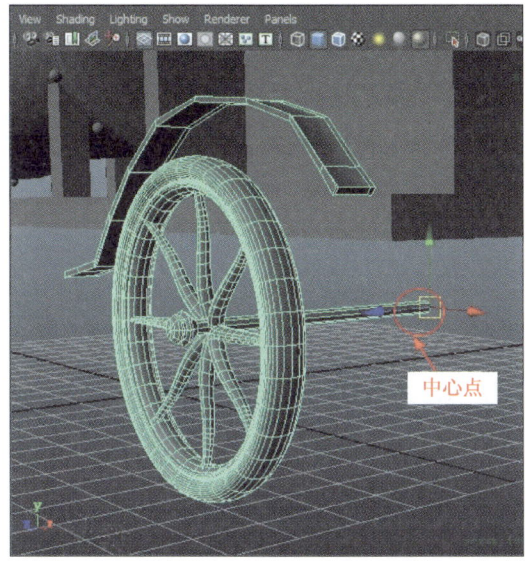

图 2-3-52

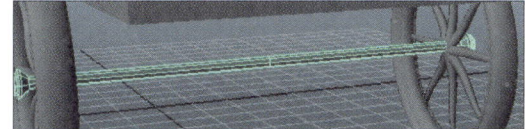

图 2-3-53

53 同时选中车轴和复制出来的车轴,在 Polygons 模式下选择菜单【Mesh】\【Combine】(合并)工具,效果如图 2-3-54 所示。

54 选中所有的轮胎、轮毂、放样物体以前车轴,按键盘【Ctrl】+【G】键再一次成组,并按【Ctrl】+【D】键进行复制,移出后效果如图 2-3-55 所示。

55 并适当的调整一下大小,最终效果如图 2-3-56 所示。

图 2-3-54

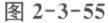

图 2-3-55

图 2-3-56

56 制作车凳。在【Top】视图中选择菜单【Create】\【Polygons】\【Cube】(矩形)工具创建一个长方体,并选择菜单【Edit Mesh】\【Insert Edge Loop Tool】(环形边)工具进行加线,效果如图 2-3-57 所示。

57 在【Persp】视图中,将视图旋转到长方体背部,切换到【面】级别,选择如图 2-3-58 所示的面,选择菜单【Edit Mesh】\【Extrude】(挤出)工具进行挤出。

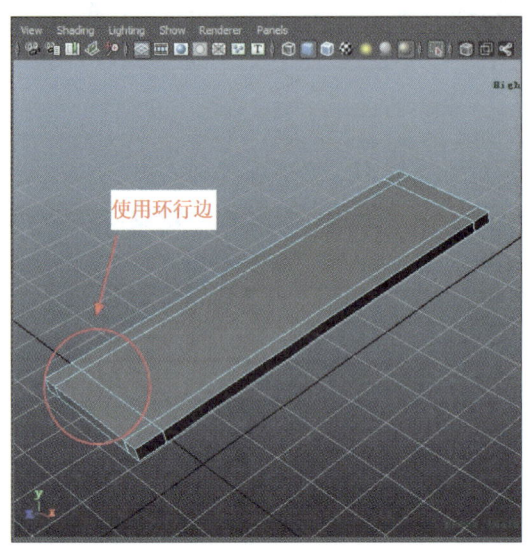

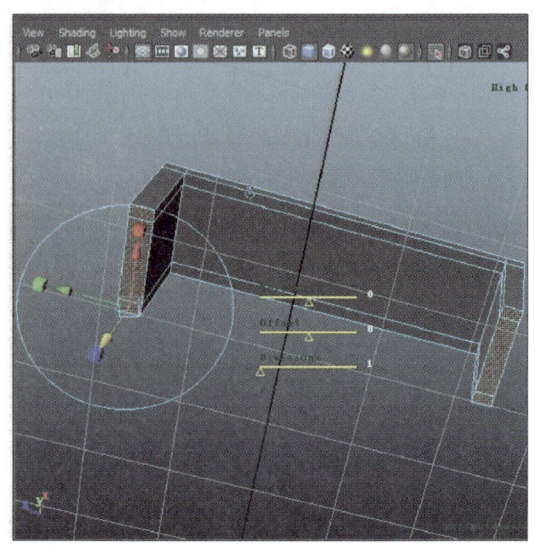

图 2-3-57   图 2-3-58

58 在【Persp】视图中将物体切换到【面】级别,选中如图 2-3-59 所示的几个面。

59 选择菜单【Edit Mesh】\【Extrude】(挤出)工具向内挤出,效果如图 2-3-60 所示。同理,凳子的另外一面也是如此操作。

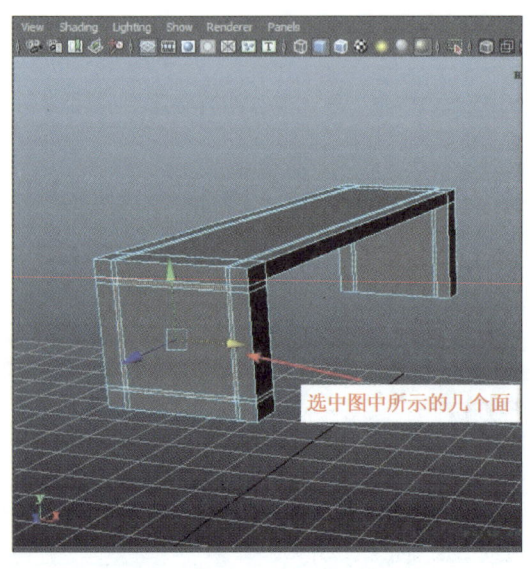

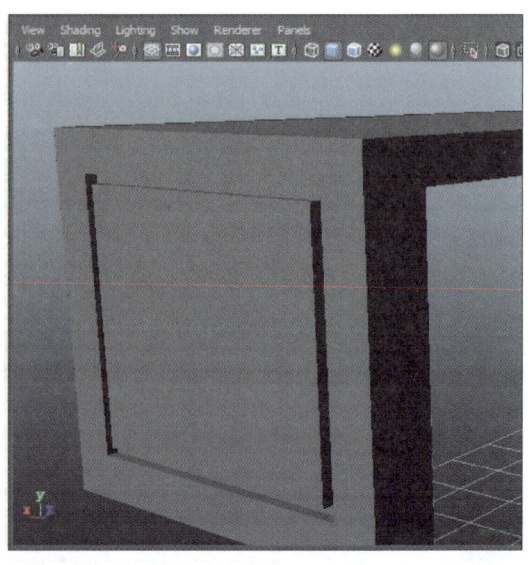

图 2-3-59   图 2-3-60

60 使用【Edit Mesh】\【Insert Edge Loop Tool】(环形边)工具进行适当的卡边，效果如图 2-3-61 所示。

61 接下来制作凳子的把手，分别在【Top】视图和【Front】视图中创建【Curves】的圆和【Create】\【CV Curve Tool】的线，效果如图 2-3-62 所示。

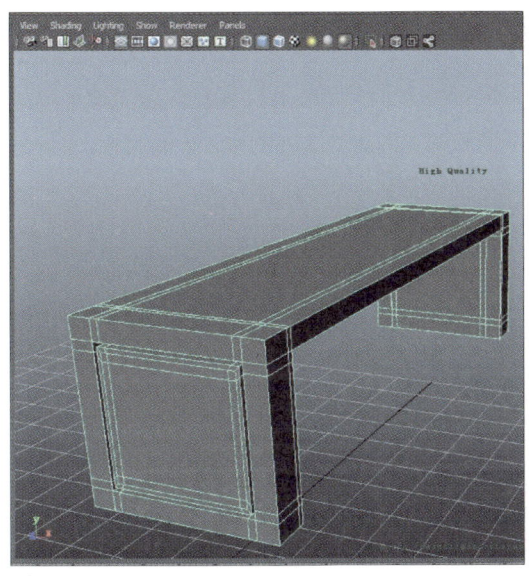

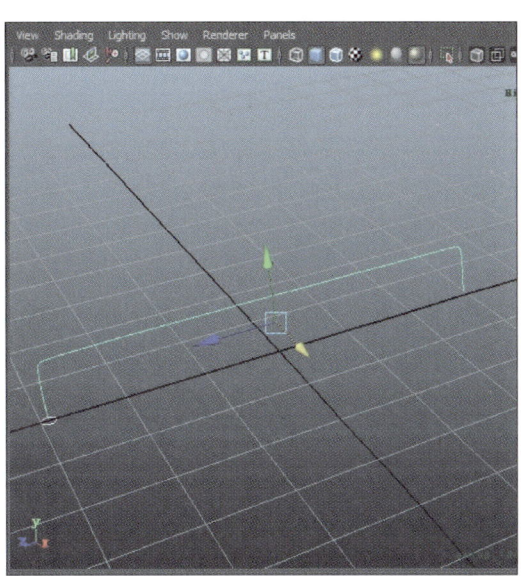

图 2-3-61   图 2-3-62

62 同时选中两个物体，在 Surfaces 模式下，选择菜单【Surfaces】\【Extrude】(曲线挤出)工具，效果如图 2-3-63 所示。

63 同理制作两个把手，效果所图 2-3-64 所示。

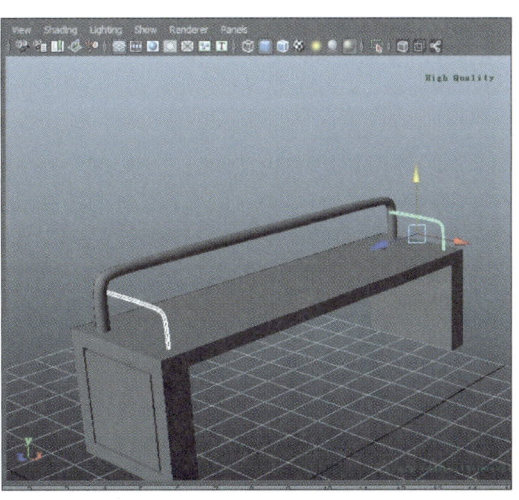

图 2-3-63   图 2-3-64

64 摆放到合适的位置，效果如图 2-3-65 所示。

65 制作油箱,在 Polygons 模式下,选择菜单【Create】\【Polygons】\【Cylinder】(圆柱形)工具,创建一个圆柱体,并使用【Edit Mesh】\【Insert Edge Loop Tool】环形边工具进行加线,效果如图 2-3-66 所示。

图 2-3-65

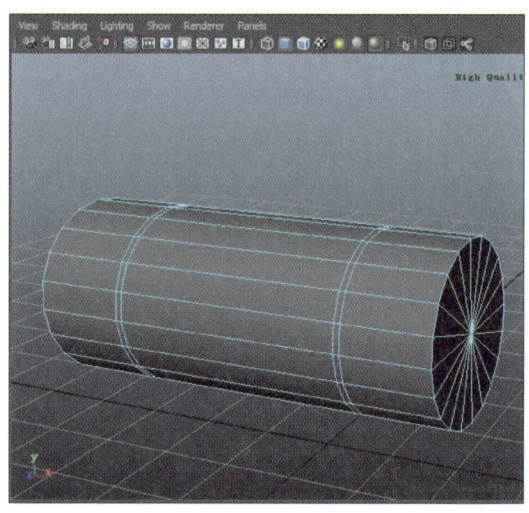

图 2-3-66

66 将油箱切换到【面】级别,按住键盘【Shift】键,同时选中如图 2-3-67 所示的两圈面。

💡**注意:**【Shift】属于"加"命令,所以每次单击鼠标,【Shift】都不能松开。

67 选中两圈面后选择菜单【Edit Mesh】\【Extrude】(挤出)工具向内挤出,效果如图 2-3-68 所示。

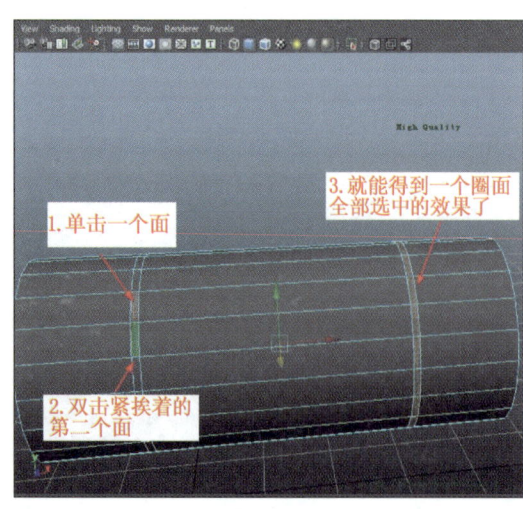

图 2-3-67

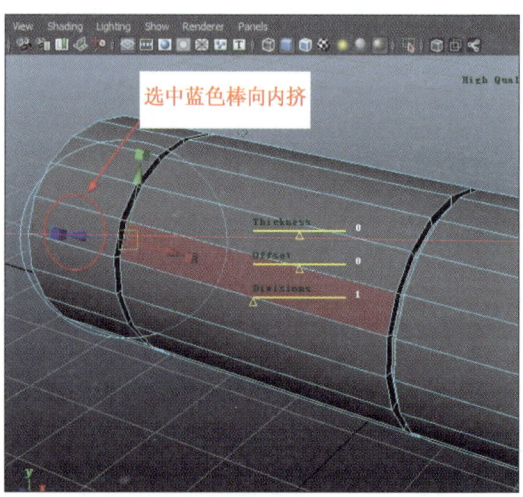

图 2-3-68

68 选择菜单【Edit Mesh】\【Insert Edge Loop Tool】(环形边)工具在头和尾分别进行加线卡边,效果如图 2-3-69 所示。

69 将最初在车头制作的小部件选中按【Ctrl】+【D】键复制一份出来,并稍加修改制作成如图 2-3-70 右边所示的样子。

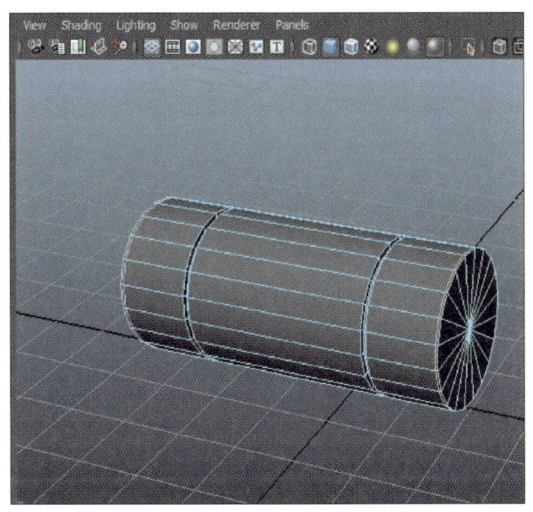

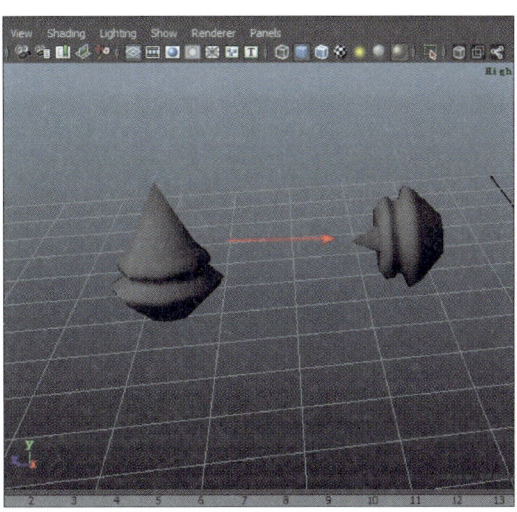

图 2-3-69　　　　　　　　　　　　　　　图 2-3-70

70 制作完成后按【Ctrl】+【D】键再次进行复制,并按需要大小进行缩放和摆位,最后移动到车体上,效果如图 2-3-71 所示。

71 最终效果为如图 2-3-72 所示。

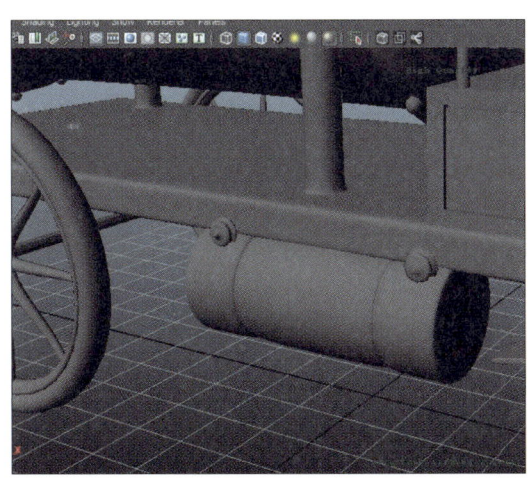

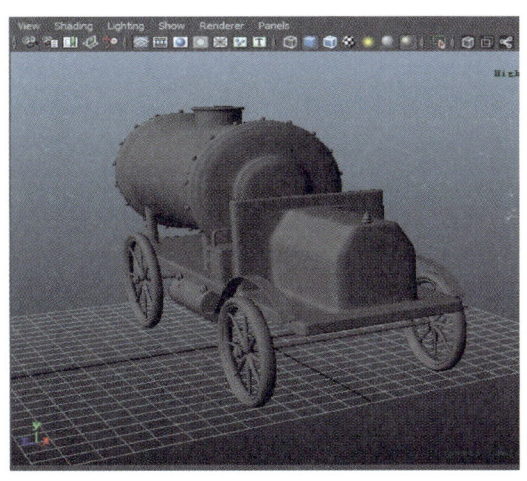

图 2-3-71　　　　　　　　　　　　　　　图 2-3-72

任务 2-3-4　腰鼓建模

72 然后是腰鼓的制作,在【Front】视图中,选择菜单【Create】\【CV Curves Tool】创建一个

鼓的轮廓,并在【W】的模式下按住【D】+【C】+鼠标中键,将中心点移至如图 2-3-73 所示之处。

73 在 Surfaces 模式下,选择菜单【Surfaces】\【Revolve】(旋转)工具旁边的小方块进行设置,具体参数如图 2-3-74 所示。

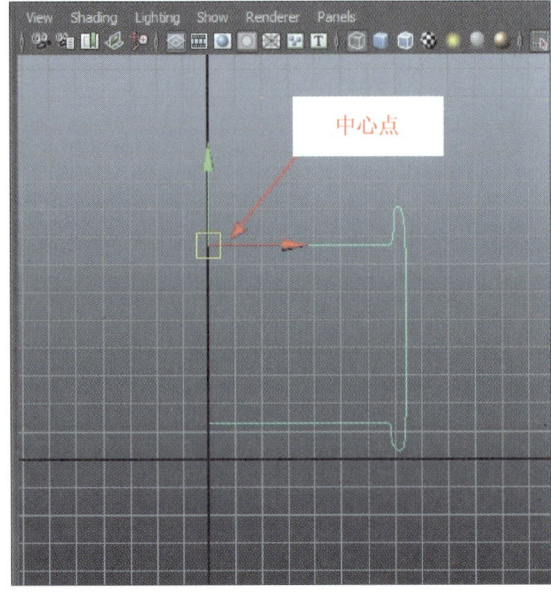

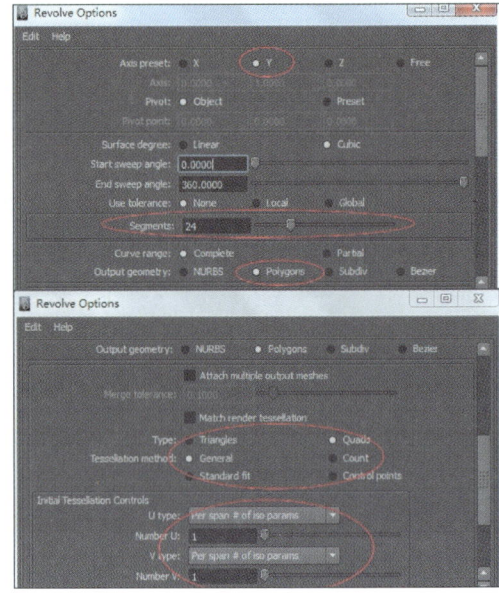

图 2-3-73　　　　　　　　　　　　　　　图 2-3-74

74 在 Polygons 模式下,选择菜单【Edit Mesh】\【Insert Edge Loop Tool】(环形边)工具进行加线,并选中图 2-3-75 所示的一圈面。

75 选择菜单【Edit Mesh】\【Duplicate Face】(复制面)工具,将选中面复制一份出来,并选中如图 2-3-76 所示的轴,向外移动。

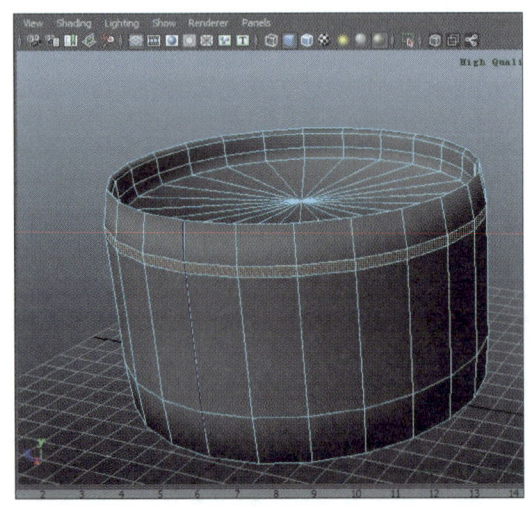

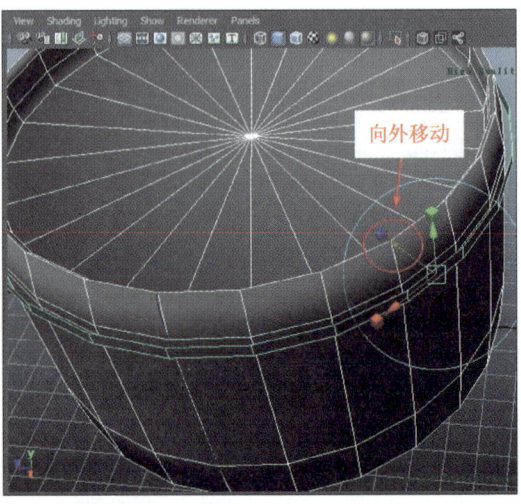

图 2-3-75　　　　　　　　　　　　　　　图 2-3-76

76 单独选中分离出来的面,并且在【面】级别下全部选中,选择菜单【Edit Mesh】\【Extrude】(挤出)工具,向内挤出,效果如图 2-3-77 所示。

77 切换到【点】级别,选中顶部的中心点,然后按住【Ctrl】键,鼠标则往下移动,选中【To Face】命令,如图 2-3-78 所示,这样四周的面就都被选中了。

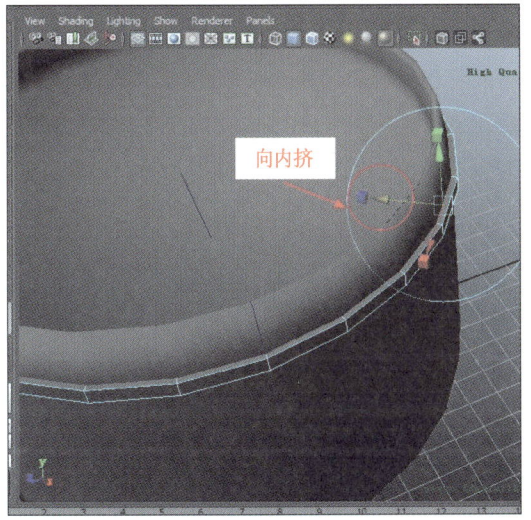

图 2-3-77

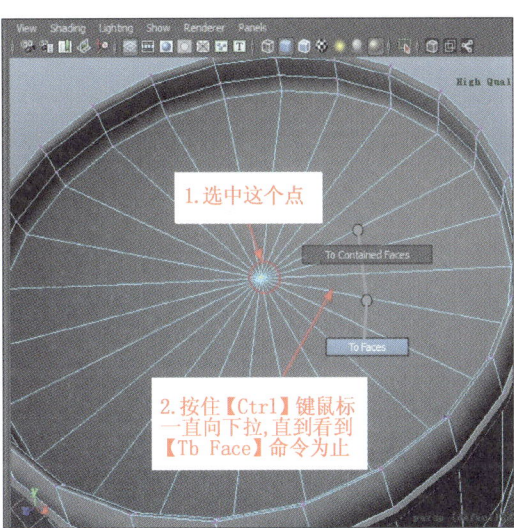

图 2-3-78

78 选择菜单【Mesh】\【Extract】(面分离)工具,将顶部面与鼓身分离开,效果如图 2-3-79 所示。

79 在三视图画出两根如图 2-3-80 所示的图形,并在顶视图中用【Curves】\【圆】工具画个小圆。

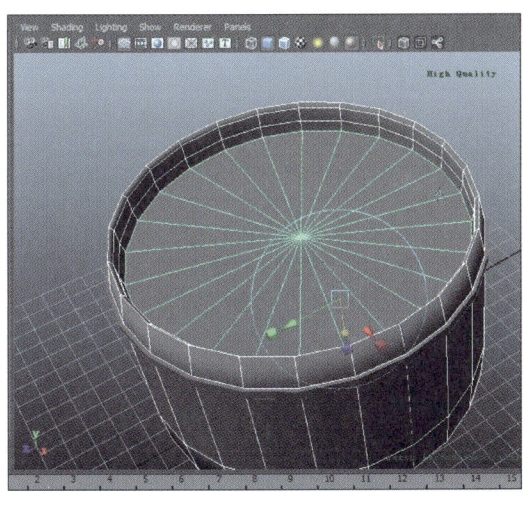

图 2-3-79

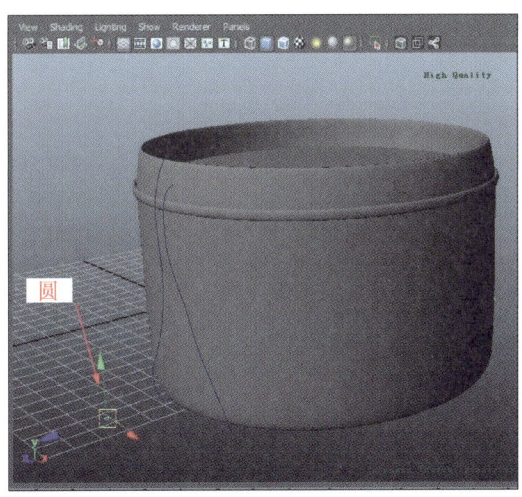

图 2-3-80

80 用小圆分别选中两根线,在 Surfaces 模式下,选择菜单【Surfaces】\【Extrude】(挤

出）工具，具体参数如图 2-3-81 所示。

81 效果如图 2-3-82 所示。

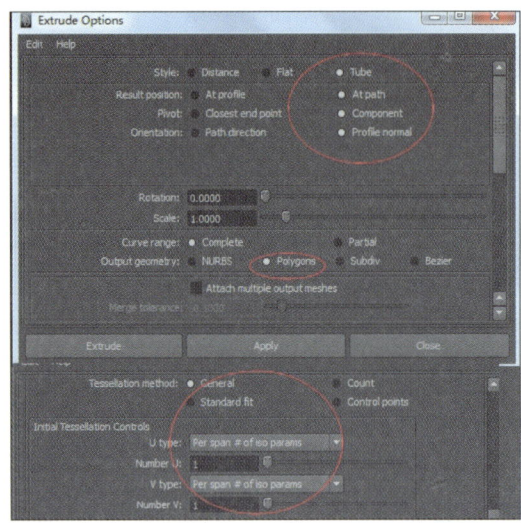

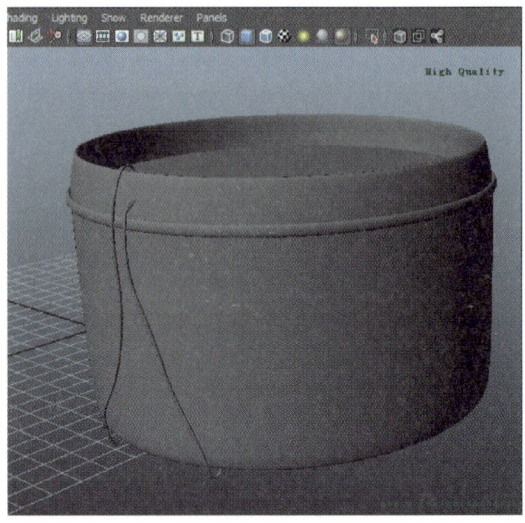

图 2-3-81　　　　　　　　　　　　　　　　图 2-3-82

82 在做好的线条上使用【Curves】\【圆】工具分别再建立两个椭圆形，效果如图 2-3-83 所示。

83 在 Surfaces 模式下，选择菜单【Surfaces】\【Loft】（放样）工具，具体参数如图 2-3-84 所示。

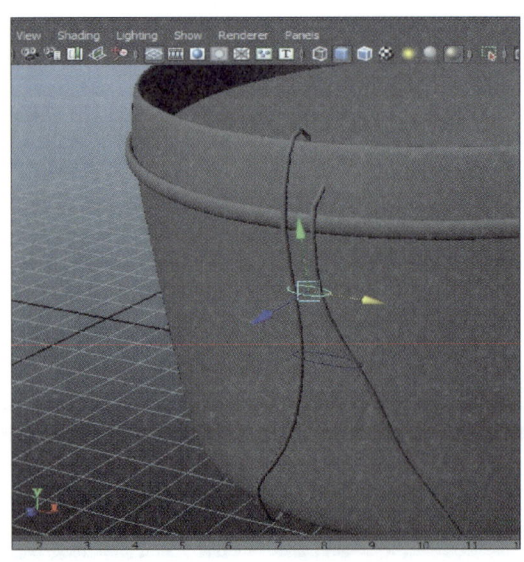

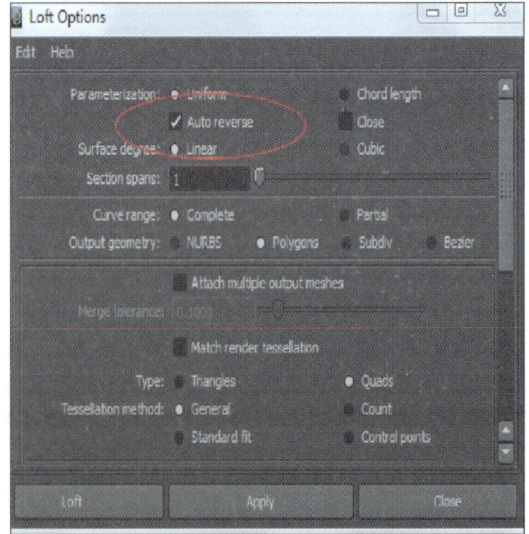

图 2-3-83　　　　　　　　　　　　　　　　图 2-3-84

84 效果如图 2-3-85 所示。

85 切换到【面】级别,把所有的面选中,在 Polygons 模式下,选择菜单【Edit Mesh】\
【Extrude】(挤出)工具,选中向外轴向的棒子向外拉,如图 2-3-86 所示。

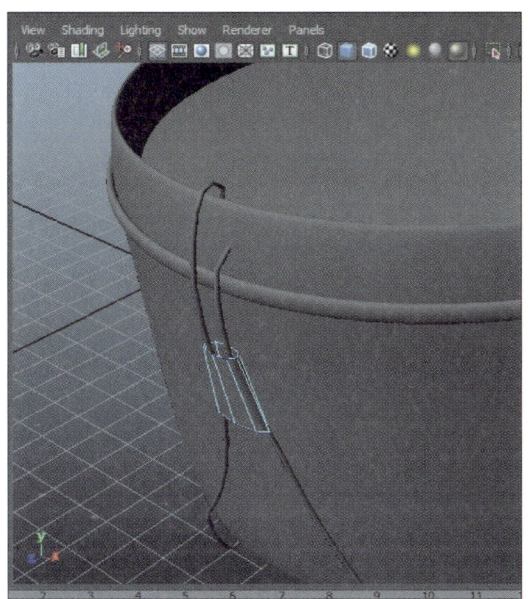

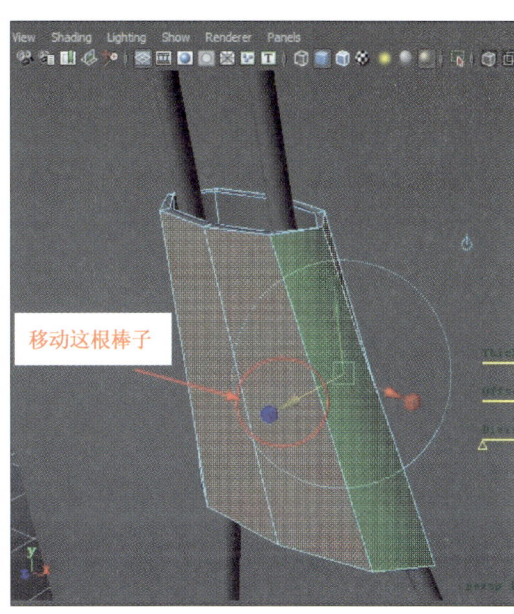

图 2-3-85　　　　　　　　　　　　　　　　图 2-3-86

86 将所做的两根线与套子全部选中,按【Ctrl】+【G】键进行组合,在【W】模式下,按住
【D】+【C】+鼠标中键,将中心点移至鼓面中心处,如图 2-3-87 所示。

87 保持选中状态,选择菜单【Edit】\【Duplicate Special】(阵列)工具进行旋转阵列,具
体参数如图 2-3-88 所示。

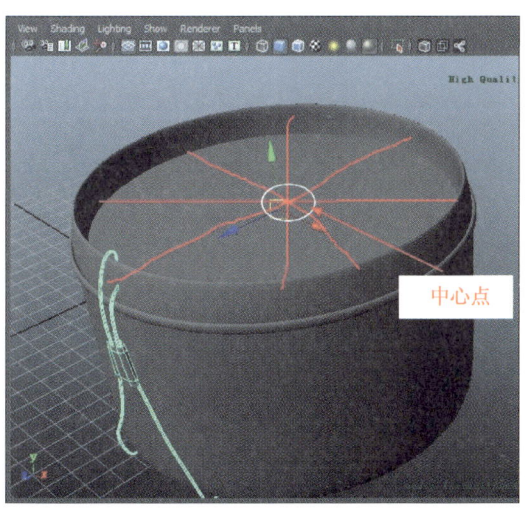

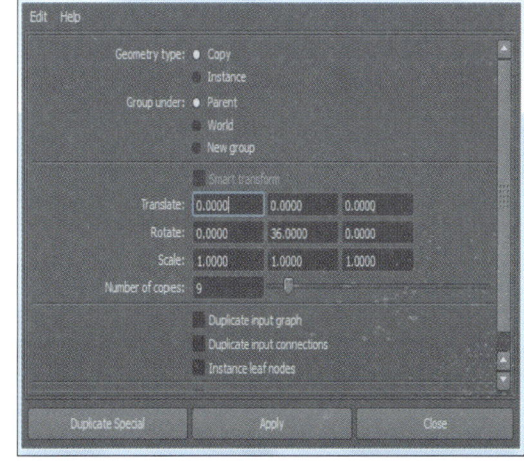

图 2-3-87　　　　　　　　　　　　　　　　图 2-3-88

88 效果如图 2-3-89 所示。

89 选中之前所做的鼓边按【Ctrl】+【D】键进行复制,并且向下移动,效果如图 2-3-90 所示。

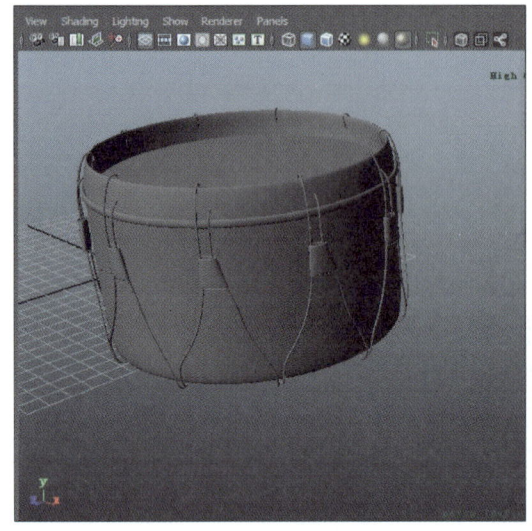
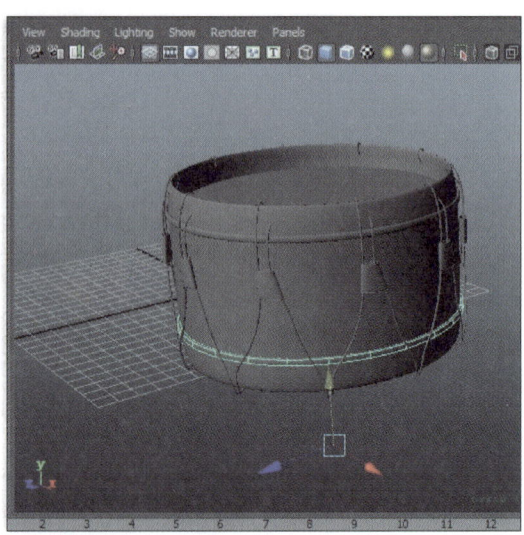

图 2-3-89   图 2-3-90

90 进行适当的移动和摆放,最终效果如图 2-3-91 所示。

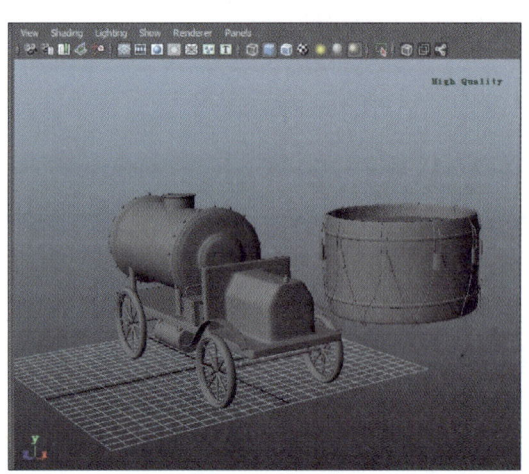

图 2-3-91

任务 2-3-5 OCC 图渲染

91 进行 OCC 渲染,首先创建地面,在 Polygons 选项卡中选择 按钮创建地面,如图 2-3-92 所示。

92 框选所有物体,再选择右侧面板的 Render (渲染)选项卡,创建新的图层,并右键该层,选择【Attributes】(属性)如图 2-3-93 所示。

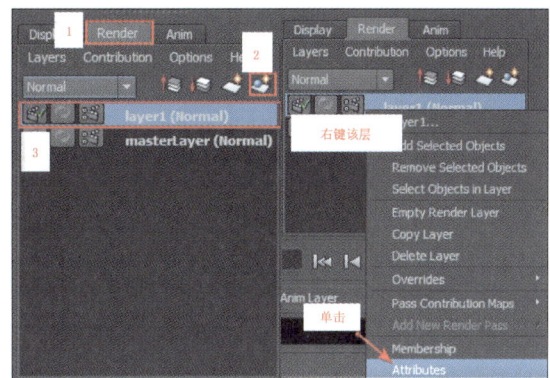

图 2-3-92   图 2-3-93

93 右侧的面板发生了变化,选择按钮【Presets】/【Occlusion】,窗口变成了黑色,如图 2-3-94 所示。

94 选择上方的渲染 按钮,对其进行渲染,最终效果如图 2-3-95 所示。

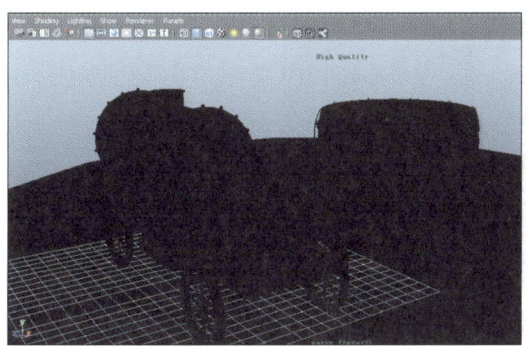

图 2-3-94   图 2-3-95

技能与相关知识

多边形的创建、组合以及建模辅助工具

多边形的创建、组合和建模辅助工具都汇总在 Polygons 菜单中。

- Create Polygon Tool:创建多边形工具
- Append to Polygon Tool:多边形添加工具
- Combine:合并工具
- Transfer:传递工具
- Booleans:布尔运算
- Mirror Geometry:镜像几何体工具
- Mirror Cut:镜像切割
- Smooth:光滑多边形
- Smooth Proxy:多边形光滑代理

- Unmirror Smooth Proxy:取消镜像光滑代理
- Average Vertices:均化点命令
- Triangulate:三角化命令
- Quadrangulate:四角化命令
- Cleanup:清楚
- Reduce:精简面命令
- Paint Reduce Weights Tool:喷涂精简权重工具
- Tool Options:工具配置选项

拓展训练

制作如图 2-3-96 所示的场景。

图 2-3-96

项目实训　场景制作

【项目描述】

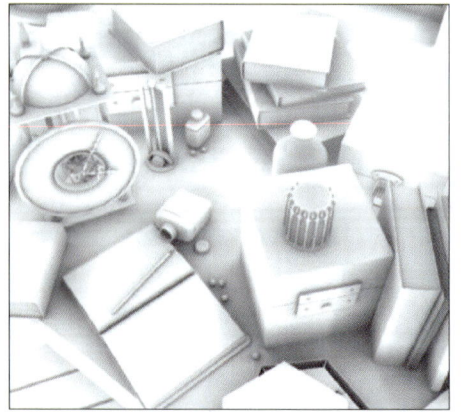

在整个动画的制作过程中,小男孩玩耍时,需要一个较为凌乱的场景,我们可以根据以下要求自行设计,也可按照样张制作,或自行添加创意,如图 2-3-97 所示。

【项目要求】

1. 场景比例合理。
2. 准确性。
3. 布线合理。

图 2-3-97

【项目提示】

1. 根据样张制作,可自行添加场景中的模型。
2. 运用【Polygons】创建基本体。

【项目评价】

表 2-1　　　　　　　　　　　　　项目实训评价表

内　　容		评　　价		
学习目标	评价项目	3	2	1
使用软件设计整个模型	场景比例			
	美观			
设计丰富的元素	模型合理			
	布线工整			
	复杂性			
通用能力	创新能力			
	排版设计能力			
综合评价				

表 2-2　　　　　　　　　　　　　评价等级说明表

等　　级	说　　明
3	能高质、高效地完成此学习目标的全部内容,并能解决遇到的特殊问题
2	能高质、高效地完成此学习目标的全部内容
1	能圆满完成此学习目标的全部内容,不需任何帮助和指导

项目三　卡通道具建模组

在此次任务分配中,卡通道具建模组主要负责第三场景中,小孩画国画时,周围出现的一些辅助模型。负责人小孙,考虑到小男孩应该比较调皮,所以就算在学画画时,依旧会将一些能够体现出小孩顽皮性格的模型放在了场景中。

任务一　鲨　鱼

鲨鱼早在恐龙出现前 3 亿年前就已经存在地球上,至今已超过 5 亿年,它们在近 1 亿年来几乎没有改变。鲨鱼,在古代叫作鲛、鲛鲨、沙鱼,是海洋中的庞然大物,所以号称"海中狼"。

任务描述

负责人小孙,将玩具鲨鱼的制作交给了他的组员小勤,小勤在建模过程中,考虑到这是个玩具,不能体现出其太恐怖的一面,于是,特意在模型的制作过程中,去掉了鲨鱼的牙齿,效果如图 3-1-1 所示。

图 3-1-1

任务分析

鲨鱼的建模方式比较简单,就是通过导入三张视图,进行点线面的调整。

方法与步骤

任务 3-1-1 导入外部图片

01 打开 MAYA2014,按【space】(空格键)切换视图,选择工具栏【File】\【Project Window】创建一个新工程目录,如图 3-1-2 所示。

02 分别建立目录的名称与路径,然后按【Accept】确认,如图 3-1-3 所示。

💡 **注意:**最好不要使用中文名称与中文路径。

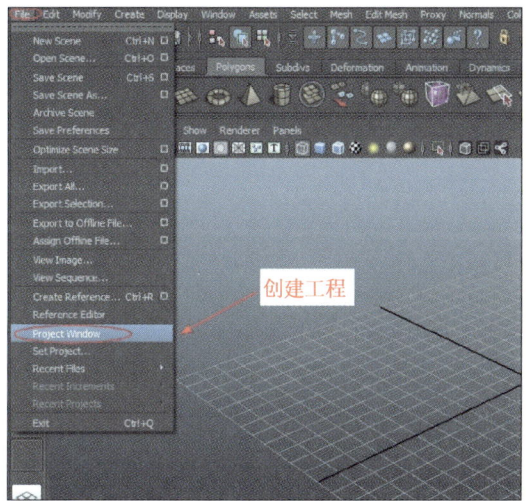

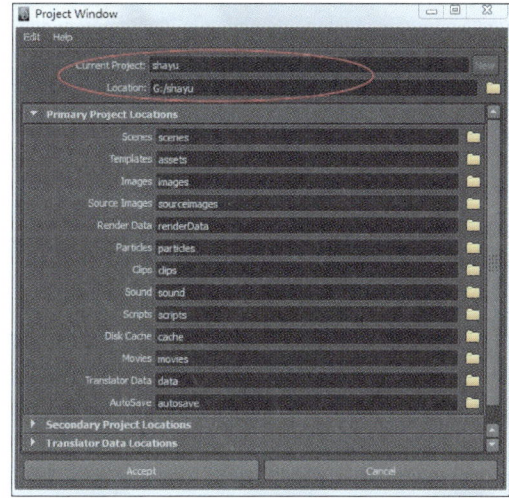

图 3-1-2   图 3-1-3

03 新建完工程后,沿着路径找到这个文件夹,并将目标参考图放入如图 3-1-4 所示的文件夹中。

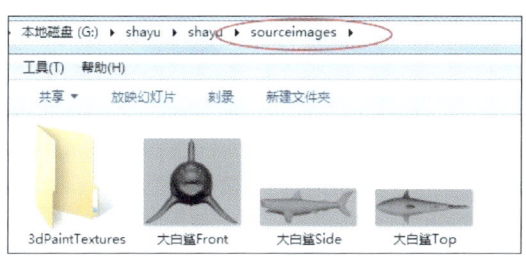

图 3-1-4

04 回到 MAYA,在【Top】视图中选择图 3-1-5 所示的按钮,导入之前存放的参考图。

05 名称是相对应的,如图 3-1-6 所示。

06 导入完成后,选择【Create】\【Polygons】\【Cube】(矩形)工具创建一个宽度与参考图相同大小的长方体,效果如图 3-1-7 所示。

07 同理,在【Side】视图中也导入相应的参考图,效果如图 3-1-8 所示。

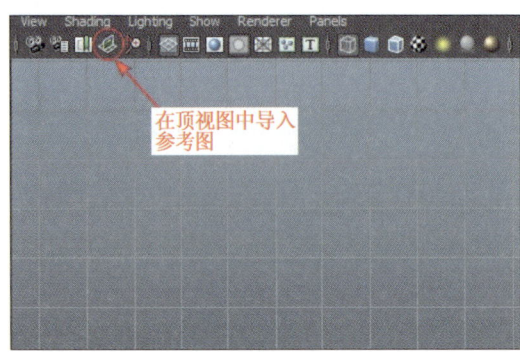

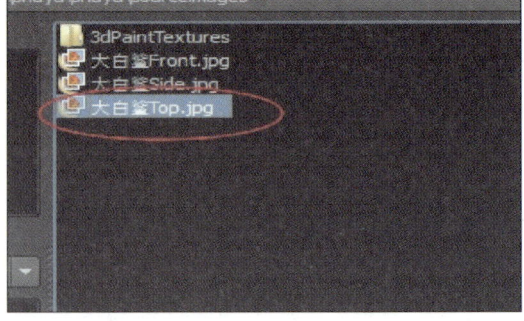

图 3-1-5　　　　　　　　　　　　图 3-1-6

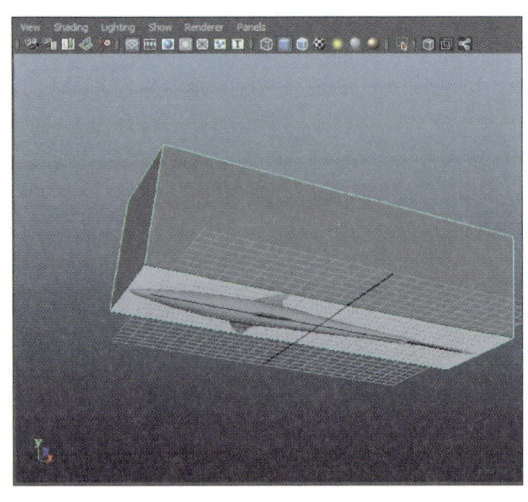

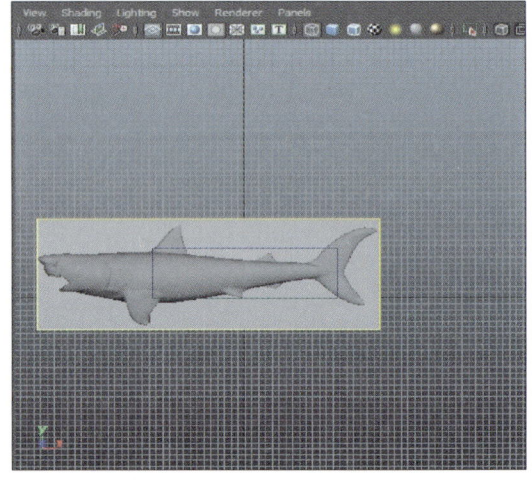

图 3-1-7　　　　　　　　　　　　图 3-1-8

08 导入后在右边的数字修改栏里修改位置大小,具体参数如图 3-1-9 所示。

09 设置完成后,将之前制作的长方体切换到【点】级别,并框选顶部的点,拉至与参考图相同的高度,效果如图 3-1-10 所示。

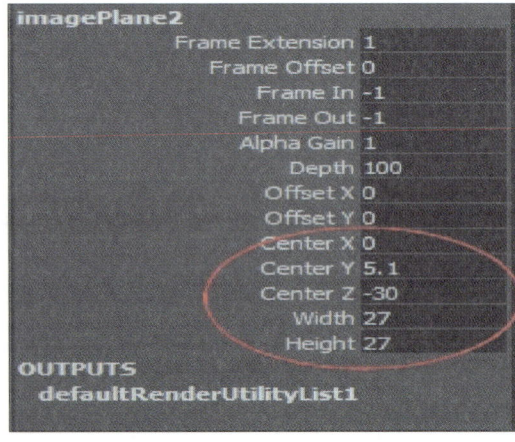

图 3-1-9　　　　　　　　　　　　图 3-1-10

10 同样，在【Front】视图中也导入对应的参考图，效果如图 3-1-11 所示。

11 并设置相应的参数，具体参数如图 3-1-12 所示。

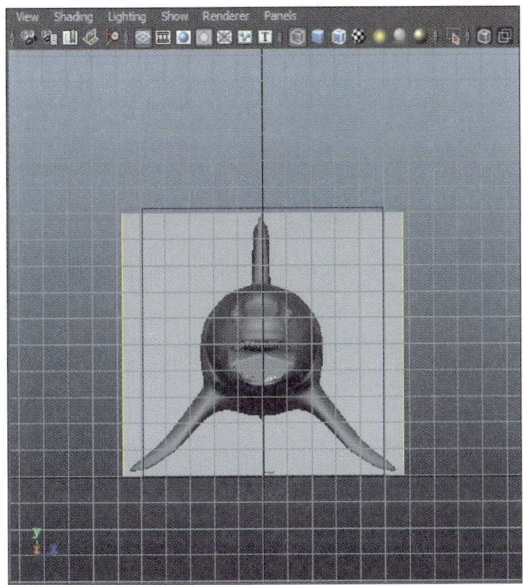

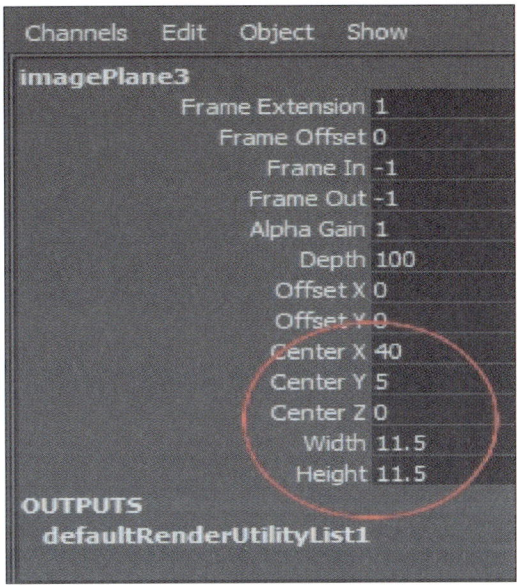

图 3-1-11   图 3-1-12

任务 3-1-2 　鲨鱼轮廓制作

12 在【Top】视图中创建一个长方体，并增加相应的线段，具体效果与参数如图 3-1-13 所示。

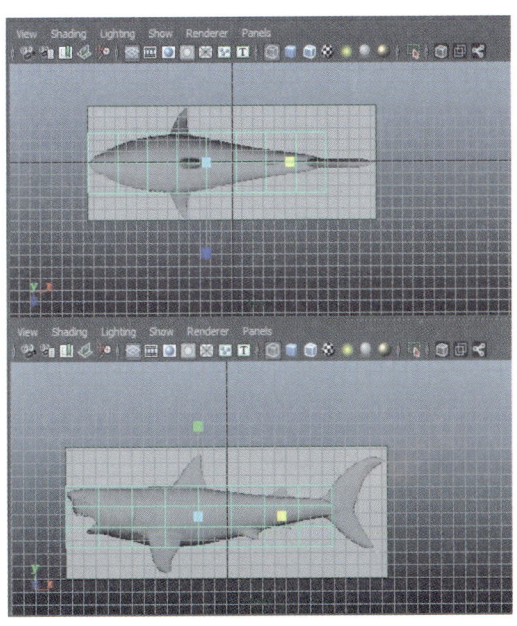

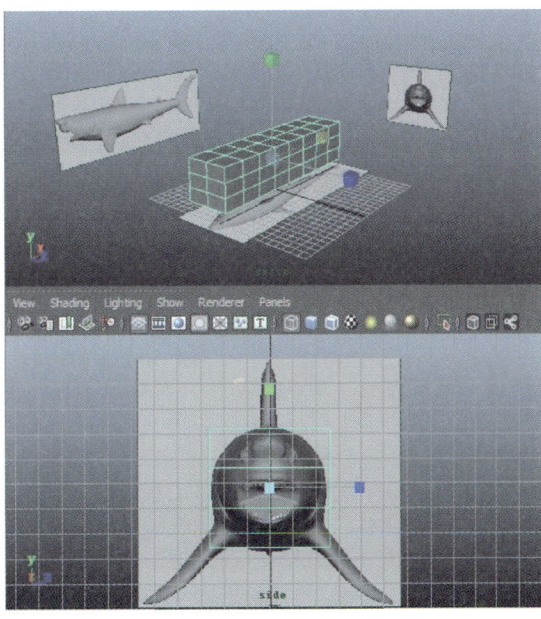

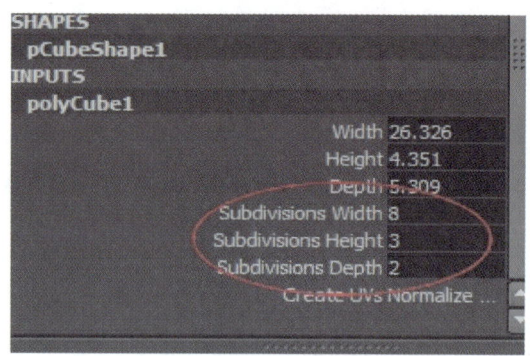

图 3-1-13

13 切换到【Front】视图中，将长方体切换到【点】级别，框选如图 3-1-14 中的点，进行相应的移动。

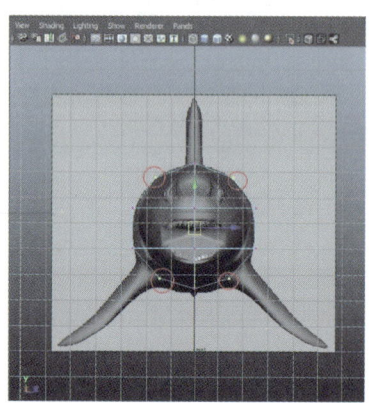
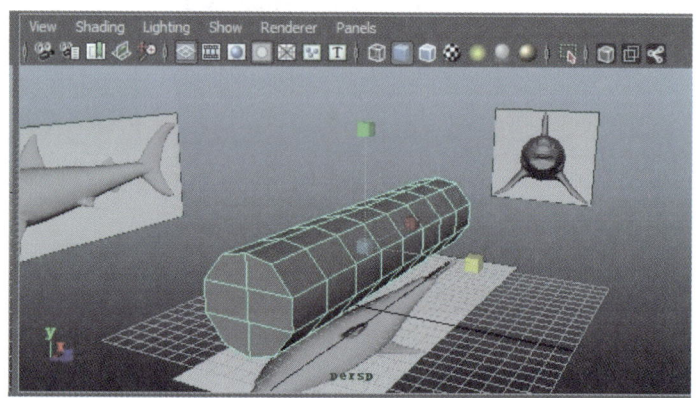

图 3-1-14

14 再切换到【Top】视图中，将顶部的点缩放到如图 3-1-15 所示的效果。

15 再切换到【Side】视图中，缩放和移动侧面的点，效果如图 3-1-16 所示。

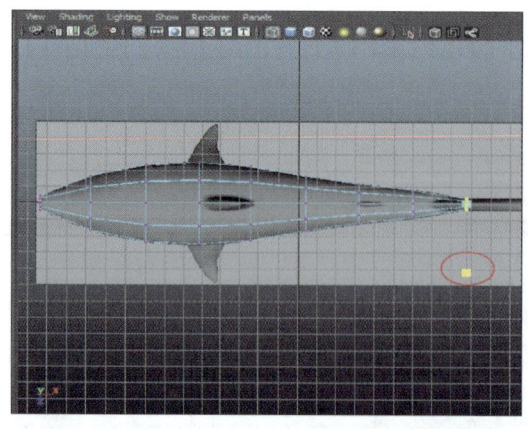
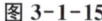
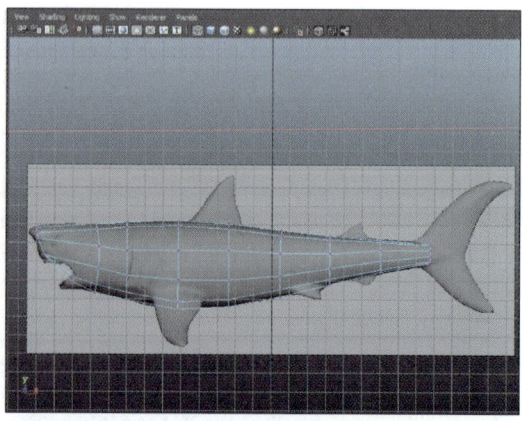

图 3-1-15　　　　　　　　　　　　　　　　　图 3-1-16

16 修改完的效果如图 3-1-17 所示。

17 按【F8】键退出点编辑模式，按住【Shift】＋鼠标右键，向右下左上的顺序移动，选择【Soften Edge】(线平滑)工具，使长方体平滑一些，如图 3-1-18 所示。

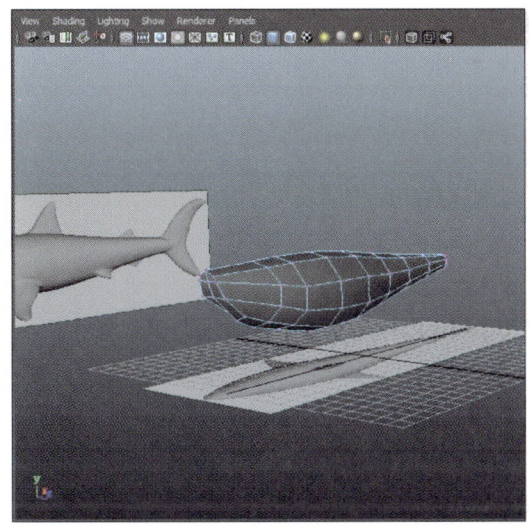
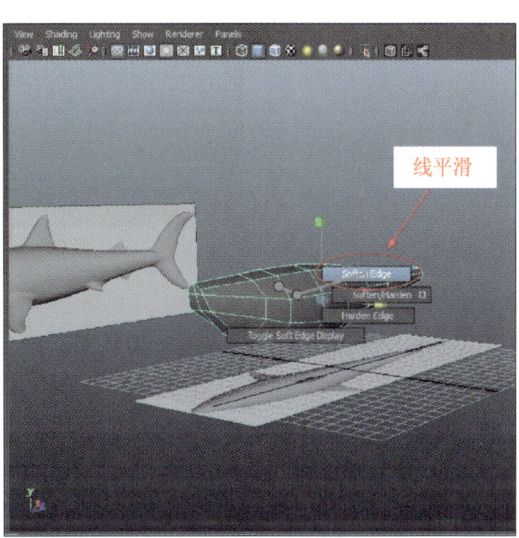

图 3-1-17　　　　　　　　　图 3-1-18

任务 3-1-3　鲨鱼鳍制作

18 制作背鳍和尾鳍。首先回到【Persp】视图，在 Polygons 模式下，选择菜单【Edit Mesh】\【Insert Edge Loop Tool】(环形边)工具进行加线，效果如图 3-1-19 所示。

19 选中图 3-1-20 所示面，选择菜单【Edit Mesh】\【Extrude】(挤出)工具进行挤出制作背鳍，效果如图 3-1-20 所示。

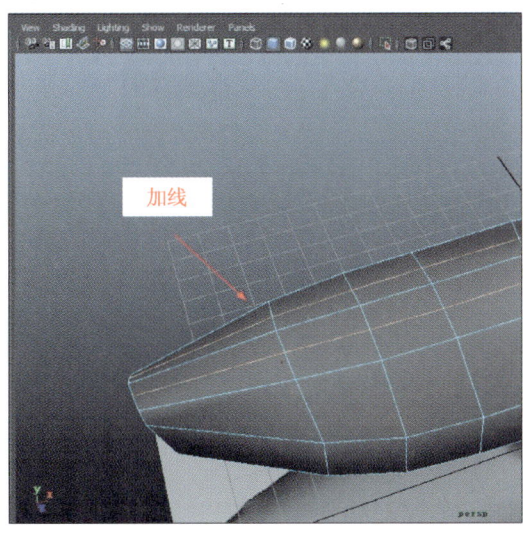
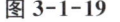
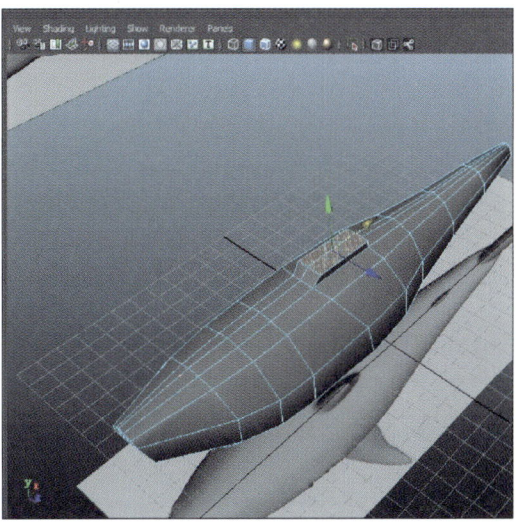

图 3-1-19　　　　　　　　　图 3-1-20

20 回到【Side】视图中,对之前挤出面进行连续挤出,效果如图 3-1-21 所示。

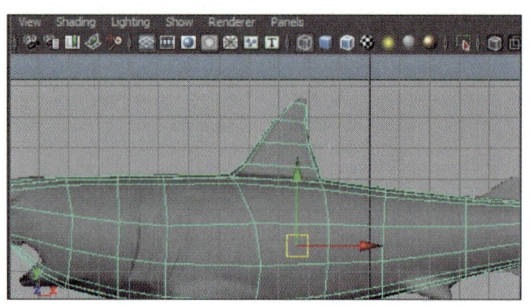

图 3-1-21

21 回到【Front】视图中,将物体切换到【点】级别,将点进行移动和调整,效果如图 3-1-22 所示。

22 在【Side】视图中,选择菜单【Edit Mesh】\【Insert Edge Loop Tool】(环形边)工具进行加线,效果如图 3-1-23 所示。

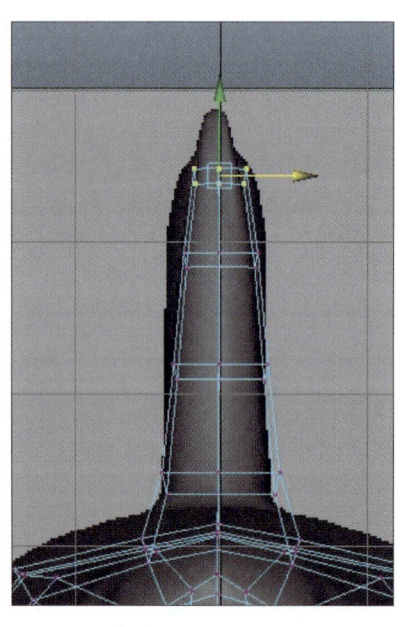

图 3-1-22

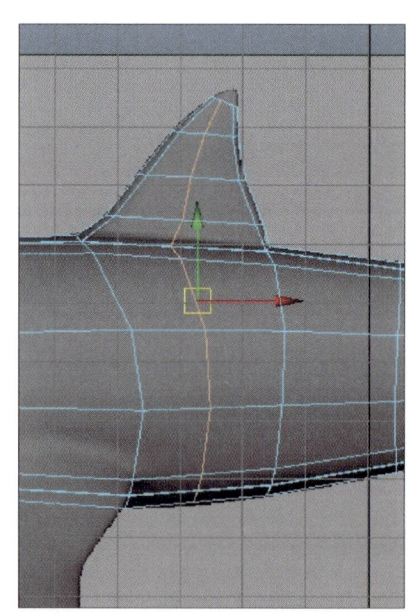

图 3-1-23

23 切换到【点】级别,对点进行移动和调整,效果如图 3-1-24 所示。

24 回到【Persp】视图中,按【3】键查看 Nurbs 后的效果,如图 3-1-25 所示。

25 制作尾鳍。在【Side】视图中对尾部进行【点】级别的细微调整,效果如图 3-1-26 所示。

26 在【Persp】视图下,将图形转变到【面】级别,选中如图 3-1-27 所示的面,选择菜单【Edit Mesh】\【Extrude】(挤出)工具进行挤出。

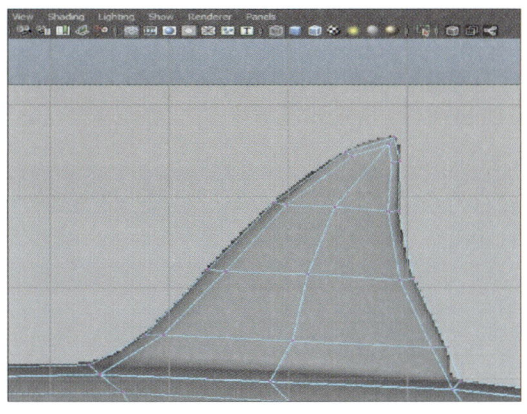

图 3-1-24

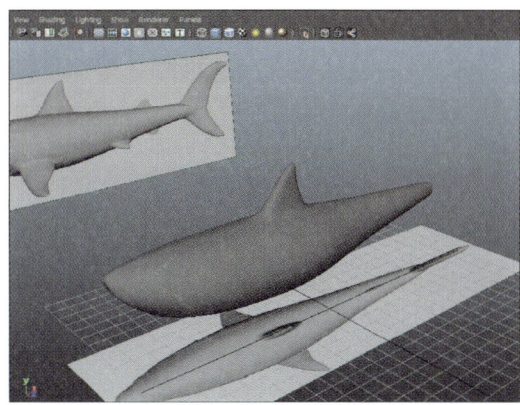

图 3-1-25

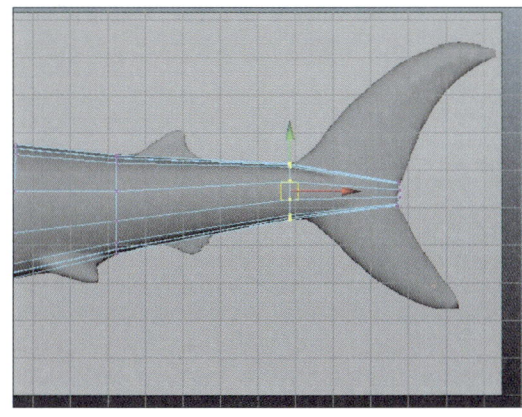

图 3-1-26

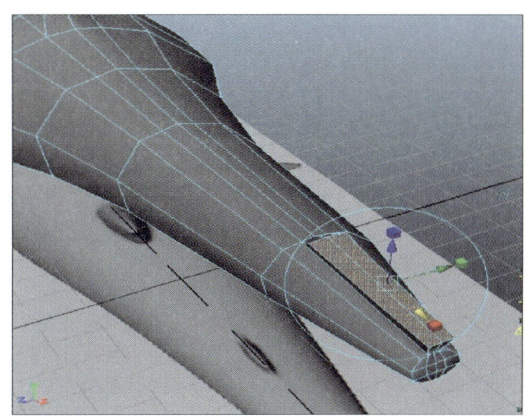

图 3-1-27

27 切换到【Side】视图中,进行连续挤出,效果如图 3-1-28 所示。

28 同理,尾巴下半部分也用一样的制作方式,效果如图 3-1-29 所示。

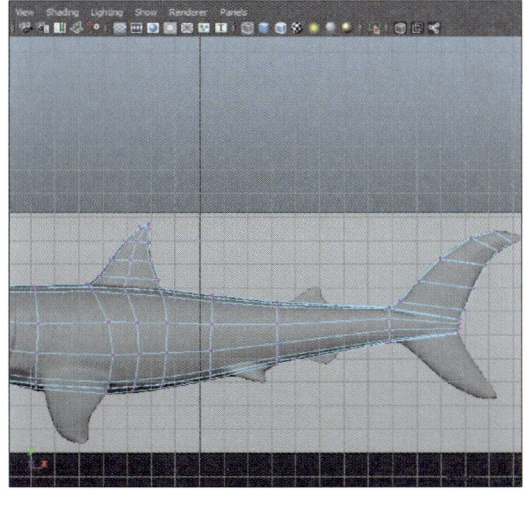

图 3-1-28

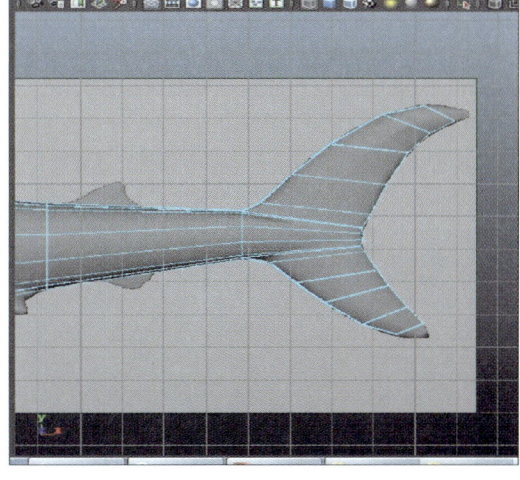

图 3-1-29

29 按【F8】键退出【面】编辑模式，选择菜单【Edit Mesh】\【Insert Edge Loop Tool】（环形边）工具进行加线，效果如图 3-1-30 所示。

30 切换到【点】级别，对加出来的线进行移动和调整，效果如图 3-1-31 所示。

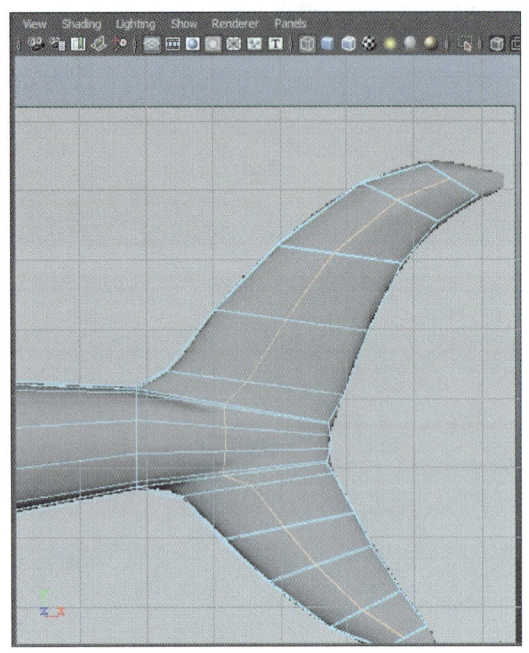
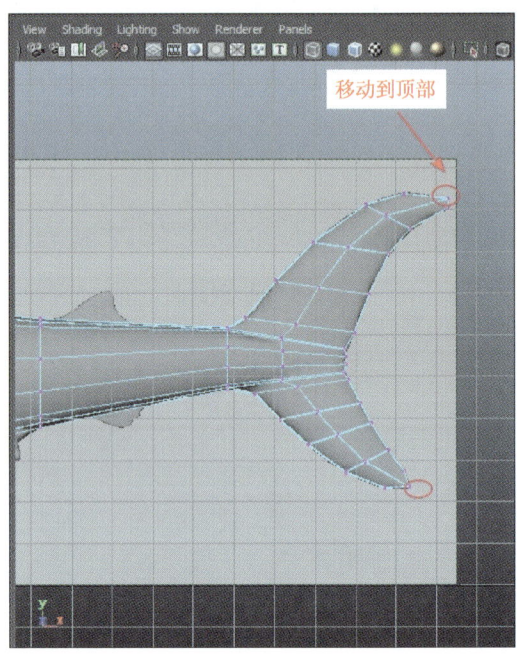

图 3-1-30   图 3-1-31

31 回到【Persp】视图中，切换到【点】级别，对尾鳍进行由粗到细的缩放，效果如图 3-1-32 所示。

32 同理，制作靠近尾巴部分另外两个背鳍，图 3-1-33 为上鳍。

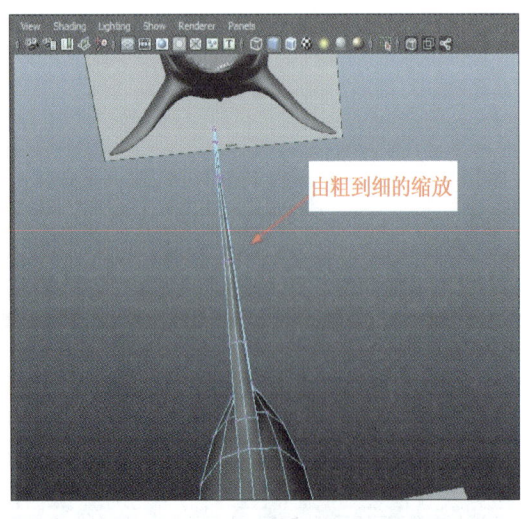
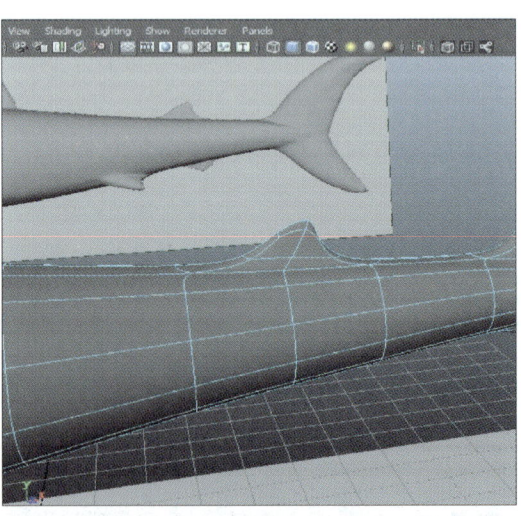

图 3-1-32   图 3-1-33

33 图 3-1-34 为下鳍。

34 图 3-1-35 为背鳍与尾鳍制作完后的效果。

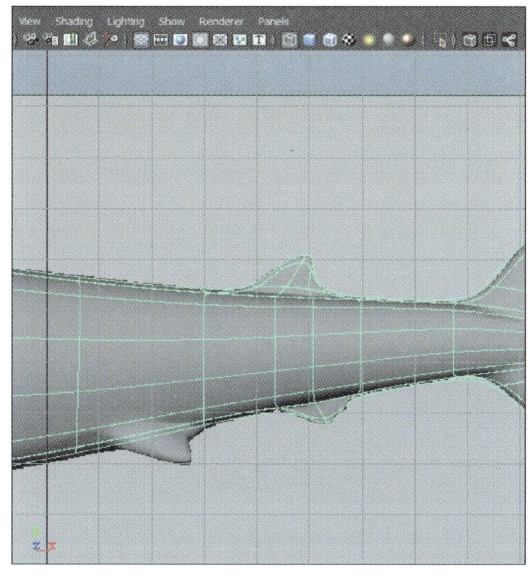

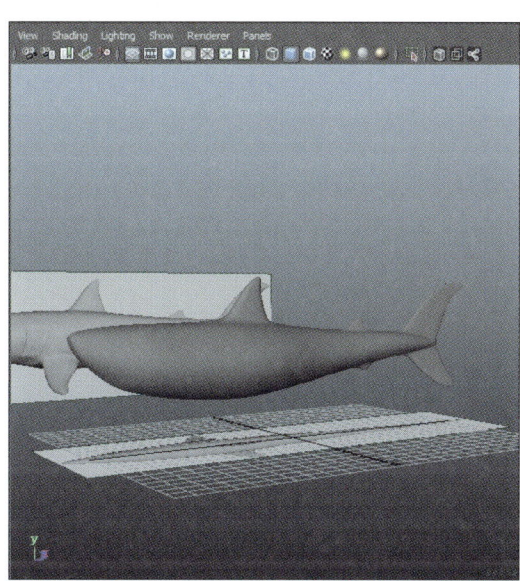

图 3-1-34

图 3-1-35

35 在【Side】视图中，选择图 3-1-36 中所选中的面，选择菜单【Edit Mesh】\【Extrude】（挤出）工具，将面向外挤出。

36 在【Front】视图中，进行连续挤出，效果如图 3-1-37 所示。

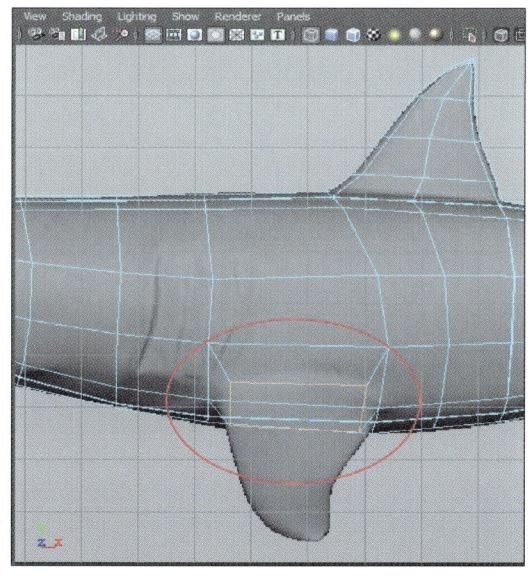

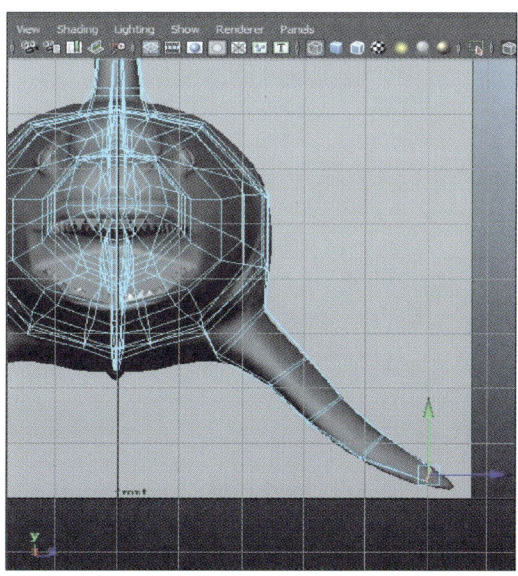

图 3-1-36

图 3-1-37

37 切换到【点】级别，分别对照着【Top】和【Side】视图进行移动调整，最后效果如图 3-1-38 所示。

38 回到【Front】视图中，切换到【面】级别，将鲨鱼的另外一边沿着中线全部选中，按键盘【Delete】删除。如图 3-1-39 所示。

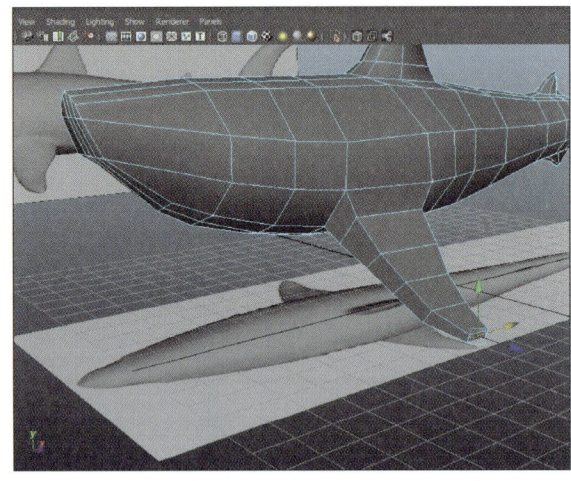 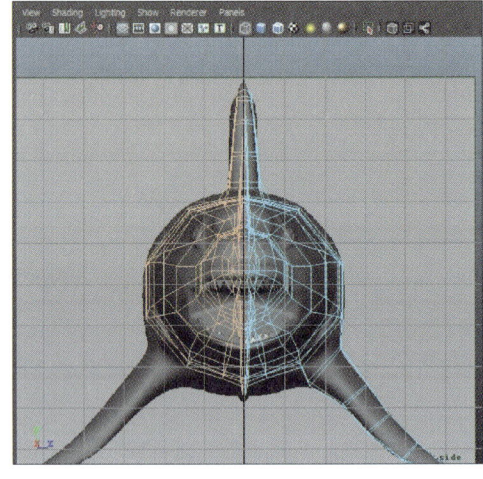

图 3-1-38   图 3-1-39

39 在【Persp】视图下，选择菜单【Insert Edge Loop Tool】（环形边）工具进行加线，效果如图 3-1-40 所示。

40 在【Persp】视图中，移动点，将胸鳍的尖角点拉出来，效果如图 3-1-41 所示。

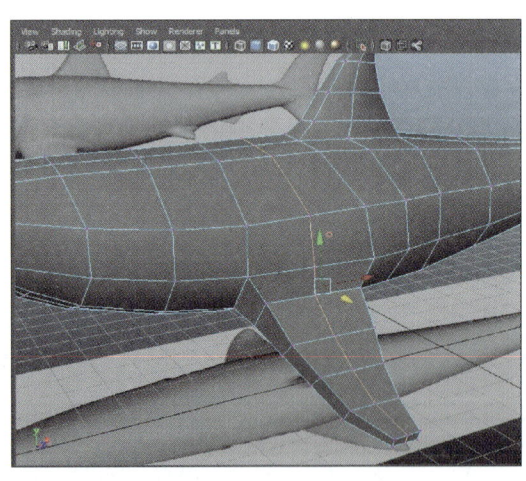 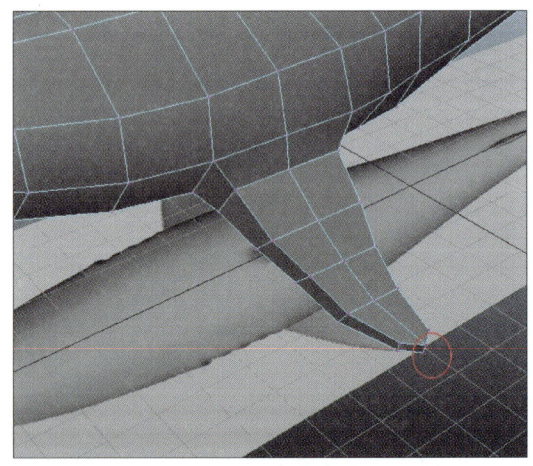

图 3-1-40   图 3-1-41

41 同理，制作后方的小胸鳍，效果如图 3-1-42 所示。

42 按【F8】键退出编辑模式，按【W】键进入移动命令，然后再按【D】+【C】+鼠标中键，将中心点移动到如图 3-1-43 所示之处。

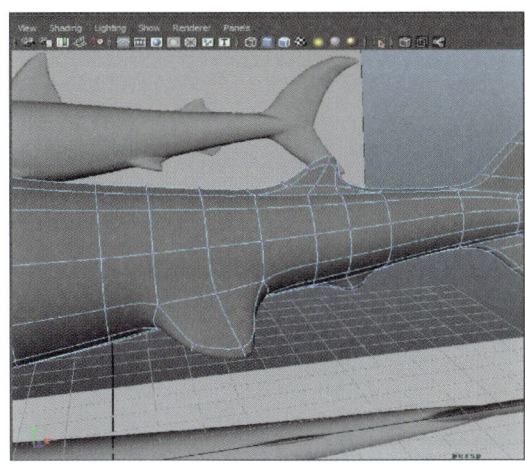

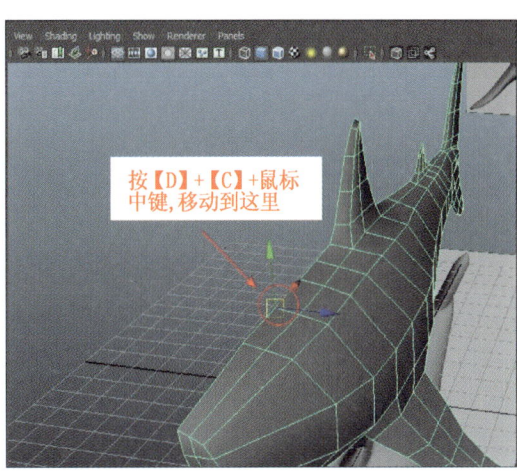

图 3-1-42   图 3-1-43

43 选中半个鲨鱼，选择菜单【Edit】\【Duplicate Special】(阵列)边上的小方块进行设置，具体参数参考图 3-1-44 所示。

> 注意：Instance(关联)模式，意思就是复制出来的物体会随着原物体的任何改变而改变。

44 效果如图 3-1-45 所示。

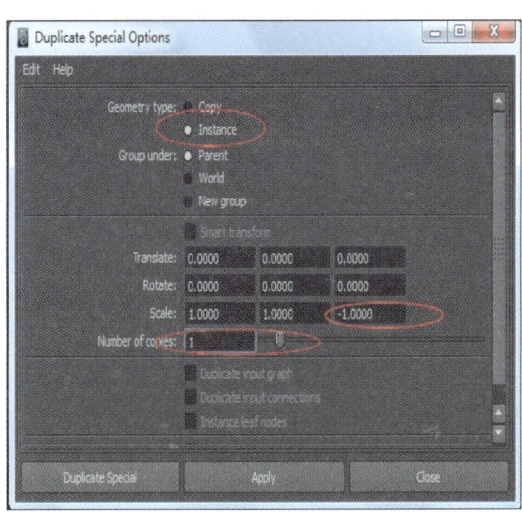

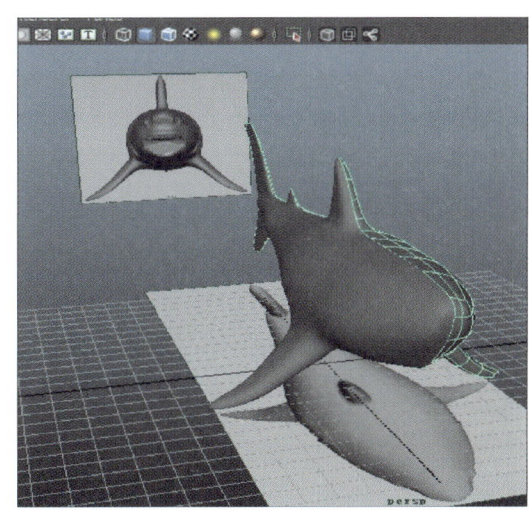

图 3-1-44   图 3-1-45

任务 3-1-4　鲨鱼头部制作

45 回到【Side】模式下，再调整一次鲨鱼头部的点，效果如图 3-1-46 所示。

46 在【Persp】视图中，切换到【面】级别，选中如图 3-1-47 所示的面。

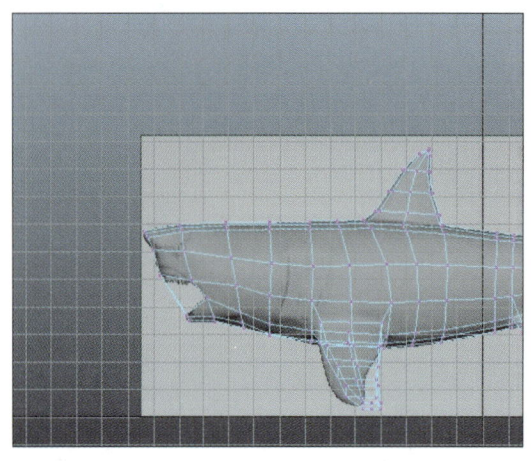

图 3-1-46

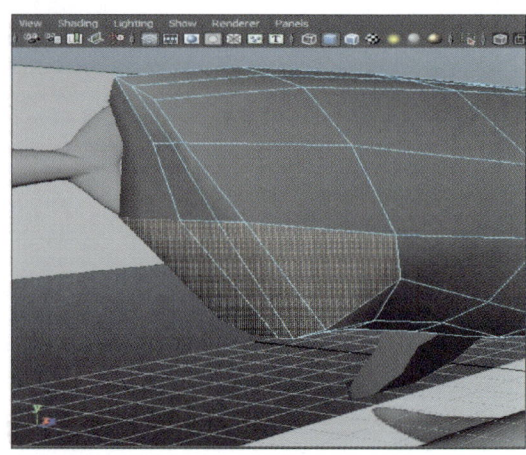

图 3-1-47

47 选择菜单【Edit Mesh】\【Extrude】(挤出)工具向内挤压,效果如图 3-1-48 所示。

48 挤出完成后,切换到【点】级别,再细微的调整一下嘴巴四周的点,效果如图 3-1-49 所示。

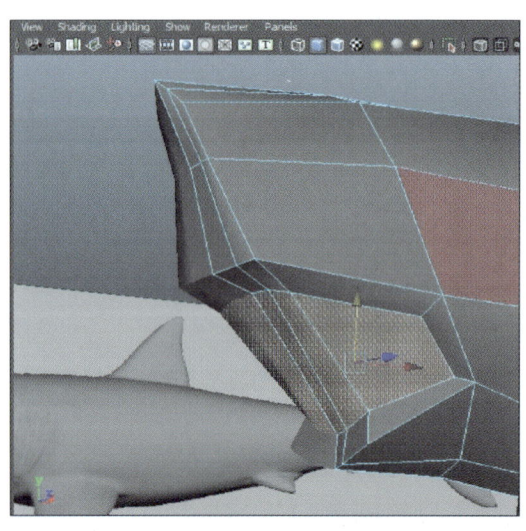

图 3-1-48

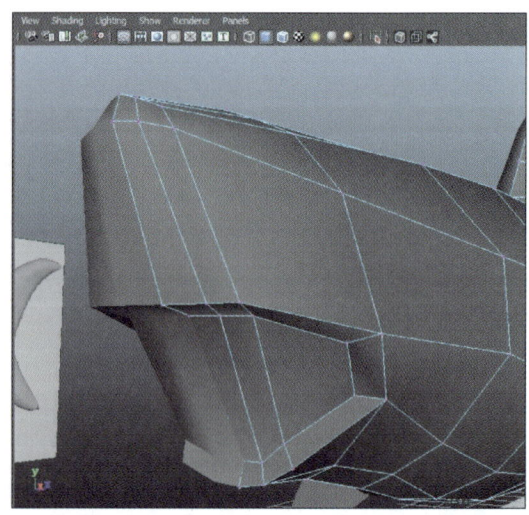

图 3-1-49

49 调整完后,再换到【面】级别,将挤出部分按【Delete】键删除,效果如图 3-1-50 所示。

50 回到【Side】视图中,选择菜单【Edit Mesh】\【Insert Edge Loop Tool】(环形边)工具进行加线,效果如图 3-1-51 所示。

51 选择菜单【Edit Mesh】\【Interactive Split Tool】(加线)工具旁边的小方块进入设置选项,把图 3-1-52 所示的地方的钩去除。

52 如图 3-1-53 所示，进行加线。

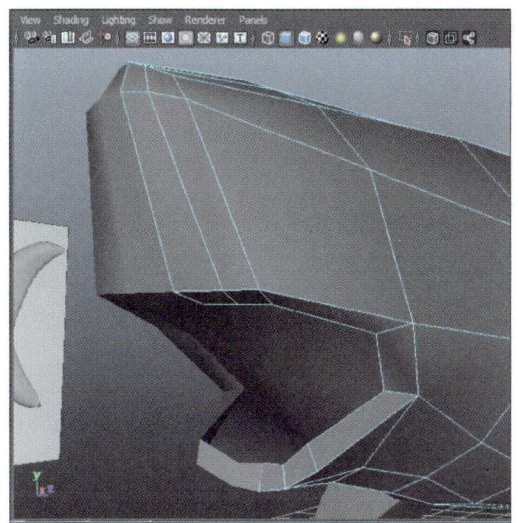

图 3-1-50

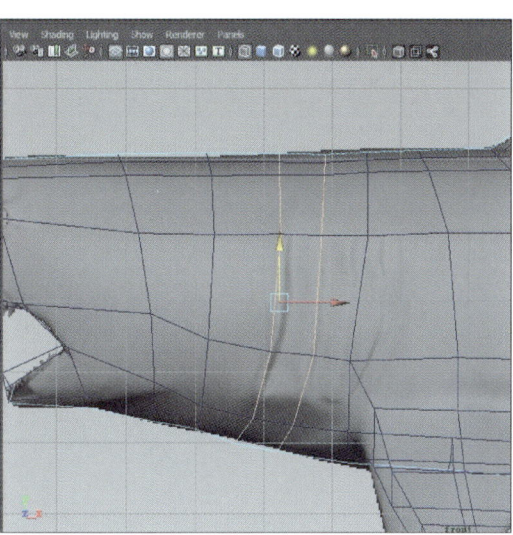

图 3-1-51

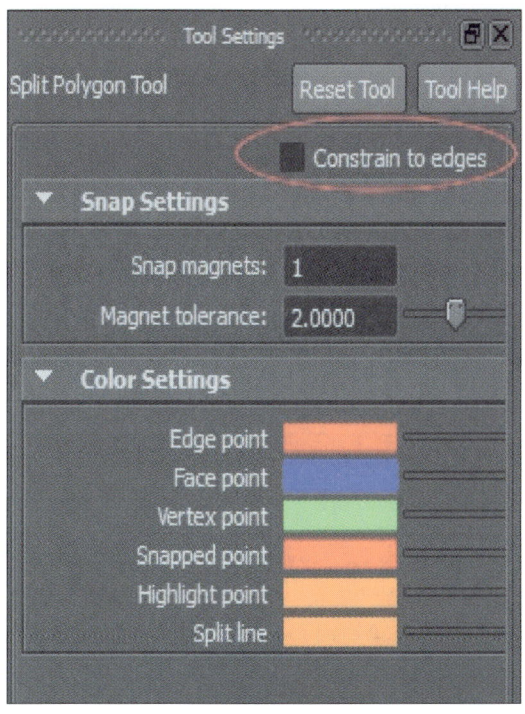

图 3-1-52

图 3-1-53

53 加线完成后，切换到【线】级别，选中中间的两根按【W】键进入移动模式向内移动，效果如图 3-1-54 所示。

54 同理，在旁边再制作一个，然后回到【Sersp】视图中按【3】键查看效果，如图 3-1-55 所示。

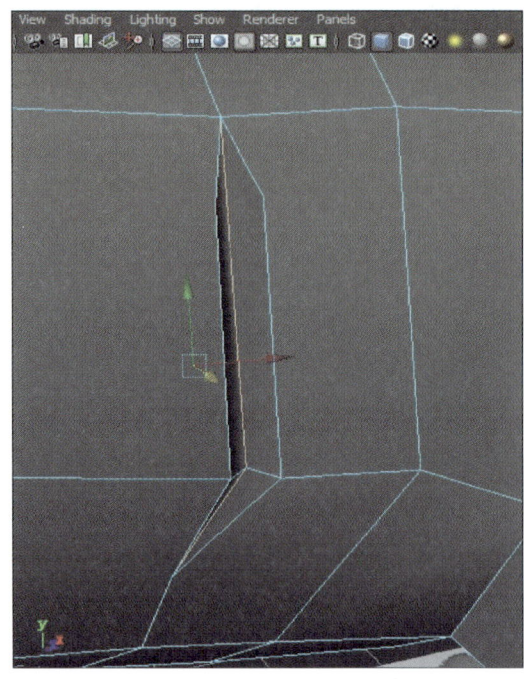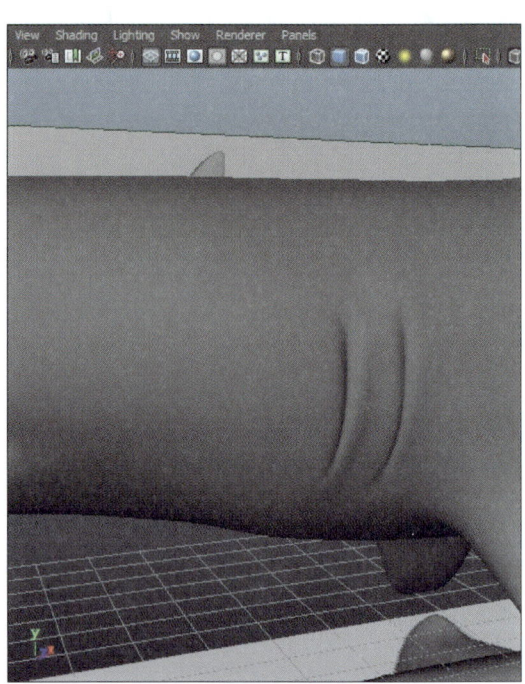

图 3-1-54 图 3-1-55

55 在【Side】视图中,选择菜单【Edit Mesh】\【Interactive Split Tool】(加线)工具制作眼睛,效果如图 3-1-56 所示。

56 选择菜单【Edit Mesh】\【Interactive Split Tool】(加线)工具把眼睛四周的点全部连接上,效果如图 3-1-57 所示。

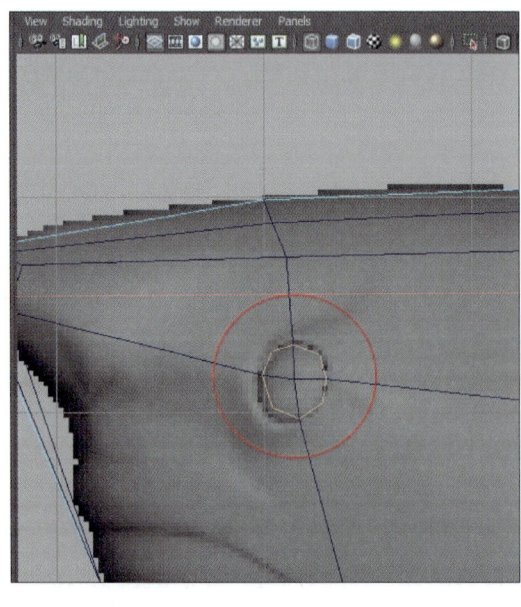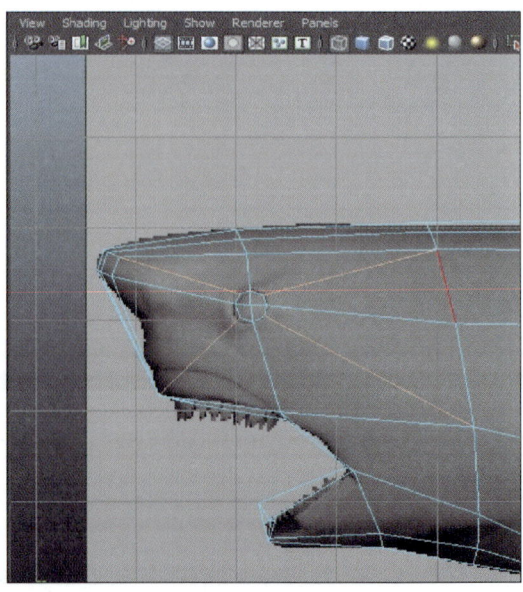

图 3-1-56 图 3-1-57

57 切换到【面】级别，把眼睛的面选中，按【Delete】键删除，效果如图 3-1-58 所示。

58 切换到【线】级别，选中眼睛的边框线，然后选择菜单【Edit Mesh】\【Extrude】（挤出）工具，进行两次挤出，效果如图 3-1-59 所示。

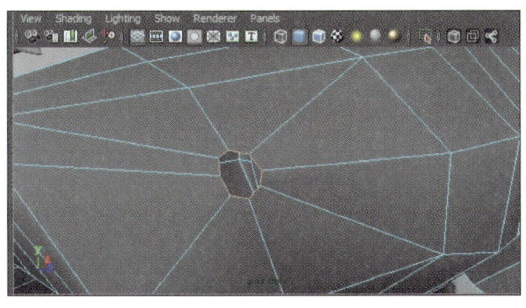
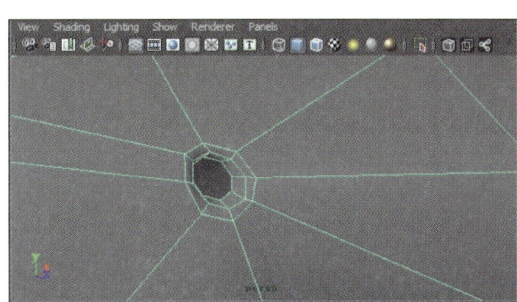

图 3-1-58　　　　　　　　　　　　　　　　图 3-1-59

59 选择菜单 Polygons 模式，选择菜单【Create】\【Polygons】\【Sphere】（圆形）工具创建两边的眼球，并缩放和摆放到合适位置，效果如图 3-1-60 所示。

60 摆放完后，效果如图 3-1-61 所示。

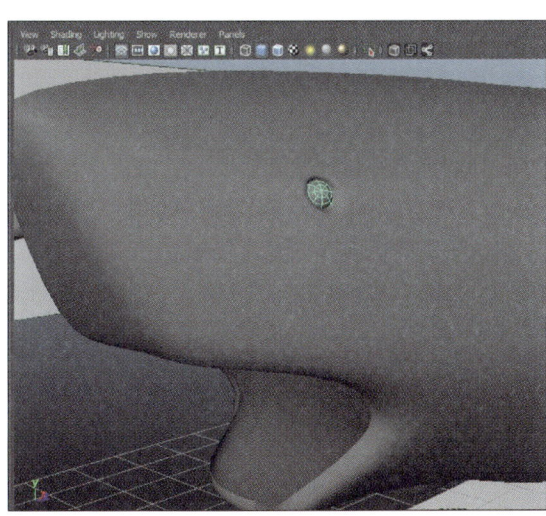
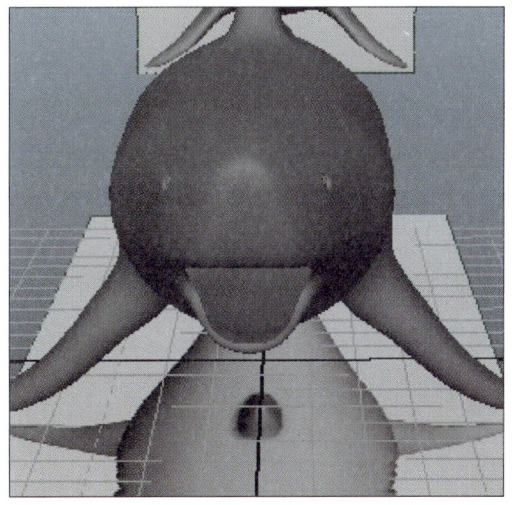

图 3-1-60　　　　　　　　　　　　　　　　图 3-1-61

61 选中左右半个鲨鱼，选中菜单【Mesh】\【Combine】（合并）工具进行合并，再选择【Edit Mesh】\【Merge】（融合），效果如图 3-1-62 所示。

62 然后双击选中嘴巴里的线，选择菜单【Edit Mesh】\【Extrude】（挤出）工具向内挤出，效果如图 3-1-63 所示。

63 经过多次挤出后，效果如图 3-1-64 所示。

64 按【3】键查看最后效果，如图 3-1-65 所示。

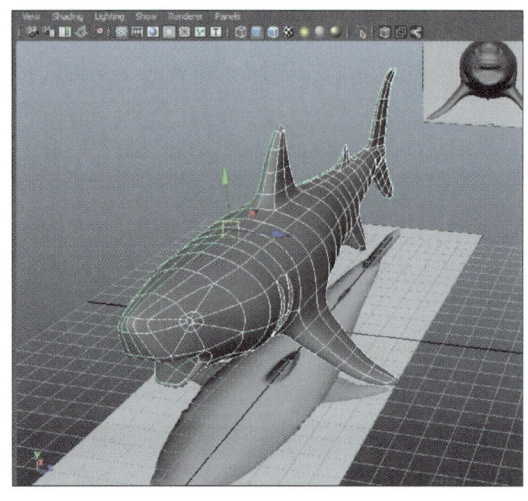

图 3-1-62

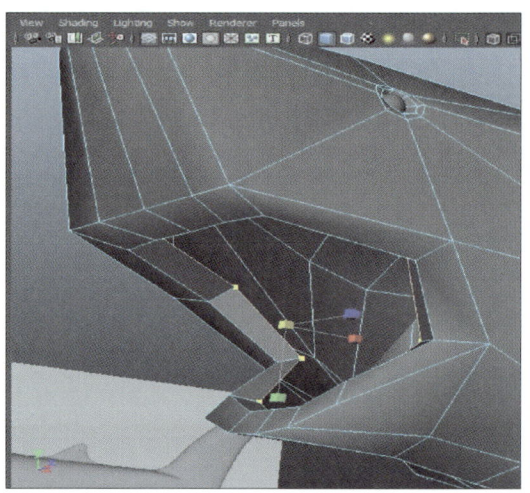

图 3-1-63

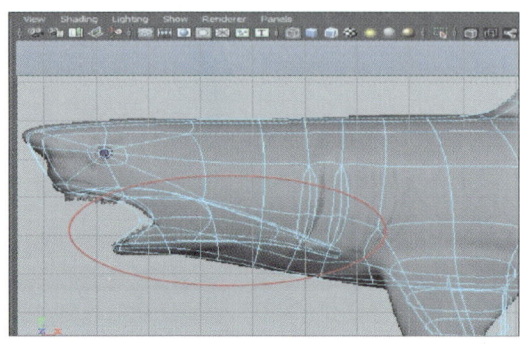

图 3-1-64

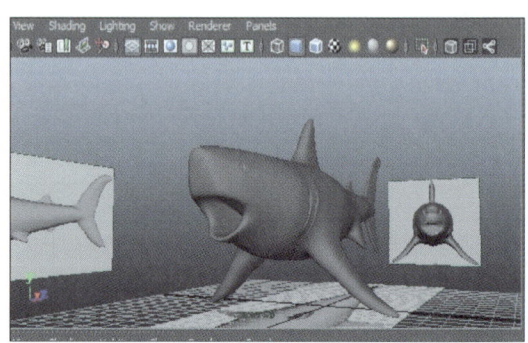

图 3-1-65

任务 3-1-5　OCC 图渲染

65 最后进行 OCC 图渲染，首先创建地面，在 Curves 选项卡中选择【NUBURS Plane】 按钮创建地面，如图 3-1-66 所示。

66 框选所有物体，再选择右侧面板的 Render（渲染）选项卡，创建新的图层，并右键该层，选择【Attributes】（属性）如图 3-1-67 所示。

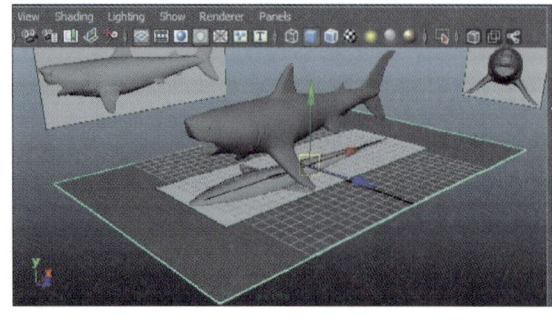

图 3-1-66

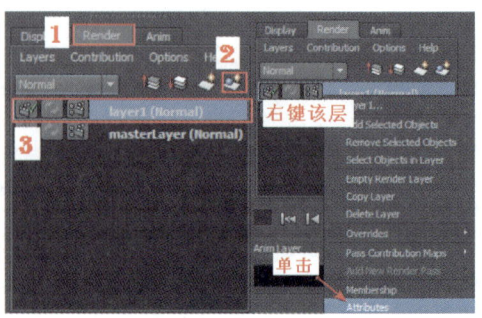

图 3-1-67

67 右侧的面板发生了变化,选择按钮【Presets】/【Occlusion】,窗口变成了黑色,如图 3-1-68 所示。

68 选择上方的渲染■按钮,对其进行渲染,最终效果如图 3-1-69 所示。

图 3-1-68

图 3-1-69

技能与相关知识

常用的物体编辑方法和管理手段

1. 还原物体轴心点。

如果用户改变了物体轴心点的位置,而现在又需要将轴心点再移回到物体的中心位置,则可以通过调用菜单命令【Modify】/【Center Pivot】来快速实现。

2. 冻结变换参数。

在视窗中对某个物体进行移动、旋转、缩放等变换操作后,在通道箱中的变换参数的数值就不再是 0 或 1 的默认状态了。当制作物体的动画效果时,往往需要将物体的各个参数处于 0 或 1 的默认状态,这样便于将物体还原到初始的位置状态。这时可以通过冻结参数的方式让物体在一个新的位置上将变换参数归 0。

3. 清除历史。

清除历史纪录的方法:选择物体,调用菜单命令【Edit】/【Delete by Type】/【History】,将物体上的历史纪录清除。

4. 父子级物体。

创建物体间的子父级关系的方法是:在视图中选择要成为子物体的物体,按住【Shift】键再选择要成为父物体的物体,然后调用菜单命令【Edit】/【Parent】即可。如果选择了多个物体,那么最后选择的那个物体将成为父物体,其余都为子物体。

拓展训练

制作如图 3-1-70 所示的金鱼。

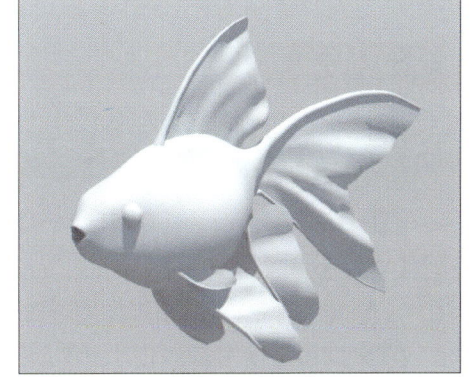

图 3-1-70

任务二　骷　髅

医学上通过骷髅了解人体的内部结构,用于治疗疾病,但实际上,一般人认为自己骨骼是给后代思念的,所以鲜有人捐出全副骷髅,比较常见的是以塑料做真人骷髅仿制品,这次我们将使用 MAYA2014 来制作一具骷髅。

任务描述

小勤,在接到任务时,被要求制作一具吓人的骷髅,来体现动画里的小男孩喜欢捉弄人的性格。于是,小勤查找了大量的资料,最后决定制作效果如图 3-2-1 所示的骷髅模型。

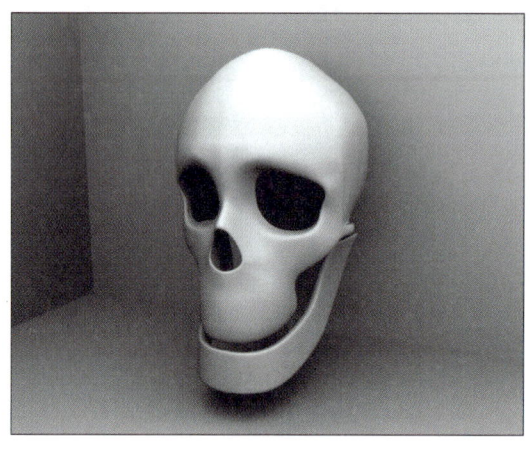

图 3-2-1

任务分析

MAYA 建模的方法有很多种,在这里我们要通过对照图片,手动加线布线,来调整物体的结构及轮廓以达到最终效果。

方法与步骤

任务 3-2-1　导入外部图片

01 打开 MAYA2014,按【space】(空格键)切换视图,将画面切换到【Front】视图,之后选择【View】(视图菜单)/【Image Plane】(平面图片)/【Import Image】/(导入图片)选取素材——骷髅头骨正面图.jpg,如图 3-2-2 所示。

02 调整右面工具栏窗口内【Alpha Gain】(图片透明度)数值参数,【Center X\Y\Z】(X\Y\Z轴距位置)及【Width Height】(图片大小比例)数值参数,如图 3-2-3 所示。

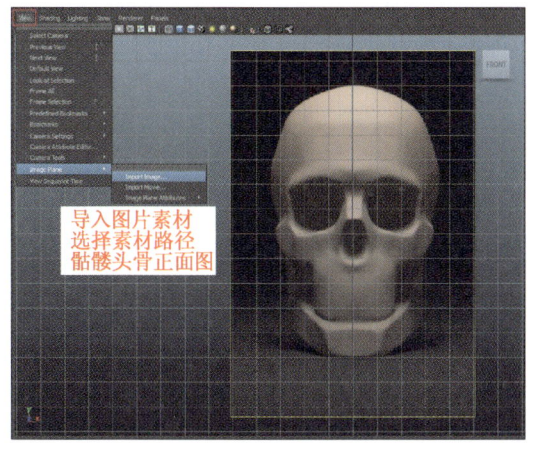
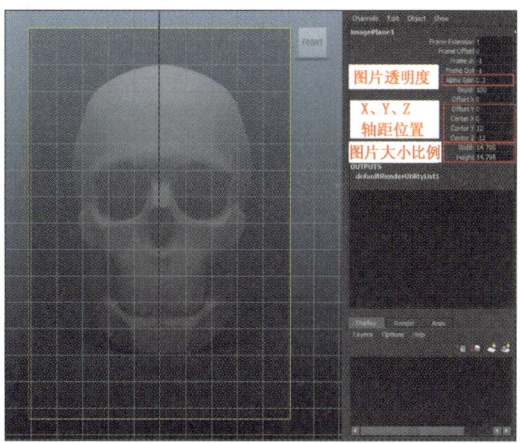

图 3-2-2   图 3-2-3

03 将视图画面切换到【Right】视图,之后选择菜单【View】(视图)/【Image Plane】/
【Import Image】/(导入图片)选取素材——骷髅头骨侧面图. jpg 之后选择【Polygons】(多边
形选项卡)/按■按钮,创建一个多边形。通过正面视图及侧面视图将多边形调节成对称比
例,完成后将多边形删除,如图 3-2-4 所示。

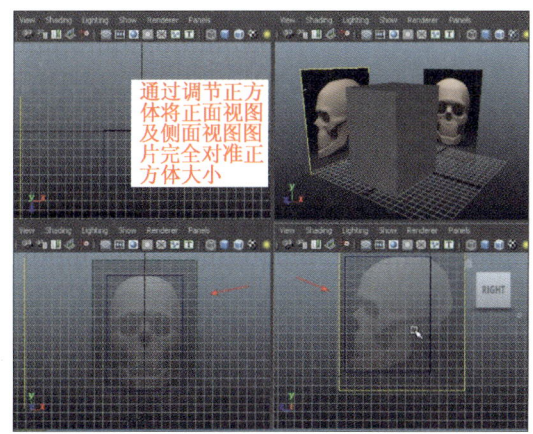

图 3-2-4

04 将视图画面切换到【Front】视图,之后选择菜单栏【Mesh】/【Create Polygon Tool】
(绘制多边形工具)命令,按照参考图片编辑绘制对象形状,编辑点位置完成后按回车键结束
编辑,如图 3-2-5 所示。

05 选择对象通过不同视图视角显示,调整对象形状及位置,调整对象直到正确位置
比例,如图 3-2-6 所示。

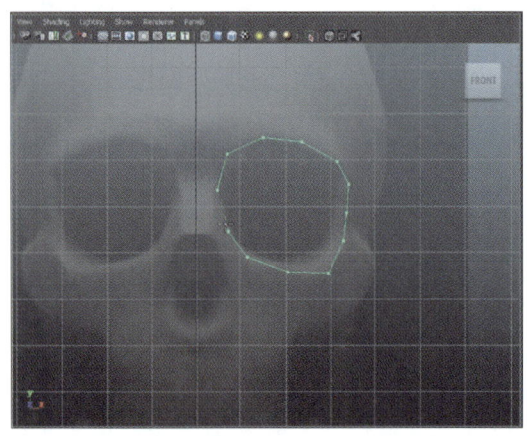 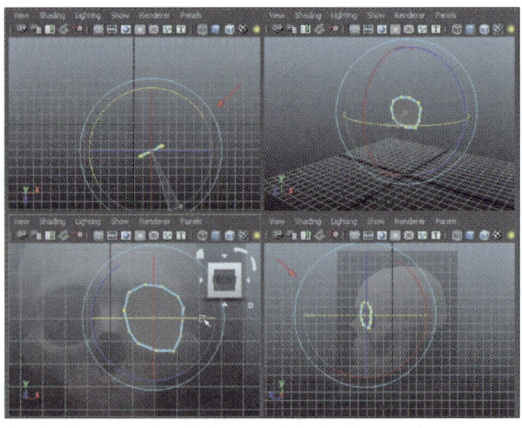

图 3-2-5 图 3-2-6

06 右键选择对象,选择如图 3-2-7 所示的边,配合【Shift】+鼠标右键,选择【Extrude Edge】(挤压边)命令,选取对象中心点将对象进行挤压扩大,调整其形状位置。

07 通过切换不同视角比较,选取对象进行对齐位置与形状,直到调整至最佳位置形状,保持正面侧面视图比例正常,如图 3-2-8 所示。

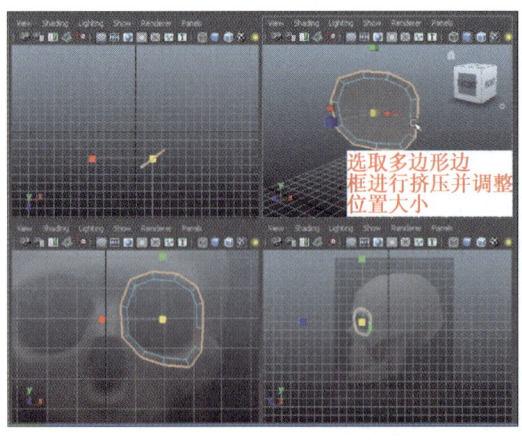

图 3-2-7 图 3-2-8

08 选择对象,选择如图 3-2-9 所示的边,配合【Shift】+鼠标右键,选择【Extrude Edge】(挤压边)命令,选取边线进行挤压并移动其位置。

09 选取对象,配合【D】+【C】+鼠标中键将对象中心点移动至红圈所示位置。之后选取对象,选择菜单栏【Edit】/【Duplicate Special】(特殊复制)命令,将图内红框中选项卡选中,如图 3-2-10 所示。

10 将对象沿 X 轴对称复制,然后调节右面工具栏窗口内【Scaler X】数值为−1 值,如图 3-2-11 所示。

11 选择对象,如图 3-2-12 所示的边,配合【Shift】+鼠标右键,选择【Extrude Edge】(挤压边)命令,选取边线进行挤压并移动其位置。

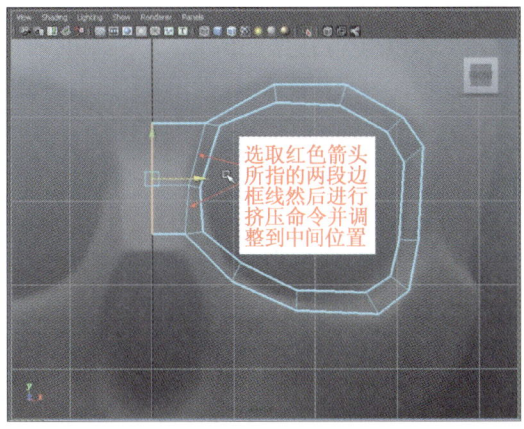

图 3-2-9

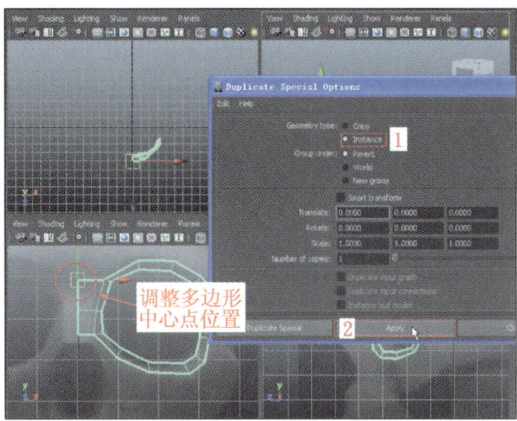

图 3-2-10

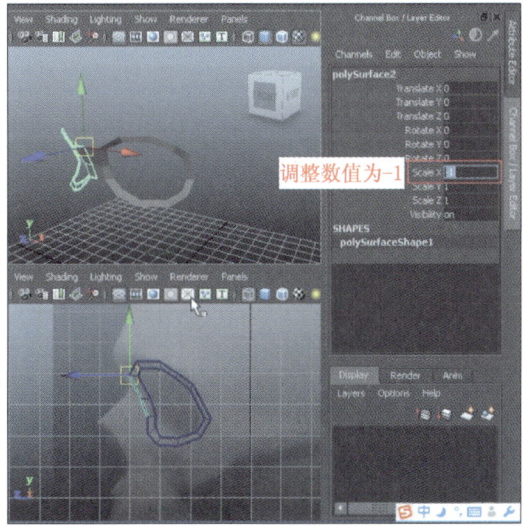

图 3-2-11

图 3-2-12

12 选择对象,选取菜单栏【Edit Mesh】/【Insert Edge Loop Tool】(环形边工具)命令,如图 3-2-13 所示对其添加边线。框选红圈内 2 个点,配合【Shift】+鼠标右键,选择【Merge Vertices】(合并顶点)/【Merge Vertices to Center】(合并到中心点)命令,将对象点进行合并。

13 选择对象,如图 3-2-14 所示的编辑点,将点的位置及形状进行移动编辑,确保对象与图片位置重合。

14 选择右边部分对象,在右面显示层栏目内,如图 3-2-15 红圈内所示新建层,选择新建层 layer1 右键,选择【Add Selected Objects】(添加到此层)命令,在箭头所指处调整参数为 R 值。

15 选择对象,如图 3-2-16 所示的边,配合【Shift】+鼠标右键,选择【Extrude Edge】(挤压边)命令,选取边线进行 2 次挤压并移动最终位置。

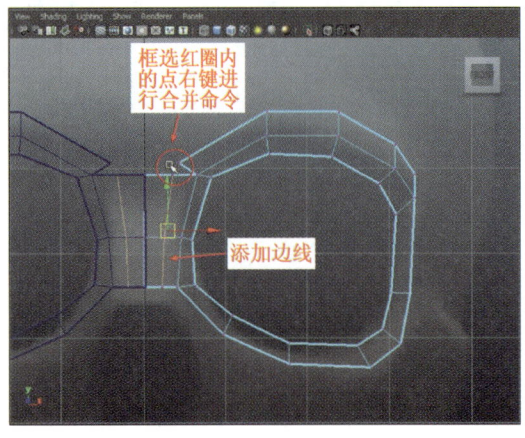
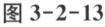

图 3-2-13

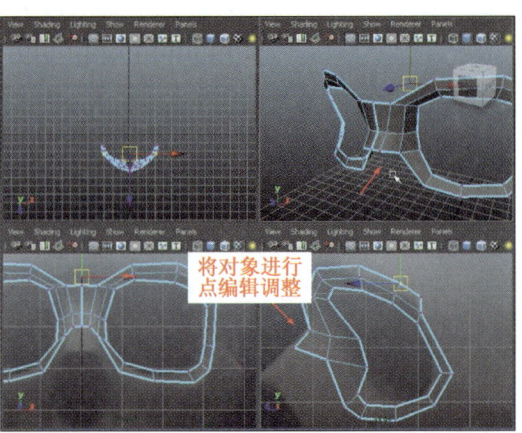

图 3-2-14

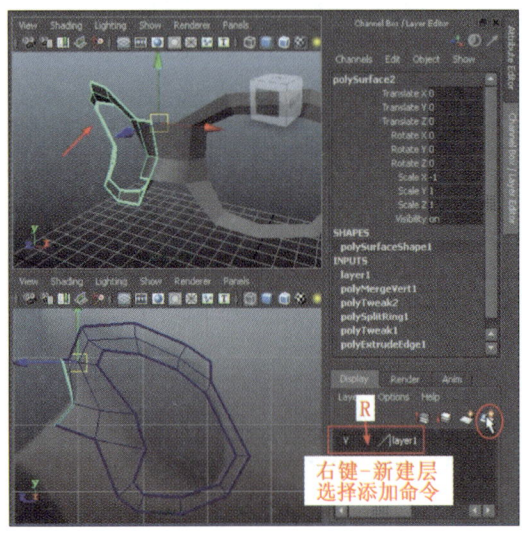

图 3-2-15

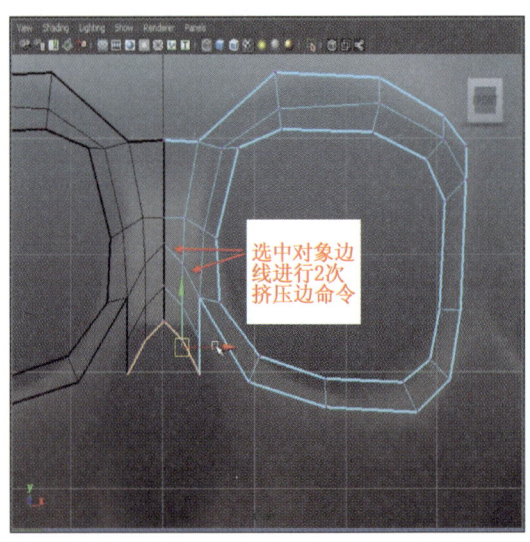

图 3-2-16

16 选择对象,如图 3-2-17 所示的边,配合【Shift】+鼠标右键,选择【Extrude Edge】(挤压边)命令,选取边线进行挤压并移动到最终位置。

17 选择对象,然后框选红圈内 2 个点,配合【Shift】+鼠标右键,选择【Merge Vertices】(合并顶点)/【Merge Vertices to Center】(合并到中心点)命令,将对象点进行合并,如图 3-2-18 所示。

18 选择对象,如图 3-2-19 所示的边,配合【Shift】+鼠标右键,选择【Extrude Edge】(挤压边)命令,选取边线进行挤压并移动到最终位置。

19 选择对象,如图 3-2-20 所示的边,配合【Shift】+鼠标右键,选择【Extrude Edge】(挤压边)命令,选取边线进行挤压并移动到最终位置。

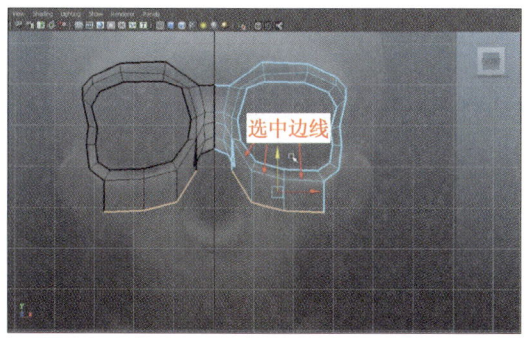

图 3-2-17

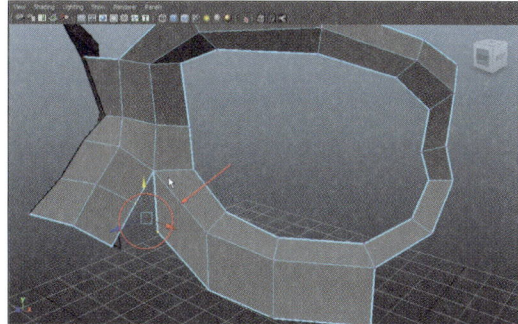

图 3-2-18

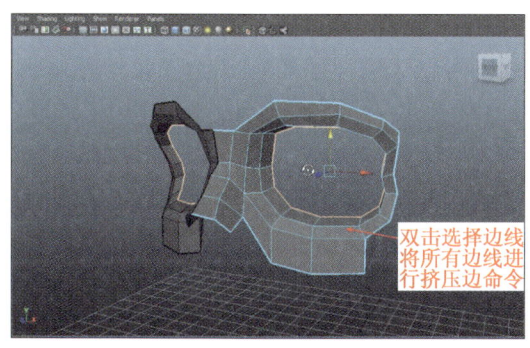

图 3-2-19

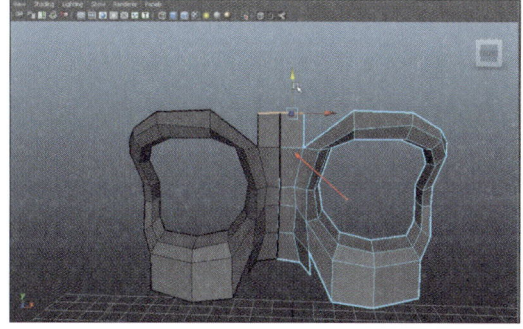

图 3-2-20

20 选择对象,选取菜单栏【Edit Mesh】/【Insert Edge Loop Tool】(环形边工具)命令,对其添加边线。如图 3-2-21 所示选择编辑点位置及形状。

21 选择对象,选取编辑点状态,配合【O】+鼠标中键框选多个编辑点进行手动编辑点位置及形状,如图 3-2-22 所示。

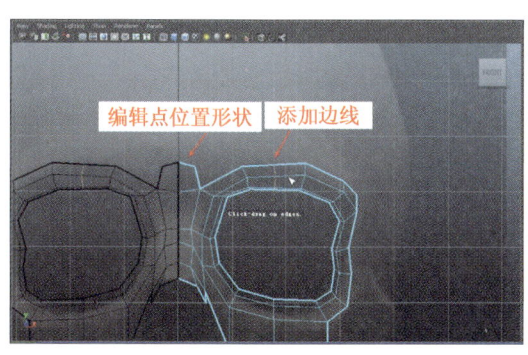

图 3-2-21

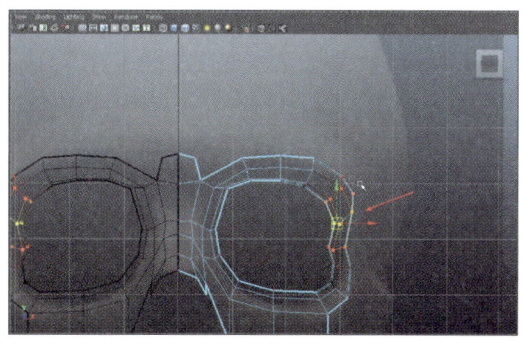

图 3-2-22

22 选择对象,配合【3】键将对象进行圆滑处理命令,从各个角度检查对象形状圆滑程度,如图 3-2-23 所示。

23 选择对象,如图 3-2-24 所示的边,配合【Shift】+鼠标右键,选择【Extrude Edge】(挤压边)命令,选取边线进行挤压并移动到最终位置。

113

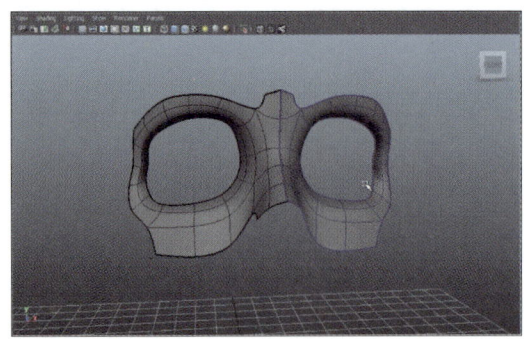

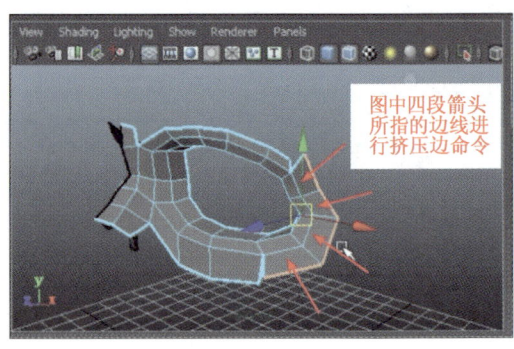

图 3-2-23   图 3-2-24

24 选择对象,然后框选红圈内 2 个点,配合【Shift】+鼠标右键,选择【Merge Vertices】(合并顶点)/【Merge Vertices to Center】(合并到中心点)命令,将对象点进行合并,如图 3-2-25 所示。

25 选择对象,然后框选红圈内 2 个点,配合【Shift】+鼠标右键,选择【Merge Vertices】(合并顶点)/【Merge Vertices to Center】(合并到中心点)命令,将对象点进行合并,如图 3-2-26 所示。

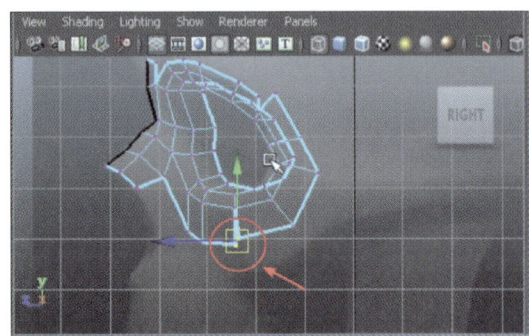

图 3-2-25   图 3-2-26

26 选择对象,如图 3-2-27 所示的边,配合【Shift】+鼠标右键,选择【Extrude Edge】(挤压边)命令,选取边线进行挤压并移动到最终位置。

27 选择对象,然后框选红圈内 2 个点,配合【Shift】+鼠标右键,选择【Merge Vertices】(合并顶点)/【Merge Vertices to Center】(合并到中心点)命令,将对象点进行合并,如图 3-2-28 所示。

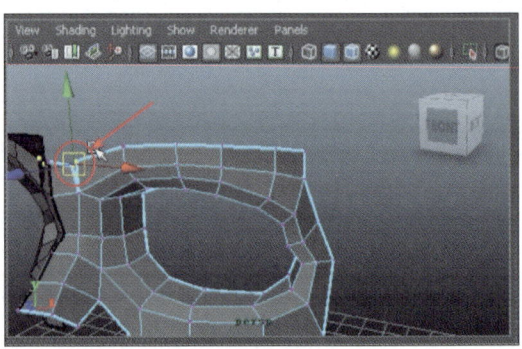

图 3-2-27   图 3-2-28

任务 3-2-3　制作鼻子

28 选择对象,选取菜单栏【Create】/【CV Curve Tool】(CV 曲线工具)命令,编辑曲线,如图 3-2-29 所示。

29 选择对象,如图 3-2-30 所示的边,配合【Shift】键同时选择 CV 曲线,选择【右键】/【Extrude Edge】(挤压边)命令,选取边线进行挤压。

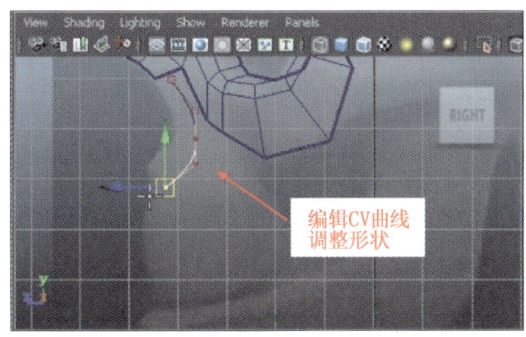
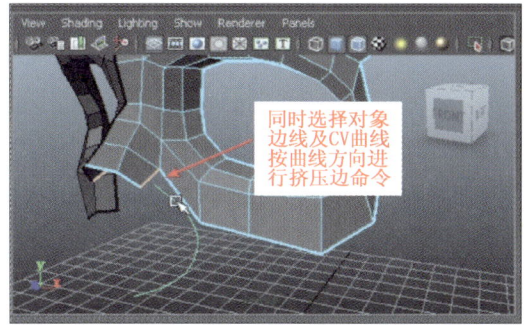

图 3-2-29　　　　　　　　　　　　　　　　图 3-2-30

30 选择对象,如图 3-2-31 所示,在右面工具栏窗口内调整数值参数及面形状,控制面的数量,完成调整后将 CV 曲线删除。

31 选择对象,然后框选红圈内 2 个点,配合【Shift】+鼠标右键,选择【Merge Vertices】(合并顶点)/【Merge Vertices to Center】(合并到中心点)命令,将对象点进行合并,如图 3-2-32 所示。

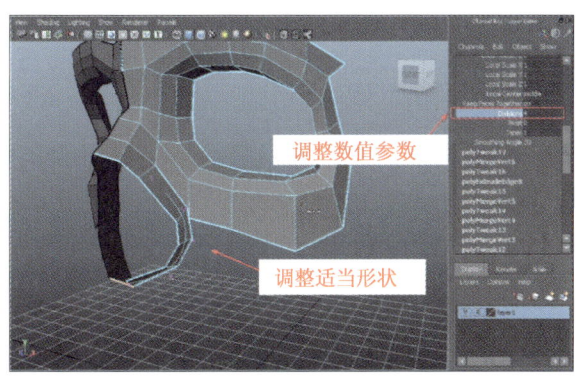
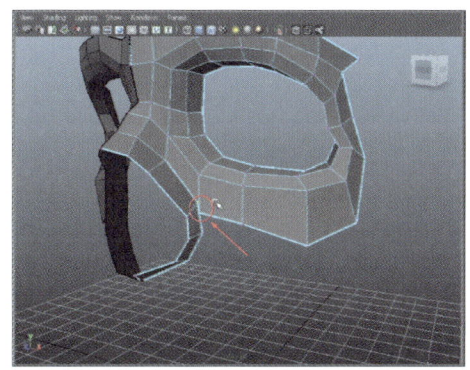

图 3-2-31　　　　　　　　　　　　　　　　图 3-2-32

32 选择对象,如图 3-2-33 所示选取编辑点,调整编辑点位置及形状。

33 选择对象,如图 3-2-34 所示,在左面工具栏窗口,双击选择【Move Tool】(移动工具)图标,在工具设置窗口内将【Retain Component Spacing】(物体移动相对位置)的设置参数取消其勾选。

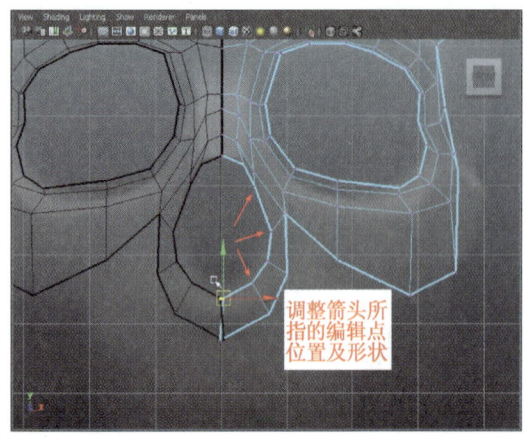

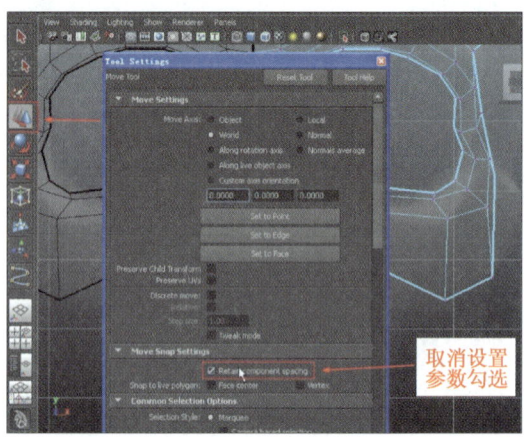

图 3-2-33   图 3-2-34

34 选择对象,然后框选红圈内 2 个点,配合【Shift】+鼠标右键,选择【Merge Vertices】(合并顶点)/【Merge Vertices to Center】(合并到中心点)命令,将对象点进行合并,如图 3-2-35 所示。

35 选择对象,选取菜单栏【Edit Mesh】/【Insert Edge Loop Tool】(环形边工具)命令,对其添加边线,如图 3-2-36 所示。

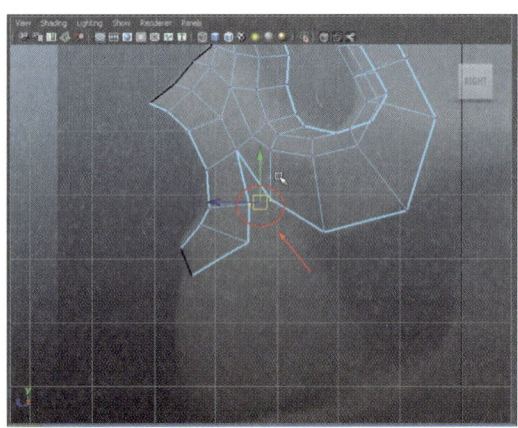

图 3-2-35   图 3-2-36

36 选择对象,选取菜单栏【Edit Mesh】/【Slide Edge Tool】(滑动边工具)命令,选择边线进行位置及形状的调整,如图 3-2-37 所示。

37 选择对象,如图 3-2-38 所示的边,配合【Shift】+鼠标右键,选择【Extrude Edge】(挤压边)命令,选取边线进行挤压并移动到最终位置。

38 选择对象,如图 3-2-39 所示选取编辑点,调整编辑点位置及形状。

39 选择对象,选取菜单栏【Edit Mesh】/【Slide Edge Tool】(滑动边工具)命令,选择边线进行位置及形状的调整,如图 3-2-40 所示。

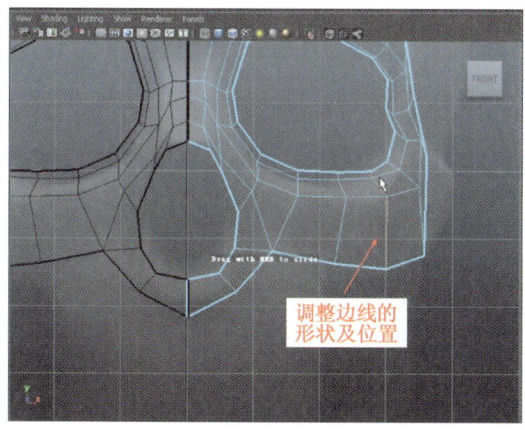

图 3-2-37

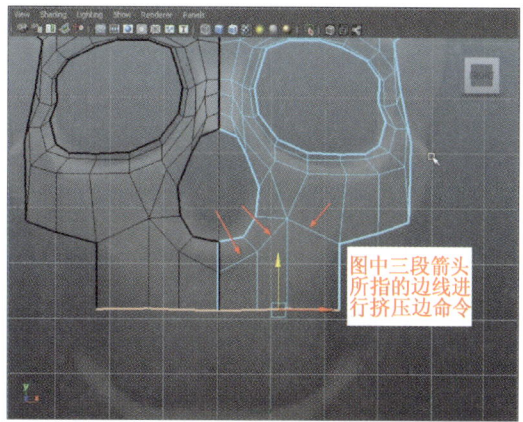

图 3-2-38

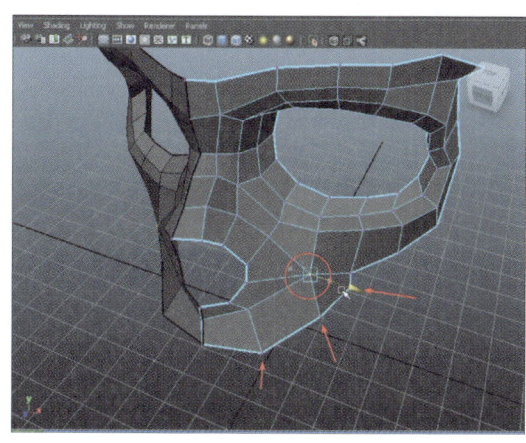

图 3-2-39

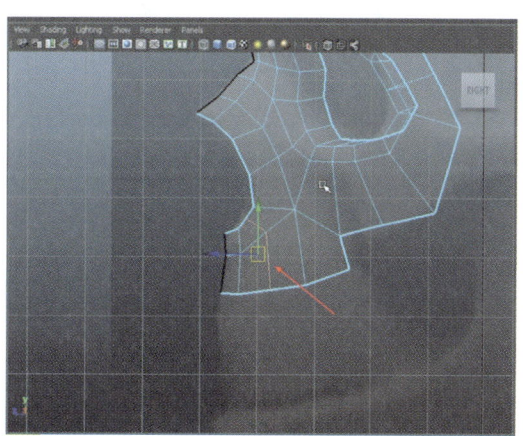

图 3-2-40

40 选择对象,如图 3-2-41 所示选取编辑点,调整编辑点位置及形状。

41 选择对象,如图 3-2-42 所示的边,配合【Shift】+鼠标右键,选择【Extrude Edge】(挤压边)命令,选取边线进行 2 次挤压并移动到最终位置。

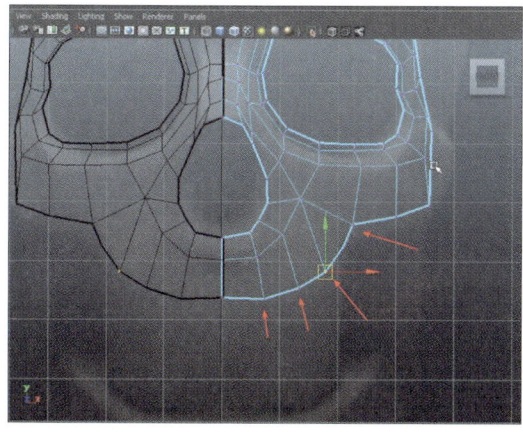

图 3-2-41

图 3-2-42

42 选择对象,选取编辑点状态,配合【O】+鼠标中键框选多个编辑点进行手动编辑点位置及形状,如图 3-2-43 所示。

43 选择对象,如图 3-2-44 所示的边,配合【Shift】+鼠标右键,选择【Extrude Edge】(挤压边)命令,选取边线进行挤压并移动到最终位置。然后框选红圈内 2 个点,配合【Shift】+鼠标右键,选择【Merge Vertices】(合并顶点)/【Merge Vertices to Center】(合并到中心点)命令,将对象点进行合并。

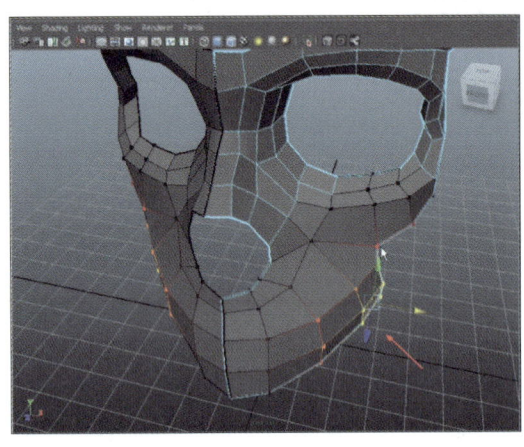

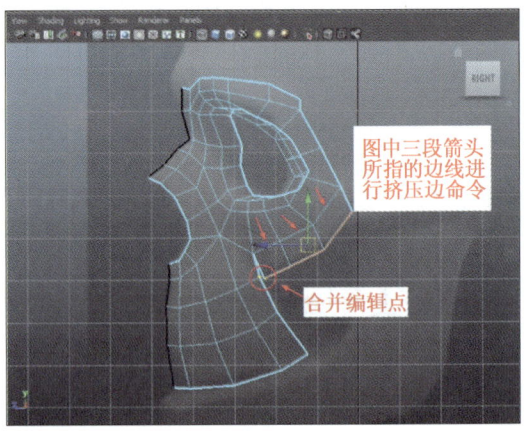

图 3-2-43

图 3-2-44

44 选择对象,如图 3-2-45 所示的边,配合【Shift】+鼠标右键,选择【Extrude Edge】(挤压边)命令,选取边线进行挤压并移动到最终位置。然后框选红圈内 2 个点,配合【Shift】+鼠标右键,选择【Merge Vertices】(合并顶点)/【Merge Vertices to Center】(合并到中心点)命令,将对象点进行合并。

45 选择对象,如图 3-2-46 所示的边,配合【Shift】+鼠标右键,选择【Extrude Edge】(挤压边)命令,选取边线进行 2 次挤压并移动到最终位置。

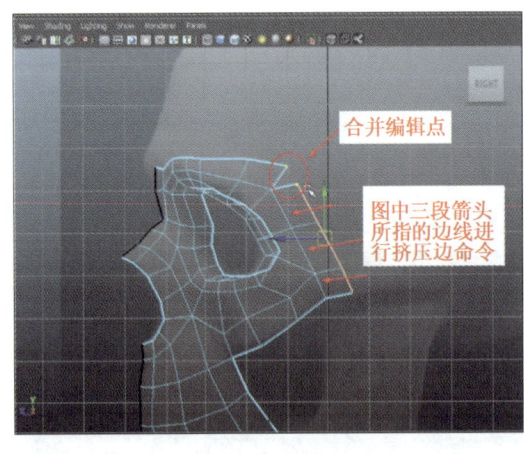

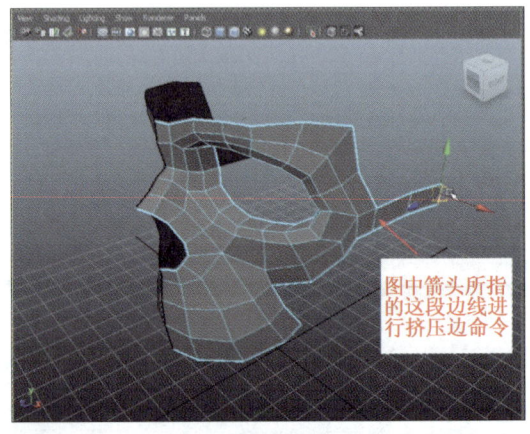

图 3-2-45

图 3-2-46

46 选择对象,如图 3-2-47 所示的边,将边删除。

47 选择对象,选取菜单栏【Edit Mesh】/【Split Polygon Tool】(切割多边形工具)命令,对选择对象多边形面进行编辑和边线添加,如图 3-2-48 所示。

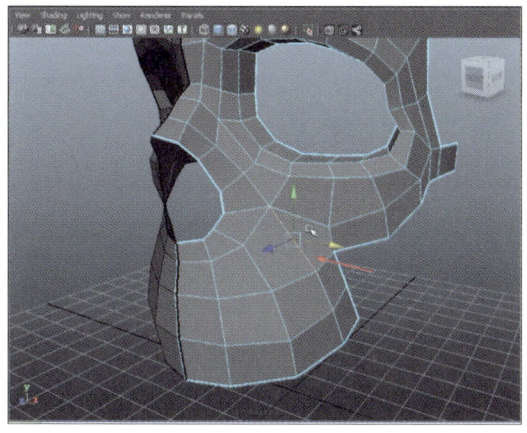

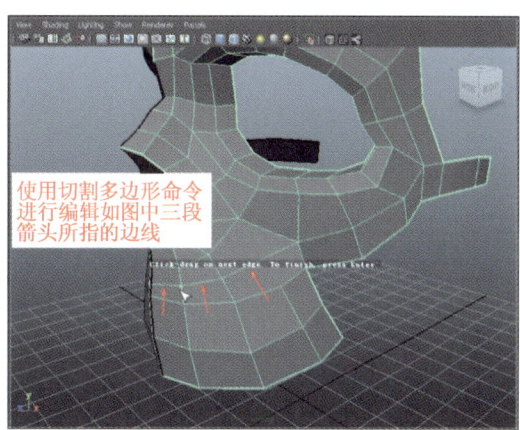

使用切割多边形命令
进行编辑如图中三段
箭头所指的边线

图 3-2-47   图 3-2-48

48 选择对象,选取菜单栏【Edit Mesh】/【Split Polygon Tool】(切割多边形工具)命令,对选择对象多边形面进行编辑和边线添加,如图 3-2-49 所示。

49 选择对象,选取菜单栏【Edit Mesh】/【Split Polygon Tool】(切割多边形工具)命令,对选择对象多边形面进行编辑和边线添加。再将图 3-2-50 所示的边线删除。

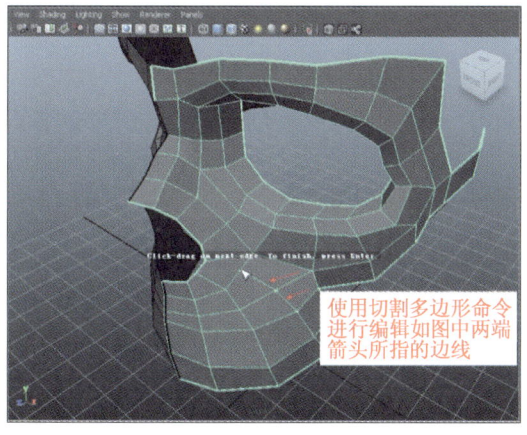

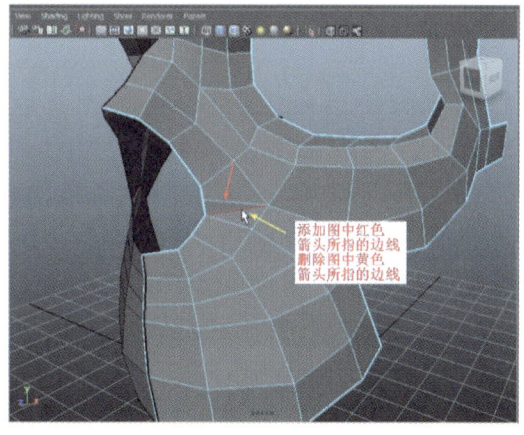

使用切割多边形命令
进行编辑如图中两端
箭头所指的边线

添加图中红色
箭头所指的边线
删除图中黄色
箭头所指的边线

图 3-2-49   图 3-2-50

任务 3-2-4　制作下颚部分及后脑勺

50 将视图画面切换到【Front】视图,之后选择菜单栏【Mesh】/【Create Polygon Tool】(绘制多边形工具)命令,按照参考图片编辑绘制对象形状,编辑点位置完成后按回车键结束编辑,如图 3-2-51 所示。

51 选择对象,选取菜单栏【Mesh】/【Triangulate】(三角形化工具)命令,将对象转化成三角面,之后再次选择图 5-2-52 所示对象,选取菜单栏【Mesh】/【Quadrangulate】(四边形化工具)命令,将对象三角面转化成四边面。

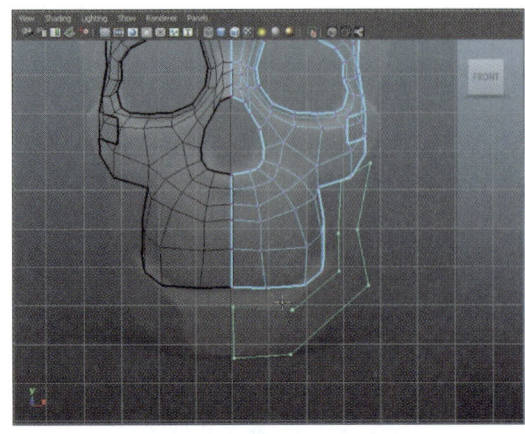

图 3-2-51

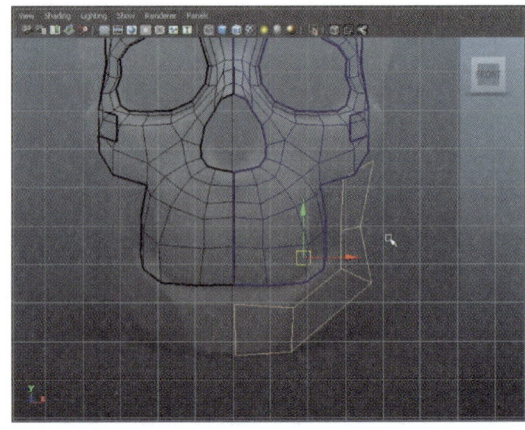

图 3-2-52

52 选择对象,如图 3-2-53 所示,将对象点的位置及形状进行移动编辑。

53 选择对象,选取菜单栏【Edit Mesh】/【Insert Edge Loop Tool】(环形边工具)命令,对其添加边线,如图 3-2-54 所示。

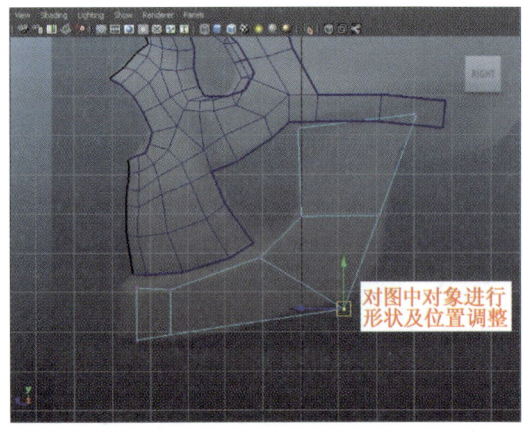

图 3-2-53

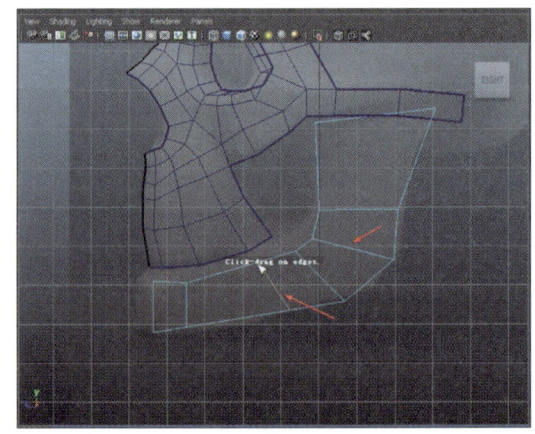

图 3-2-54

54 选择对象,如图 3-2-55 所示的边,配合【Shift】+鼠标右键,选择【Extrude Edge】(挤压边)命令,选取边线进行挤压并移动到最终位置。

55 选择对象,如图 3-2-56 所示的边,配合【Shift】+鼠标右键,选择【Extrude Edge】(挤压边)命令,选取边线进行挤压并移动到最终位置。

56 选择对象,配合【3】键将对象进行圆滑处理命令,从各个角度检查对象形状圆滑程度,如图 3-2-57 所示。

57 选择对象,如图 3-2-58 所示的面,配合【Shift】+鼠标右键,选择【Extrude Face】(挤压面)命令,选取边线进行挤压并移动到最终位置。

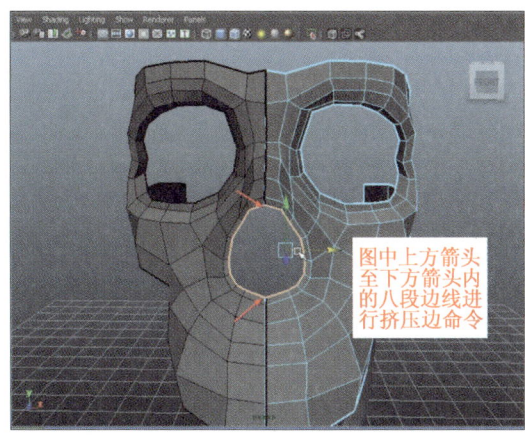

图中上方箭头
至下方箭头内
的八段边线进
行挤压边命令

图 3-2-55

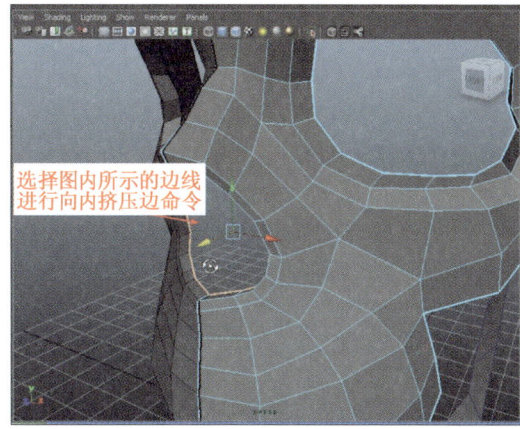

选择图内所示的边线
进行向内挤压边命令

图 3-2-56

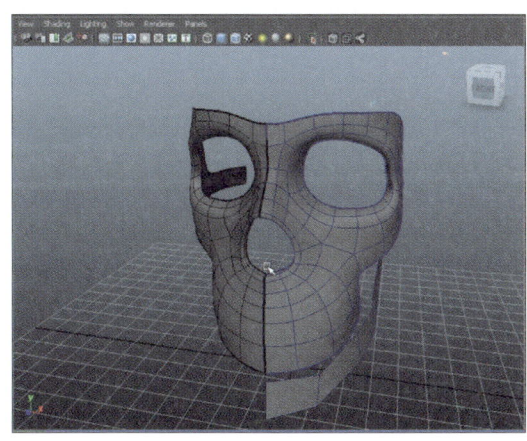

图 3-2-57

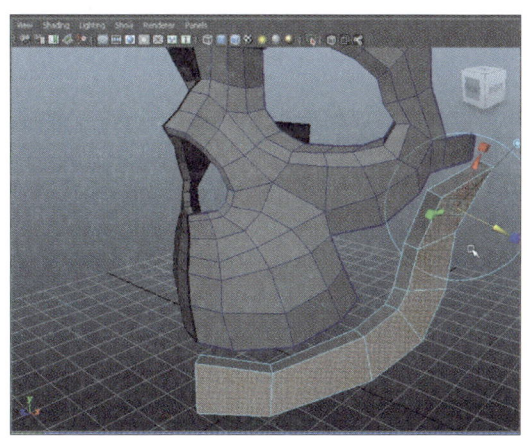

图 3-2-58

58 选择对象,将图 3-2-59 所示箭头所指的面进行删除。

59 选取对象,配合【D】+【C】+鼠标中键将对象中心点移动至红圈所示位置,如图 3-2-60 所示。

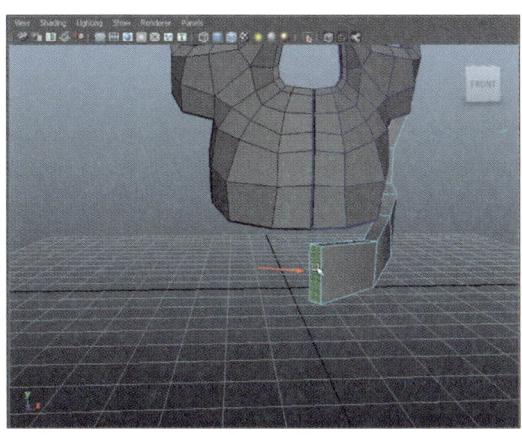

图 3-2-59

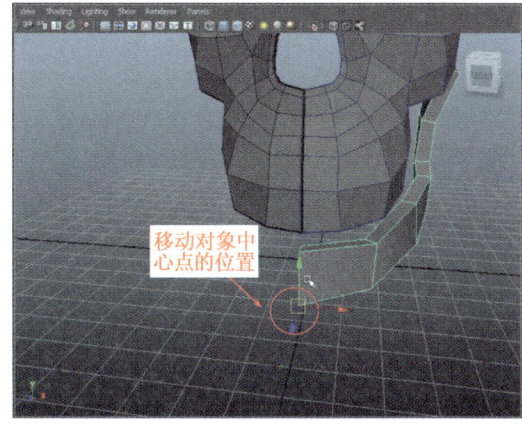

移动对象中
心点的位置

图 3-2-60

60 选取对象,选择菜单栏【Edit】/【duplicate special】(特殊复制)命令,将对象沿 X 轴对称复制,然后调节右面工具栏窗口内【Scaler X】数值为－1 值,如图 3-2-61 所示。

61 选择对象,选取菜单栏【Edit Mesh】/【Insert Edge Loop Tool】(环形边工具)命令,对其添加边线,如图 3-2-62 所示。

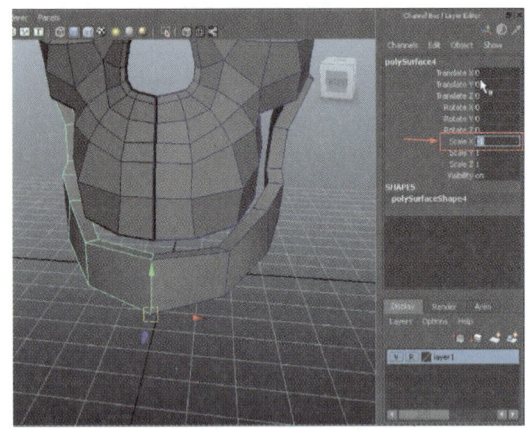

图 3-2-61

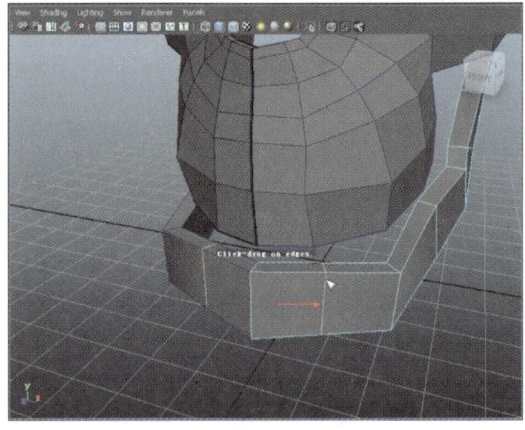

图 3-2-62

62 选择对象,选取编辑点状态,配合【O】＋鼠标中键框选多个编辑点进行手动编辑点位置及形状,如图 3-2-63 所示。

63 选择对象,选取编辑点状态,配合【O】＋鼠标中键框选多个编辑点进行手动编辑点位置及形状,如图 3-2-64 所示。

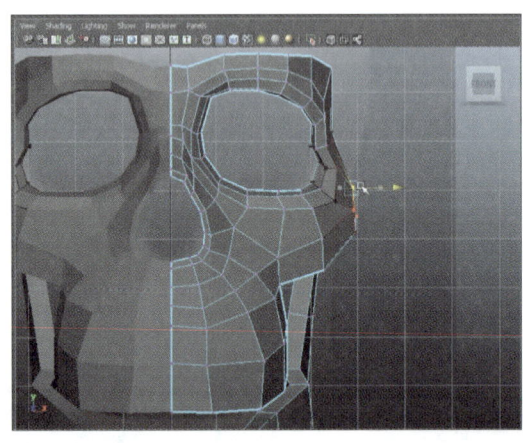

图 3-2-63

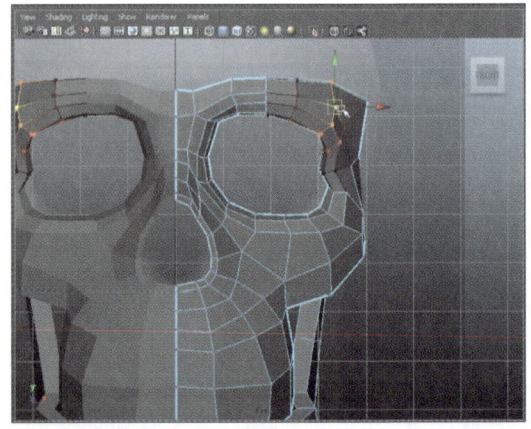

图 3-2-64

64 选择对象,如图 3-2-65 所示将所选边线进行向上移动。

65 选择对象,如图 3-2-66 所示的边,配合【Shift】＋鼠标右键,选择【Extrude Edge】(挤压边)命令,选取边线进行挤压并移动到最终位置。

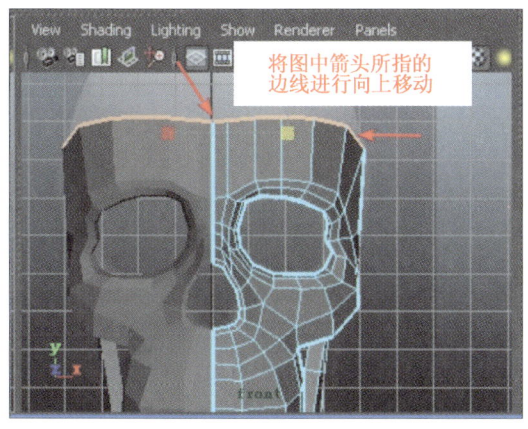

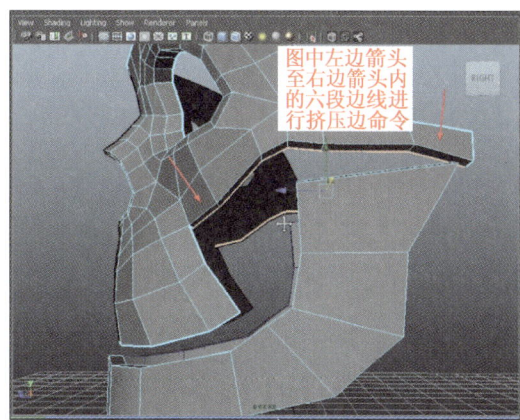

图 3-2-65 图 3-2-66

66 选择对象,如图 3-2-67 所示的边,配合【Shift】+鼠标右键,选择【Extrude Edge】(挤压边)命令,选取边线进行挤压并移动到最终位置。然后框选红圈内 2 个点,配合【Shift】+鼠标右键,选择【Merge Vertices】(合并顶点)/【Merge Vertices to Center】(合并到中心点)命令,将对象点进行合并。

67 选择对象,选取编辑点状态,配合【O】+鼠标中键框选多个编辑点进行手动编辑点位置及形状,如图 3-2-68 所示。

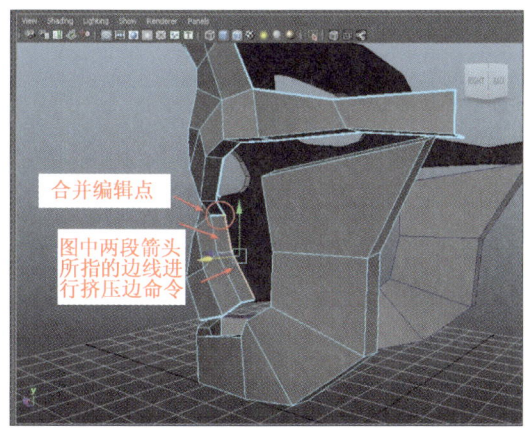

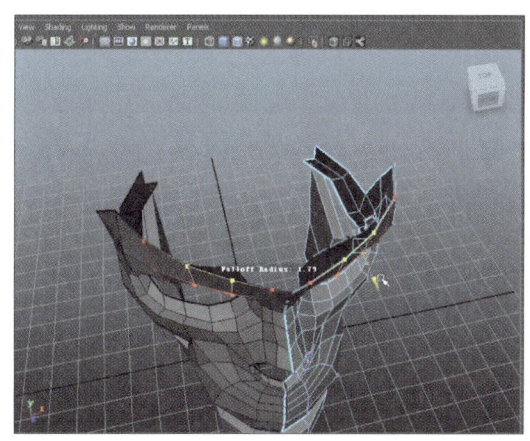

图 3-2-67 图 3-2-68

68 选择对象,选取编辑点状态,配合【O】+鼠标中键框选多个编辑点进行手动编辑点位置及形状,如图 3-2-69 所示。

69 选择对象,选取编辑点状态,配合【O】+鼠标中键框选多个编辑点进行手动编辑点位置及形状,如图 3-2-70 所示。

70 选择对象,如图 3-2-71 所示,将对象点的位置及形状进行移动编辑。

71 选择对象,如图 3-2-72 所示的边,配合【Shift】+鼠标右键,选择【Extrude Edge】(挤压边)命令,选取边线进行挤压并移动到最终位置。

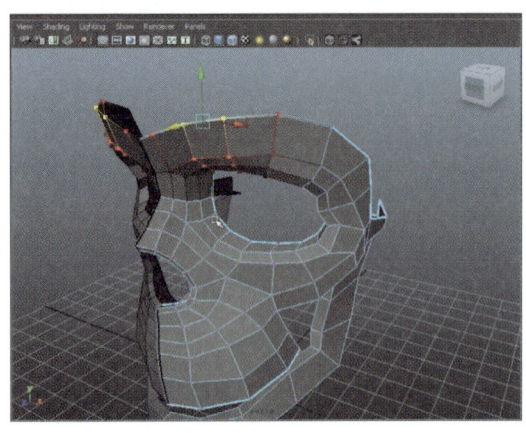

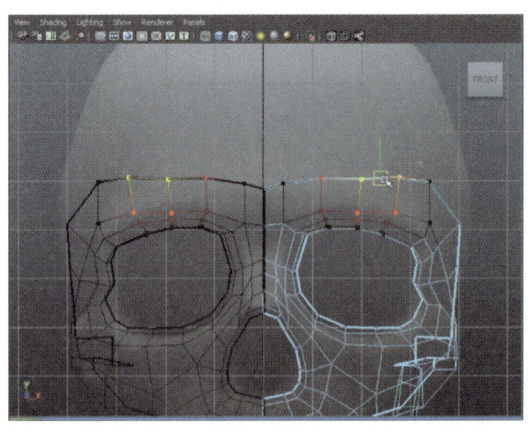

图 3-2-69　　　　　　　　　　　　图 3-2-70

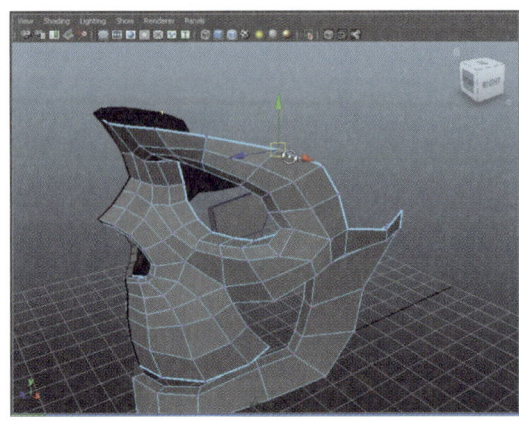

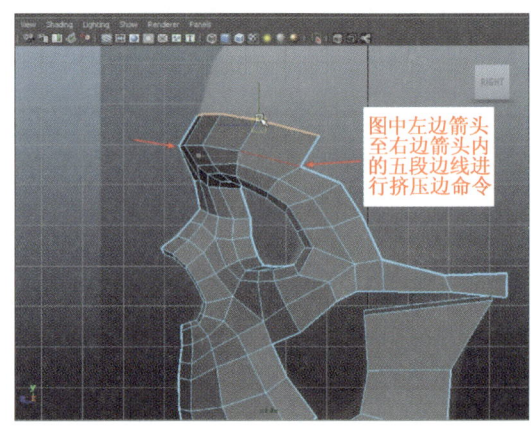

图 3-2-71　　　　　　　　　　　　图 3-2-72

72 继上步,配合【Shift】+鼠标右键,选择【Extrude Edge】使用(挤压边)命令,选取边线进行多次挤压,在挤压过程中不断调整形状并移动到最终位置,如图 3-2-73 所示。

73 继上步,配合【Shift】+鼠标右键,选择【Extrude Edge】使用(挤压边)命令,选取边线进行多次挤压,在挤压过程中不断调整形状并移动到最终位置,如图 3-2-74 所示。

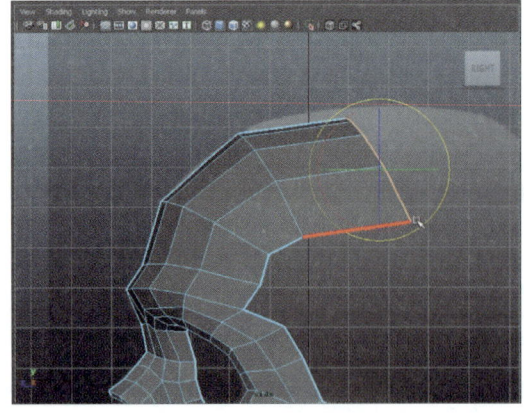

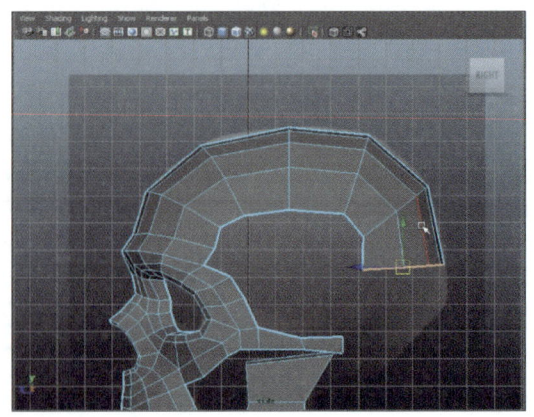

图 3-2-73　　　　　　　　　　　　图 3-2-74

74 继上步,配合【Shift】+鼠标右键,选择【Extrude Edge】使用(挤压边)命令,选取边线进行多次挤压,在挤压过程中不断调整形状并移动到最终位置,如图 3-2-75 所示。

75 选择对象,如图 3-2-76 所示,将对象点的位置及形状进行移动编辑。

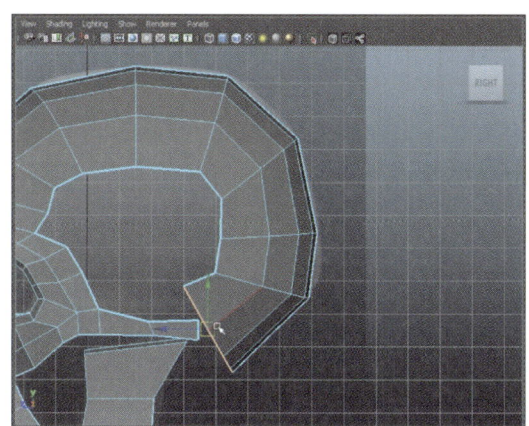 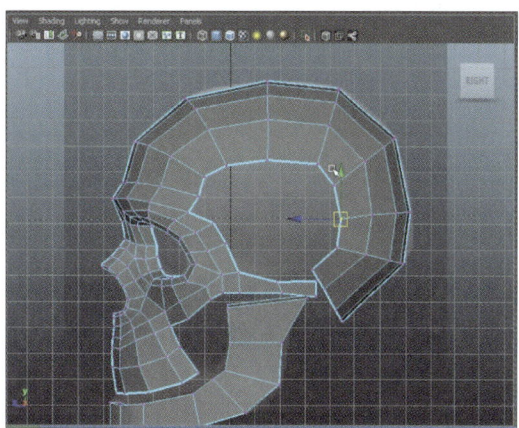

图 3-2-75　　　　　　　　　　　　　　　图 3-2-76

76 选择对象,选取编辑点状态,配合【O】+鼠标中键框选多个编辑点进行手动编辑点位置及形状,如图 3-2-77 所示。

77 选择对象,选取编辑点状态,配合【O】+鼠标中键框选多个编辑点进行手动编辑点位置及形状,如图 3-2-78 所示。

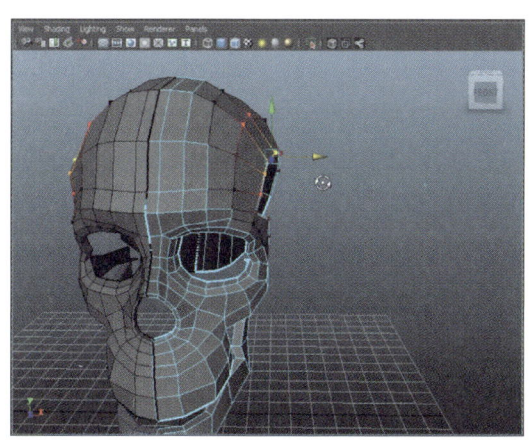

图 3-2-77　　　　　　　　　　　　　　　图 3-2-78

78 选择对象,如图 3-2-79 所示,在左面工具栏窗口,双击选择【Move Tool】(移动工具)图标,在工具设置窗口内将【Falloff Mode】(衰减模式)的设置参数设置为 Surface 数值(表面)。

79 选择对象,选取编辑点状态,配合【O】+鼠标中键框选多个编辑点进行手动编辑点位置及形状,如图 3-2-80 所示。

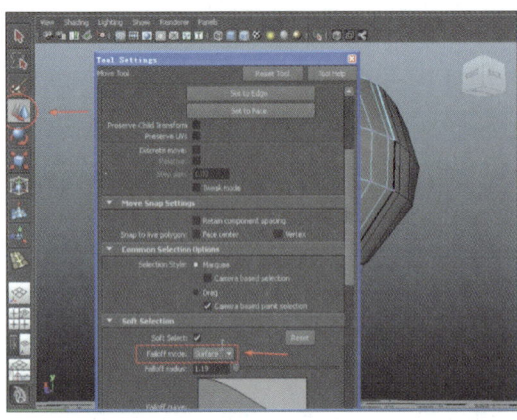

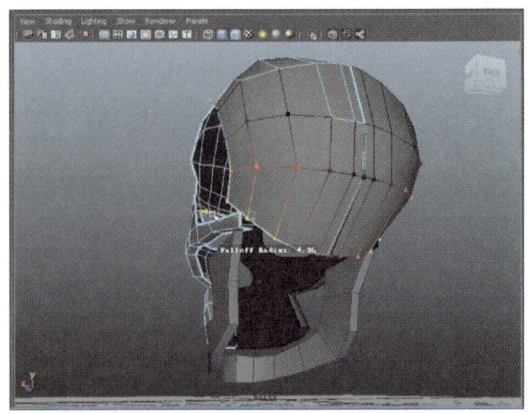

图 3-2-79   图 3-2-80

80 选择对象,如图 3-2-81 所示的边,配合【Shift】+鼠标右键,选择【Extrude Edge】(挤压边)命令,选取边线进行挤压并移动到最终位置。然后框选红圈内编辑点,配合【Shift】+鼠标右键,选择【Merge Vertices】(合并顶点)/【Merge Vertices to Center】(合并到中心点)命令,将对象点进行合并。

81 选择对象,如图 3-2-82 所示的边,配合【Shift】+鼠标右键,选择【Extrude Edge】(挤压边)命令,选取边线进行挤压并移动到最终位置。然后框选红圈内编辑点,配合【Shift】+鼠标右键,选择【Merge Vertices】(合并顶点)/【Merge Vertices to Center】(合并到中心点)命令,将对象点进行合并。

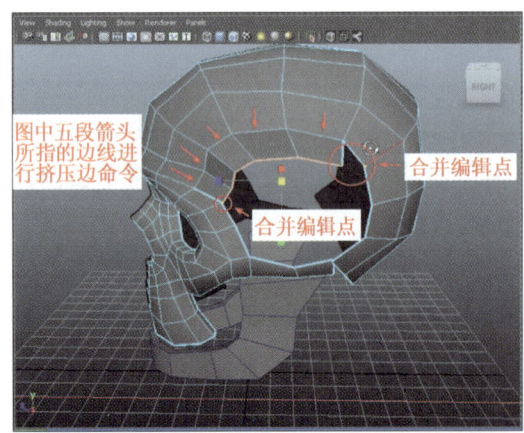

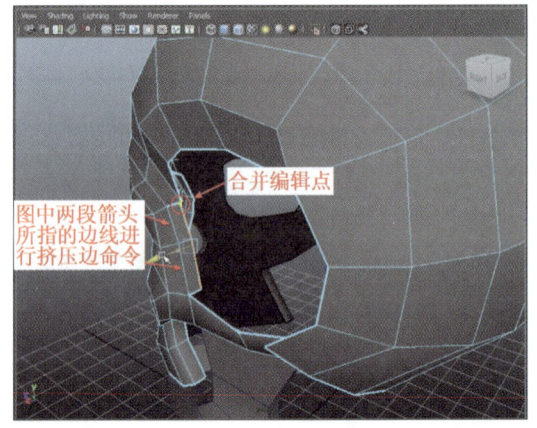

图 3-2-81   图 3-2-82

82 选择对象,如图 3-2-83 所示的边,配合【Shift】+鼠标右键,选择【Extrude Edge】(挤压边)命令,选取边线进行挤压并移动到最终位置。然后框选红圈内编辑点,配合【Shift】+鼠标右键,选择【Merge Vertices】(合并顶点)/【Merge Vertices to Center】(合并到中心点)命令,将对象点进行合并。

83 选择对象,选取编辑点状态,配合【O】+鼠标中键框选多个编辑点进行手动编辑点位置及形状,如图 3-2-84 所示。

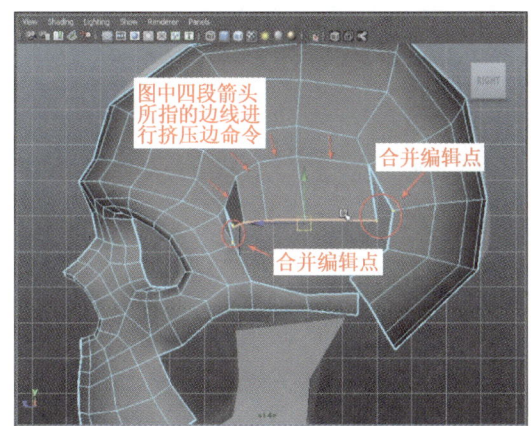

图 3-2-83

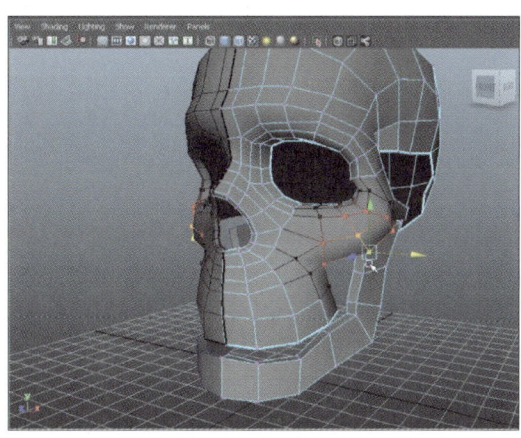

图 3-2-84

84 选择对象,选取编辑点状态,配合【O】+鼠标中键框选多个编辑点进行手动编辑点位置及形状,如图 3-2-85 所示。

85 选择对象,选取编辑点状态,配合【O】+鼠标中键框选多个编辑点进行手动编辑点位置及形状,如图 3-2-86 所示。

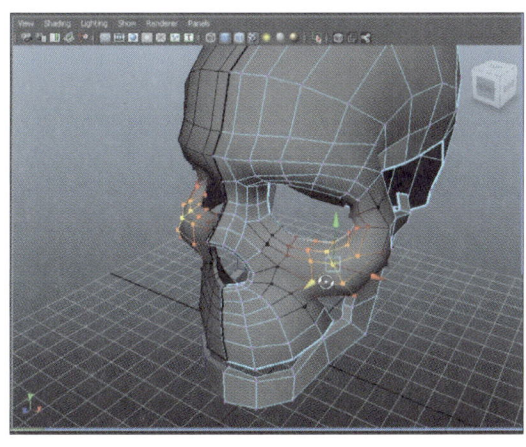

图 3-2-85

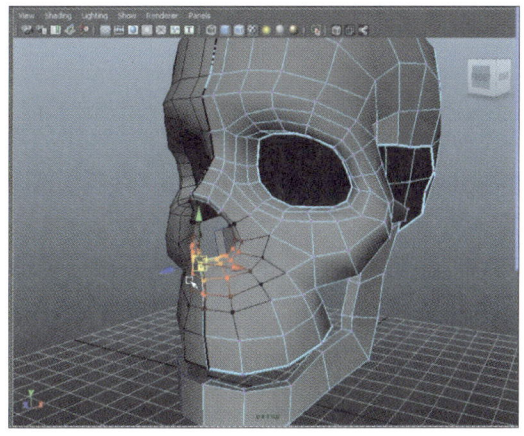

图 3-2-86

86 选择对象,选取菜单栏【Edit Mesh】/【Insert Edge Loop Tool】(环形边工具)命令,对其添加边线,如图 3-2-87 所示。

87 选择对象,如图 3-2-88 所示的边,配合【Shift】+鼠标右键,选择【Extrude Edge】(挤压边)命令,选取边线进行挤压并移动到最终位置。

88 配合【Shift】+鼠标右键,选择【Merge Vertices】(合并顶点)/【Merge Vertices to Center】(合并到中心点)命令,将对象点进行合并,如图 3-2-89 所示。

89 选择对象,如图 3-2-90 所示的边,配合【Shift】+鼠标右键,选择【Extrude Edge】(挤压边)命令,选取边线进行挤压并移动到最终位置。

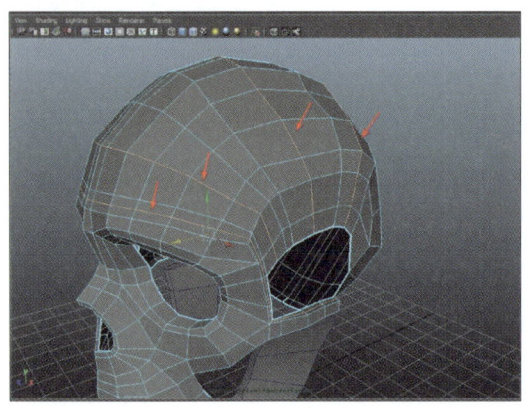

图 3-2-87

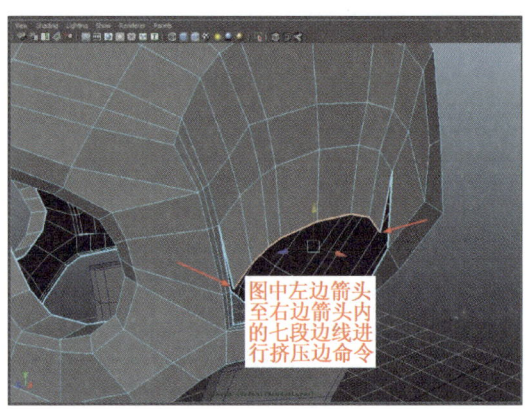

图中左边箭头
至右边箭头内
的七段边线进
行挤压边命令

图 3-2-88

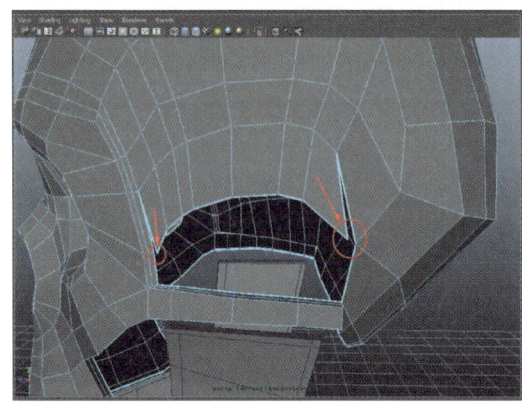

图 3-2-89

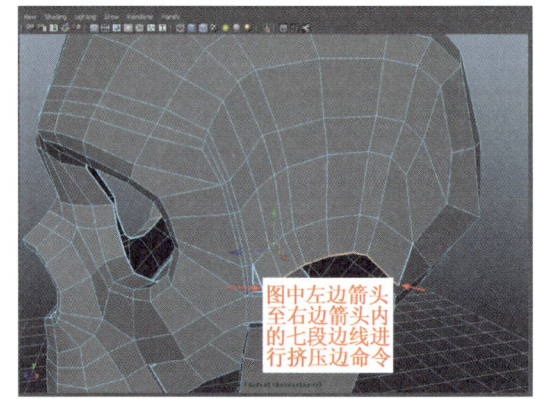

图中左边箭头
至右边箭头内
的七段边线进
行挤压边命令

图 3-2-90

90 配合【Shift】＋鼠标右键，选择【Merge Vertices】(合并顶点)/【Merge Vertices to Center】(合并到中心点)命令，将对象点进行合并，如图 3-2-91 所示。

91 选择对象，选取菜单栏【Edit Mesh】/【Insert Edge Loop Tool】(环形边工具)命令，对其添加边线，如图 3-2-92 所示。

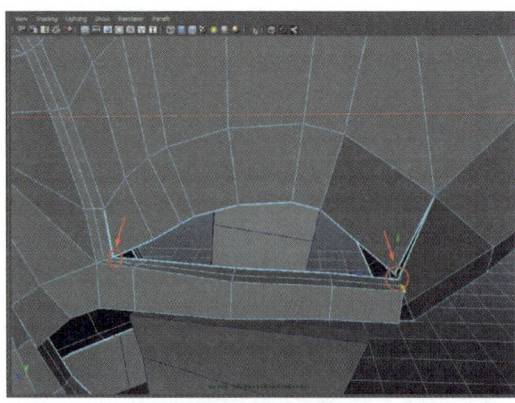

图 3-2-91

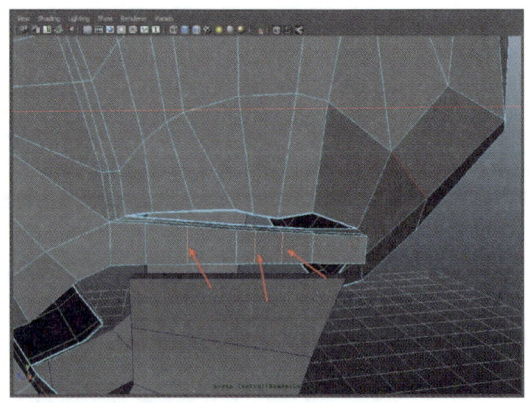

图 3-2-92

92 配合【Shift】＋鼠标右键,选择【Merge Vertices】(合并顶点)/【Merge Vertices to Center】(合并到中心点)命令,将对象点进行合并,如图 3-2-93 所示。

93 选择对象,选取菜单栏【Edit Mesh】/【Insert Edge Loop Tool】(环形边工具)命令,对其添加边线,如图 3-2-94 所示。

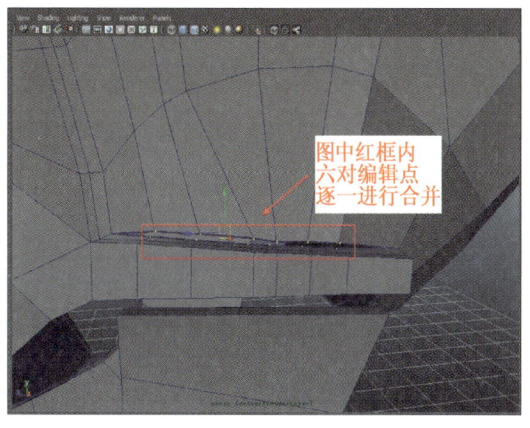

图 3-2-93

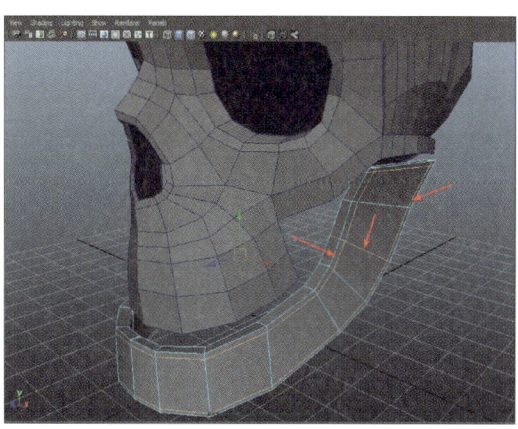

图 3-2-94

94 选择对象,选取编辑点状态,配合【O】＋鼠标中键框选多个编辑点进行手动编辑点位置及形状,如图 3-2-95 所示。

95 可以多次用编辑点及添加边线命令对对象进行多次的形状调整编辑,将对象的形状调整到最佳外观,如图 3-2-96 所示。

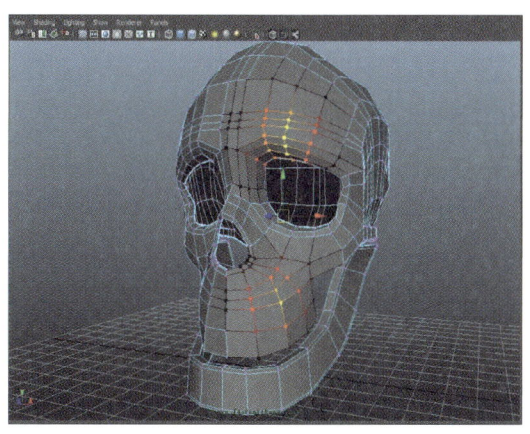

图 3-2-95

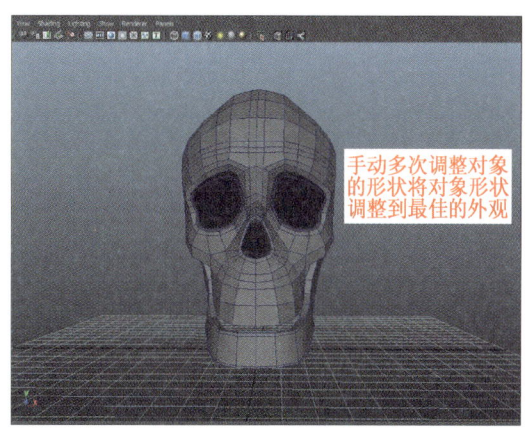

图 3-2-96

任务 3-2-5 OCC 图渲染

96 选择【Polygons】(多边形选项卡)/按■按钮,创建三个平面,用于之后的渲染,如图 3-2-97 所示。

97 选择对象及创建的三个平面,在右面显示层栏目内,如图 3-2-98 红框内所示选择渲染通道,并新建新渲染层。

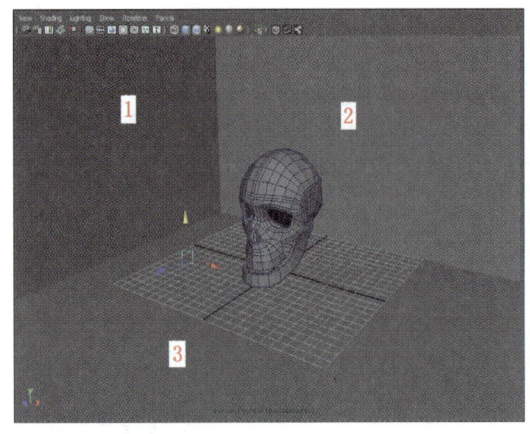

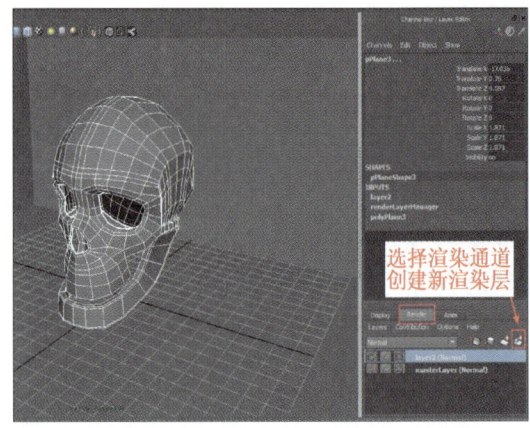

图 3-2-97   图 3-2-98

98 右键选择新建渲染层,在菜单中选择【Attributes】(属性)命令,如图 3-2-99 中所示选择【Presets】(预先调整)按钮,选择 Occlusion 渲染选项。

99 选择对象,配合【3】键将对象进行圆滑处理命令,从各个角度检查对象形状圆滑程度,在渲染前手动对其调整,如图 3-2-100 所示。

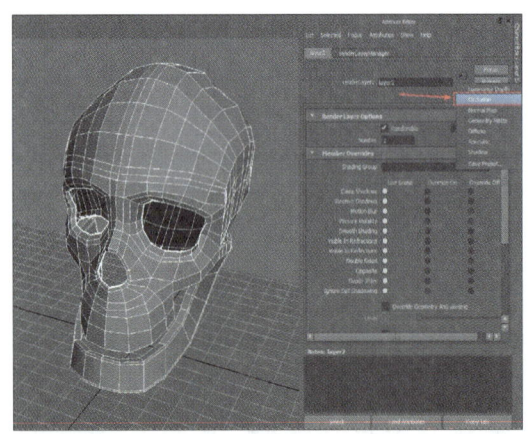

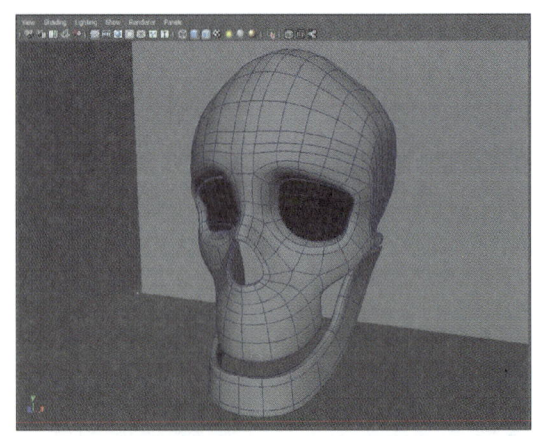

图 3-2-99   图 3-2-100

100 选取对象,选取在菜单栏中■(渲染属性)按钮,如图 3-2-101 所示调整渲染器类型及参数。将所有渲染参数设置完成后保存确定选项,最后选取菜单栏中■(渲染)按钮,将对象进行渲染。

101 渲染完成后保存渲染效果图类型及保存位置,最终效果图及成品,如图 3-2-102 所示。

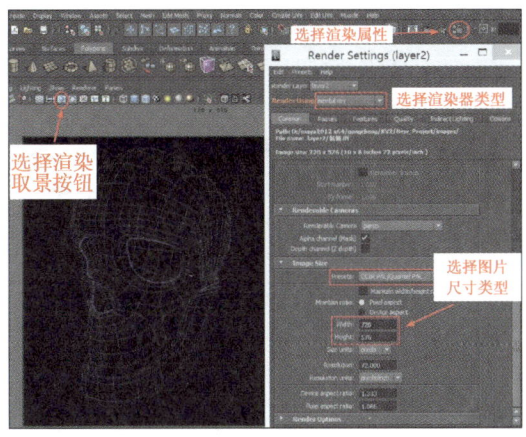

图 3-2-101

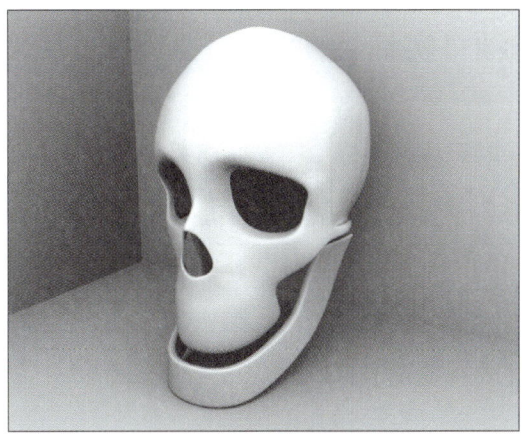

图 3-2-102

技能与相关知识

多边形建模简介

MAYA 的模型系统一共有三种建模方式,最常用的就是 Polygon,它的本质就是利用点、边、面来构造多边形物体。而这种建模技术的操作方式就是直接对多边形物体上的点、边、面进行空间上的移动,由此达到造型目的,复杂的角色也是通过简单的点、边、面等基本元素拼合构造而成。

MAYA 中的 Polygon 建模方式包含了一系列丰富、强大、实用的工具,足够进行最严密、最精致的模型创作。

游戏软件的设计主要依赖于 Polygon 技术,它的结构非常简单,用最精简的线条就能勾画出模型的体态和全套装置。

拓展训练

制作如图 3-2-103 所示的外星人头像。

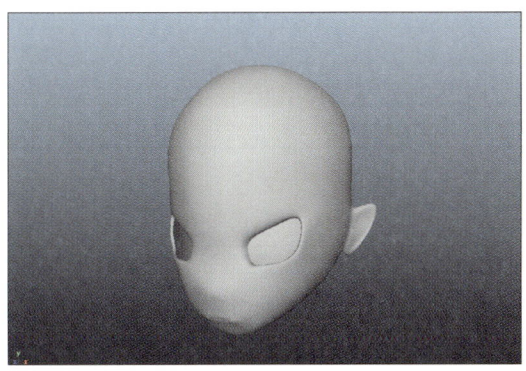

图 3-2-103

项目实训 | 场景制作

【项目描述】

在这个项目中,我们再添加一个玩具模型——一艘帆船,帆船的制作较为复杂,如图3-2-104所示。

【项目要求】

1. 场景比例合理。
2. 准确性。
3. 布线合理。

图 3-2-104

【项目提示】

1. 根据样张制作,线的制作可用圆柱体曲线拉伸。
2. 运用【Polygons】创建船体。

【项目评价】

表 3-1 项目实训评价表

内　　　　容		评　价		
学习目标	评价项目	3	2	1
使用软件设计整个模型	模型比例			
	美观			
设计丰富的元素	一致性			
	布线工整			
	复杂性			
通用能力	创新能力			
	排版设计能力			
综合评价				

注: "职业能力" 位于前五行, "通用能力" 位于后两行

表 3-2 评价等级说明表

等　　级	说　　明
3	能高质、高效地完成此学习目标的全部内容,并能解决遇到的特殊问题
2	能高质、高效地完成此学习目标的全部内容
1	能圆满完成此学习目标的全部内容,不需任何帮助和指导

项目四 材 质 组

所谓的材质组,就是将建模组的模型赋予材质,使其画面效果与真实效果接近,此次任务分配中,由于材质组的量比较多,我们列举一些有代表性的材质效果。因为动画场景中,有介绍小孩起床后吃的东西是黄瓜,还有画国画等,所以在这里我们简单介绍黄瓜程序纹理贴图、饮料、国画效果等的制作。

任务一　程序纹理贴图

纹理贴图就是你做好了一个模型,为其赋予材质,使其看起来就像真实世界中的效果一样。这个过程就是为模型赋予材质(或纹理)的过程。

任务描述

小龚是材质组的负责人,此次任务中,几个较为突出的模型材质,也都是他本人制作。在这次任务中,小龚为了体现逼真的效果,在黄瓜的制作上,运用了程序纹理贴图的方法,效果如图 4-1-1 所示。

图 4-1-1

任务分析

在 MAYA 中,进行纹理贴图的方法,可以是程序贴图(如噪波,渐变,细胞等)也可以是位图文件。"材质编辑器"有创建和编辑材质以及贴图的功能。

方法与步骤

任务 4-1-1　赋予材质

01 打开 MAYA2014,选择【File】/【Open Scene】找到光盘根目录下,"单元二"/"任务二"文件夹里的"Cucumber_base. ma"文件,打开后的初始文件效果如图 4-1-2 所示。

📝 提示

初始文件已经将场景中的模型灯光都创建完毕,我们只需直接给予贴图即可。

02 打开材质编辑器，选择菜单【Window】/【Rendering Editors】/【Hypershade】，如图 4-1-3 所示。

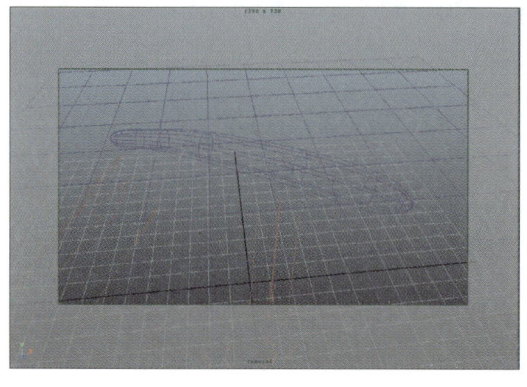

图 4-1-2   图 4-1-3

03 单击【Phong】材质球，这时【Phone1】材质球显示在【Work Area】（工作区域），选择场景中的黄瓜，右键材质球，选择【Assign Material To Selection】（赋予选中物体材质），将材质赋予给黄瓜，如图 4-1-4 所示。在场景中按【5】键，再按【7】键显示灯光预览效果。

04 选择状态栏上的按钮，打开【Rendering Setting】（渲染设置）窗口，将尺寸改为 640×480，设置后关闭对话框，如图 4-1-5 所示。

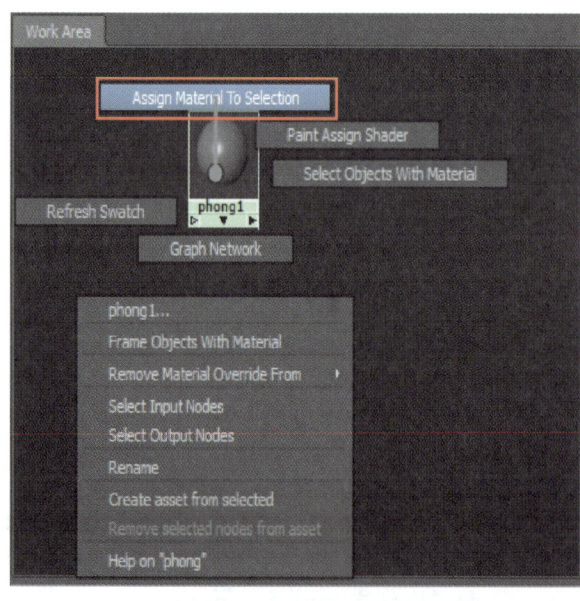
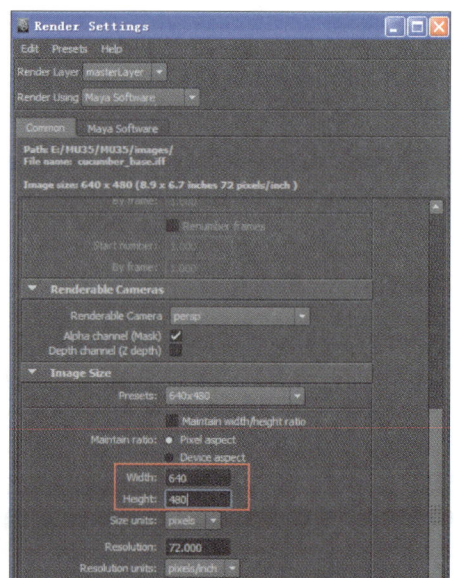

图 4-1-4   图 4-1-5

05 选择状态栏上的按钮（IPR）渲染，选择左上角的按钮，在渲染区域画框（只对改区域进行实时渲染效果），如图 4-1-6 所示。

IPR 渲染即为交互式真彩渲染技术。可以对场景所做的更改进行实时渲染,方便我们实时查看对照,但同时消耗的内存较高,读者请慎重使用。

IPR 有很多限制,所以只用作材质和灯光的粗调。IPR 不支持的内容:光线跟踪的反射、折射材质以及阴影、粒子系统、ED 运动模糊处理方式、抗锯齿渲染处理。需要强行手动刷新的内容:灯光使用的阴影贴图分辨率的改变、灯光的移动造成的阴影变化、灯光发光物质的光强可以显示有不同、材质发光效果与最终效果也会有差异。

06 在材质编辑器中,找到程序纹理并单击【Ramp】(渐变),这时在【Work Area】(工作区域)出现了纹理贴图,如图 4-1-7 所示。

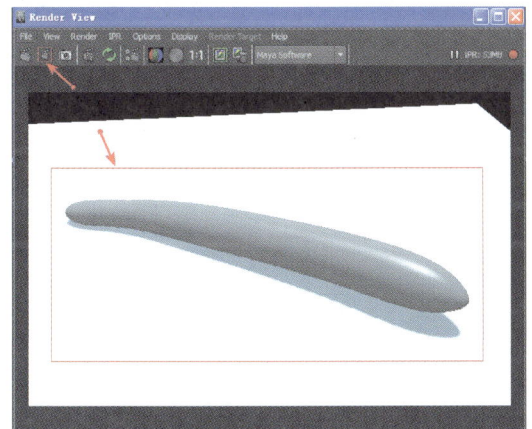
图 4-1-6

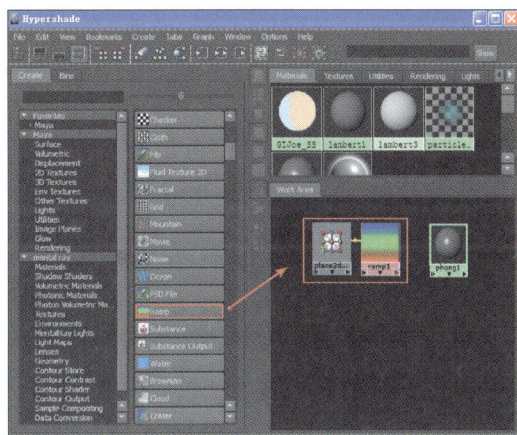
图 4-1-7

07 鼠标中键选择【Ramp1】,并拖动到旁边的【Phong1】材质球上,在弹出的菜单中,选择【Color】选项,如图 4-1-8 所示。

08 在右侧的【Ramp1】选项卡中,在【Type】类型中选择【U Ramp】,并调整下颜色(配合实时渲染窗口查看效果),如图 4-1-9 所示。

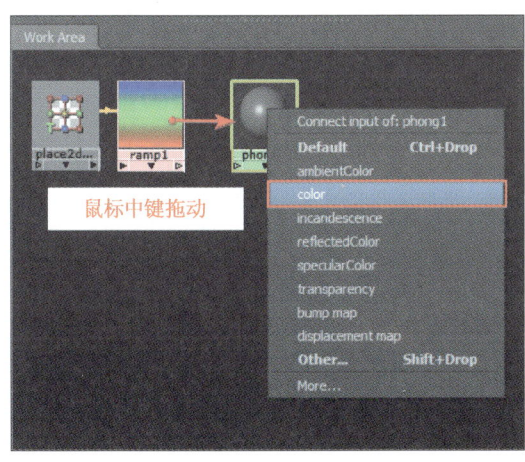

图 4-1-8

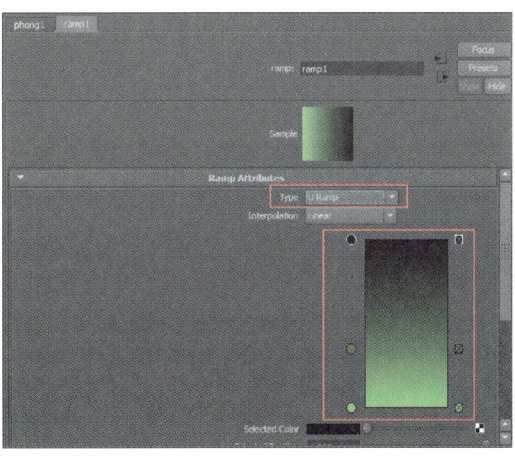
图 4-1-9

09 找到程序纹理并单击【Ramp】(渐变),这时在【Work Area】(工作区域)出现了第二个纹理贴图【Ramp2】,如图 4-1-10 所示。

10 在右侧的【Ramp2】选项卡中,将【Type】类型改为【U Ramp】,将【Interpolation】改为【Smooth】,并将渐变色改为"黑—白—黑",如图 4-1-11 所示。

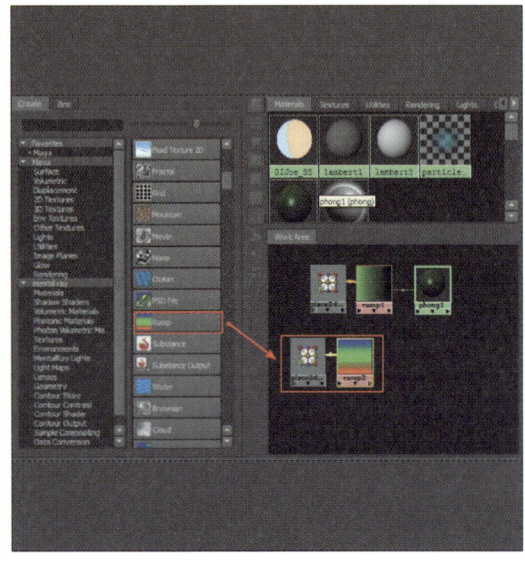

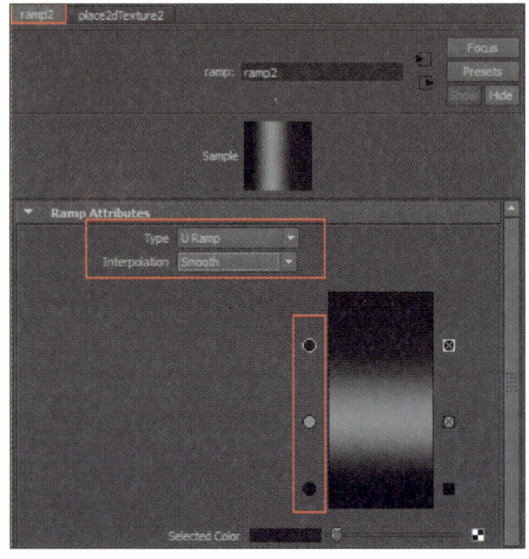

图 4-1-10 图 4-1-11

11 在【Hypershade】的材质编辑器中,中间选择【Ramp2】程序纹理,并拖动到【Phong1】材质球上,在弹出的菜单栏中选择【Bump Map】,如图 4-1-12 所示。

12 第三次创建程序纹理,【Ramp】(渐变)这时在【Work Area】(工作区域)出现了第三个纹理贴图【Ramp3】,如图 4-1-13 所示。

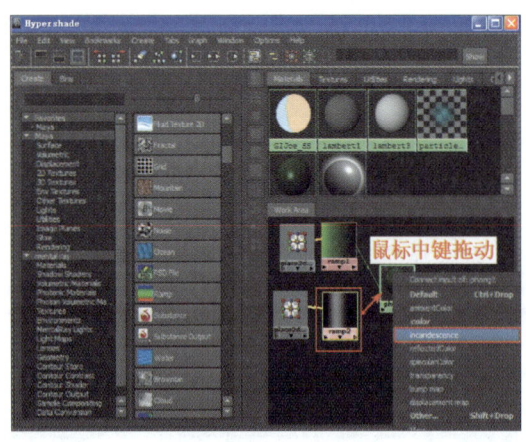

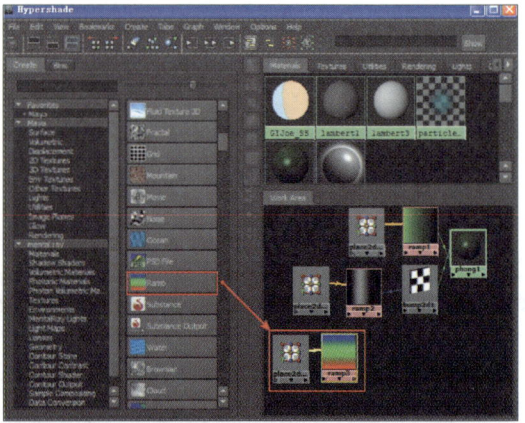

图 4-1-12 图 4-1-13

13 选择新建立的【Ramp3】,在右侧的【Ramp3】选项卡中,将颜色设置为"黑—白—

黑",如图 4-1-14 所示。

14 在控制面板中选择旁边的【Place2d Texture3】节点纹理选项卡,将【Repeat UV】的第二个参数设置为 14,如图 4-1-15 所示。

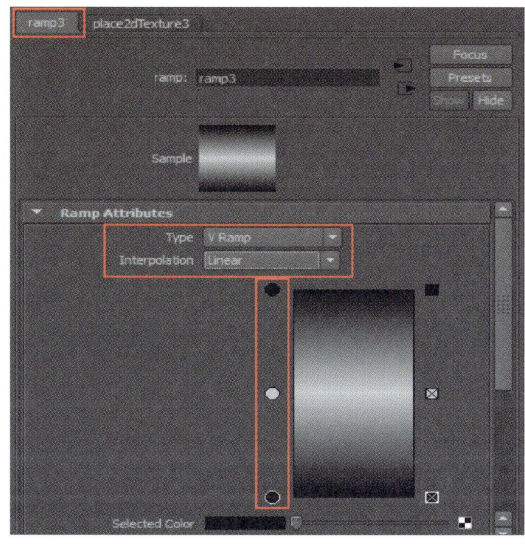
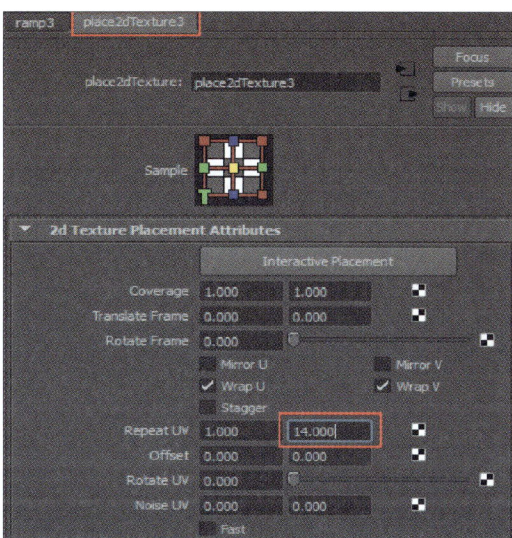

图 4-1-14 图 4-1-15

15 在【Hypershade】的材质编辑器中,选择【Ramp2】程序纹理,在右侧的【Ramp2】选项卡中,选择中间白色的颜色(使其在激活状态),鼠标中间选择【Hypershade】中的【Ramp3】拖动到右边的【Ramp2】选项卡中的【Selected Color】,具体操作步骤如图 4-1-16 所示。

16 查看实时渲染窗口中"黄瓜"的效果,如图 4-1-17 所示出现了凹凸的纹理效果。

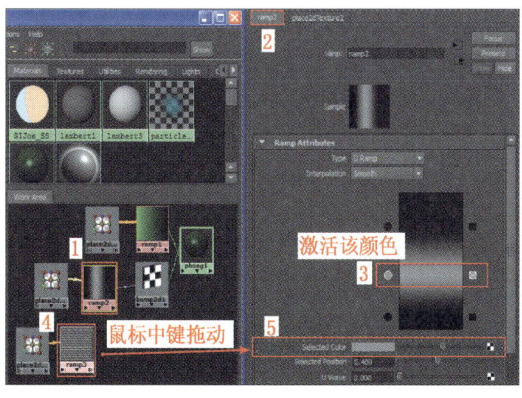

图 4-1-16 图 4-1-17

17 第四次创建程序纹理,【Ramp】(渐变)这时在【Work Area】(工作区域)出现了第四个纹理贴图【Ramp4】,如图 4-1-18 所示。

18 选择新建立的【Ramp4】,在右侧的【Ramp4】选项卡中,将颜色设置为"黑一白一

137

黑",并设置【Noise】和【Noise Freq】参数,如图4-1-19所示。

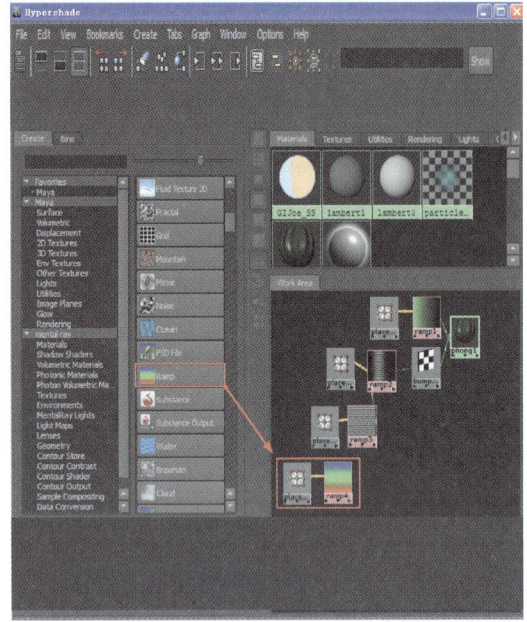

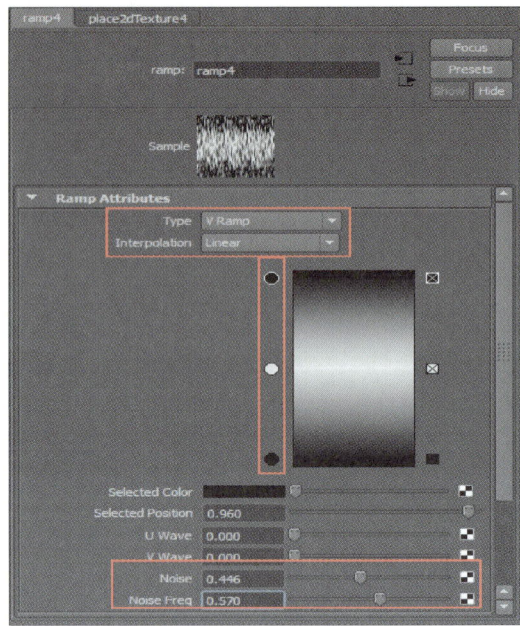

图 4-1-18　　　　　　　　　　　　　图 4-1-19

19▶ 在控制面板中选择右边的【Place2d Texture4】节点纹理选项卡,将【Repeat UV】的两个参数设置为6,6,如图4-1-20所示。

20▶ 在【Hypershade】的材质编辑器中,选择【Ramp3】程序纹理,在右侧的【Ramp3】选项卡中,选择中间白色的颜色(使其在激活状态),鼠标中间选择【Hypershade】中的【Ramp4】拖动到右边的【Ramp3】选项卡中的【Selected Color】,具体操作步骤如图4-1-21所示。

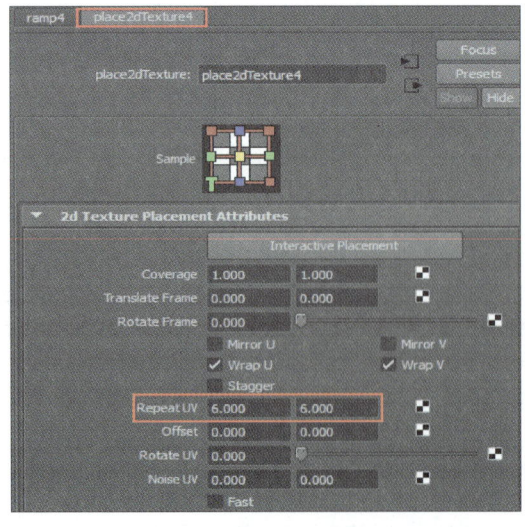

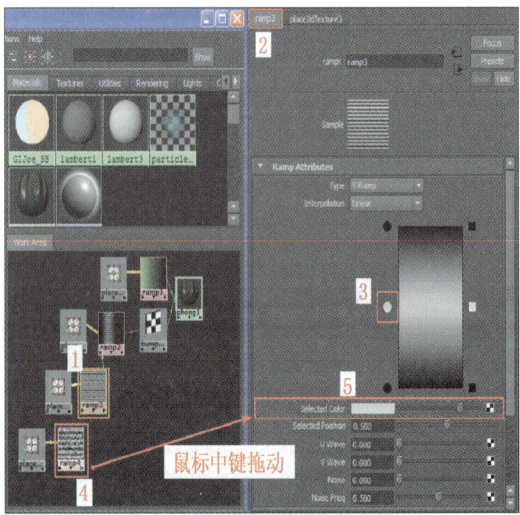

图 4-1-20　　　　　　　　　　　　　图 4-1-21

任务 4-1-2 程序纹理贴图渲染

21 查看实时渲染窗口中"黄瓜"的效果,如图 4-1-22 所示出现了复杂凹凸的纹理效果。

22 最后选择█按钮,打开渲染对话框,将尺寸设置为"1280×720",如图 4-1-23 所示。

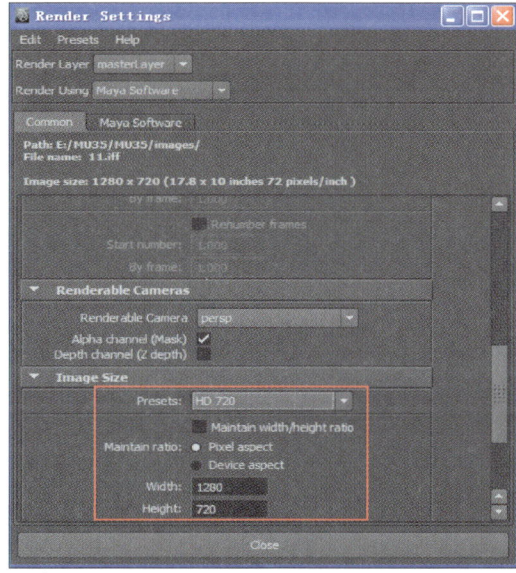

图 4-1-22   图 4-1-23

23 单击按钮█,进行渲染,最终效果如图 4-1-24 所示。

图 4-1-24

技能与相关知识

材质的基本概念

材质指的是物体自身材料所决定的一种质感表现。例如,我们很容易根据质感来区分黑色的"棉布"和"皮革",或者白色的"塑料"和"纸张",因为他们的质感截然不同。而纹理是物体在基本质感上表现出来的更加丰富的表面特性,是依附在"质感"这个基本性质上的表层属性,例如,树木的木纹、染上各种图案的布料等。简单地说,纹理就是附着在材质表面上的物体的外在特性。

节点介绍

- Blinne 材质
- Anisotropic(各向异性)材质
- Lambert 材质
- Layer Shader(层级)材质
- Ocean Shader(海洋)材质
- Phong 材质
- Phong E 材质
- Ramp Shader(渐变)材质
- Shading Map 材质
- Surface Shader 材质
- Use Background(使用背景)材质

拓展训练

制作如图 4-1-25 所示的程序纹理贴图效果。

图 4-1-25

任务二 玻 璃 和 水

玻璃是一种透明的固体物质,在熔融时形成连续网络结构,冷却过程中黏度逐渐增大并硬化而不结晶的硅酸盐类非金属材料。水(化学式:H_2O)是由氢、氧两种元素组成的无机物。

任务描述

在给予玻璃和水的材质时,小龚,并没有将水给予一般的透明色,而是增加了红色,丰富了画面,效果如图 4-2-1 所示。

图 4-2-1

任务分析

在这个任务中需要用到焦散效果,焦散效果通常有两种表现方式:一种是由折射产生,另一种是由反射产生,本任务中主要介绍 Mental Ray 的 Caustices(焦散)效果的制作方法。具体制作如下所示。

方法与步骤

任务 4-2-1　创建摄像机

01▶ 打开 MAYA2014,选择【File】/【Open Scene】找到光盘根目录下,"单元二"/"任务六"文件夹里的"Caustics_base.mb"文件,打开后的初始文件效果如图 4-2-2 所示。

02▶ 选择菜单【Window】/【Setting/Preferences】/【Plug-in Manager】,在打开的对话框中将【Mayatomr.mll】后的【Loaded】、【Auto load】的两个钩都勾上,如图 4-2-3 所示。

图 4-2-2

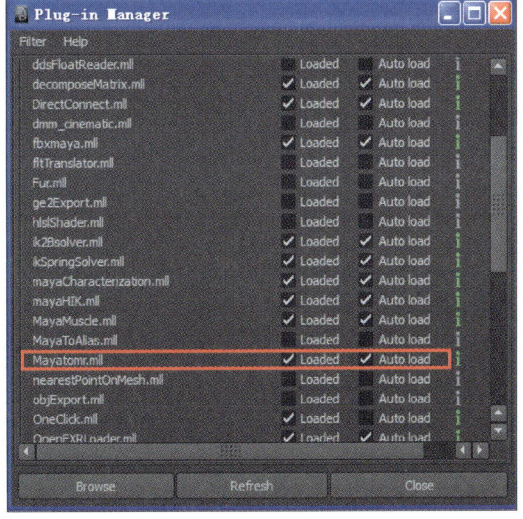

图 4-2-3

03 选择按钮 ,打开渲染设置窗口,在【Render Using】选项卡中选择【Mental Ray】渲染,在【Quality】(质量)选项卡下将【Quality Presets】的设置为【Production】(产品级),在下方的【Raytracing】(光线跟踪)选项卡中,勾选【Raytracing】,如图4-2-4所示。

04 选择菜单【Create】/【Cameras】/【Camera】,创建摄像机,选择舞台上方的菜单【Panels】\【Look Through Selected】来创建摄像机的位置。如图4-2-5所示。

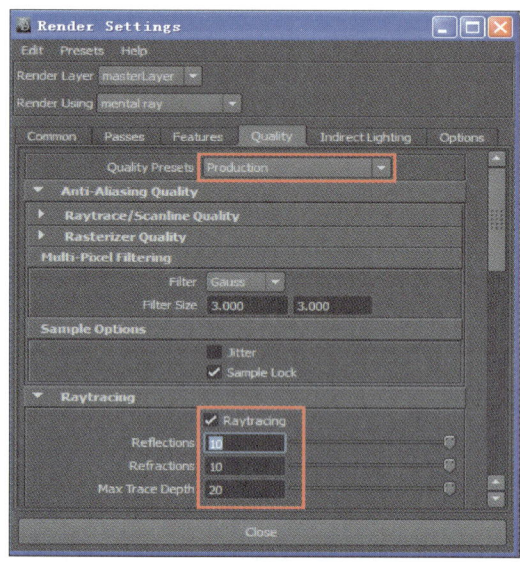

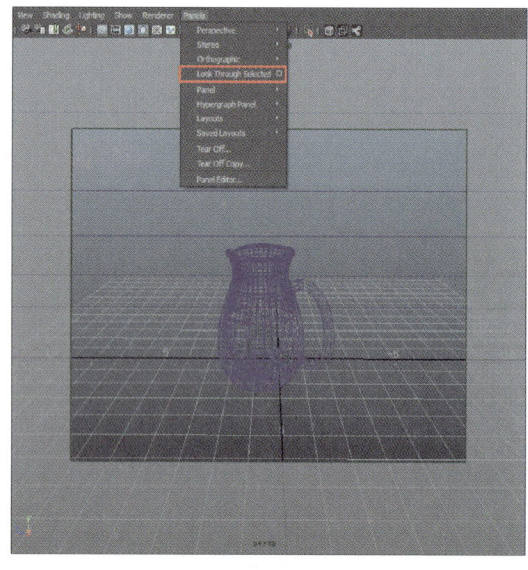

图 4-2-4

图 4-2-5

05 摄像机的具体位置如图4-2-6所示。

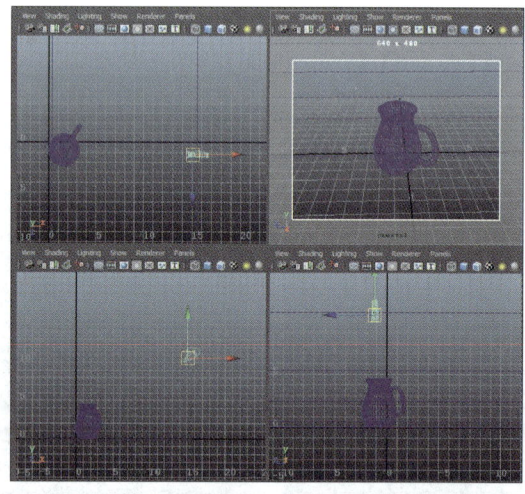

图 4-2-6

任务 4-2-2 玻璃材质

06 选择【Window】/【Rendering Editor】/【Hypershade】,打开材质编辑器,选择【Mental Ray】中的材质球【Dielectric_material】，如图 4-2-7 所示。

07 选择玻璃杯身和把手,将右键材质球【Dielectric_material】,选择【Assign Material to Selection】,将材质赋予它们,如图 4-2-8 所示。

08 点击渲染按钮,查看效果,如图4-2-9 所示,我们可以看到高光部分并不理想。

09 双击刚才创建的材质球,打开右侧的材质属性面板,将【Phong Coefficient】的值设置为 100,并勾选【Ignore Normals】(法线反转),如图 4-2-10 所示。

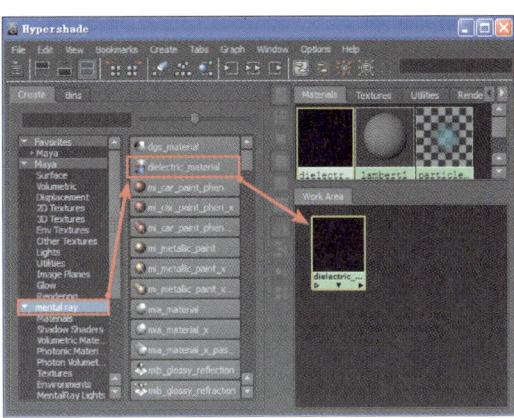

图 4-2-7

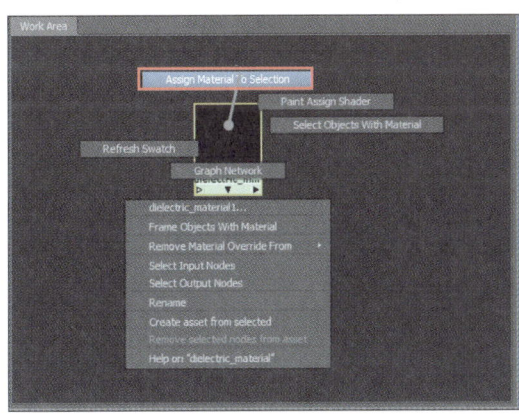

图 4-2-8

图 4-2-9

10 点击渲染按钮,查看渲染效果,这时的高光效果比较满意了,如图 4-2-11 所示。

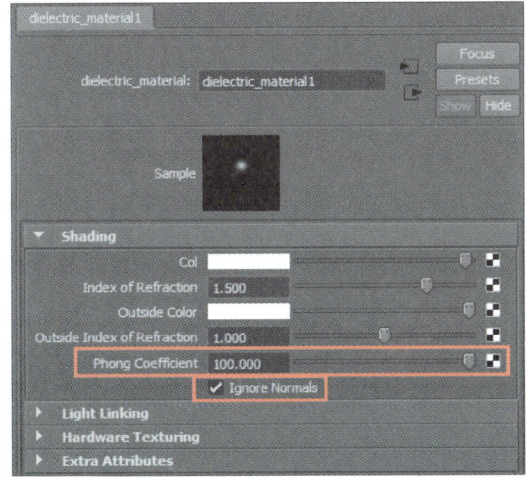

图 4-2-10

图 4-2-11

11 打开材质编辑器,选择【Mental Ray】中的材质球【Dielectric_material】,并将其材质赋予场景中的水,如图 4-2-12 所示。

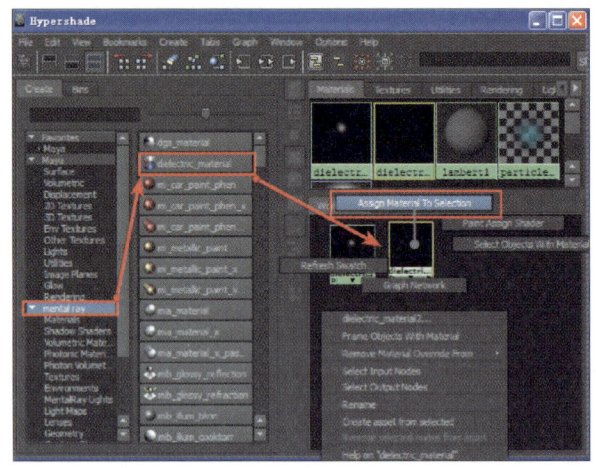

图 4-2-12

12 双击水的材质球,在右侧打开的材质属性面板中,将【Color】的颜色设置为红色,【Index of Refraction】(折射率)设置为 1.333,【Phong Coefficient】的值设置为 100,如图 4-2-13 所示。

13 选择渲染按钮,查看效果,如图 4-2-14 所示。

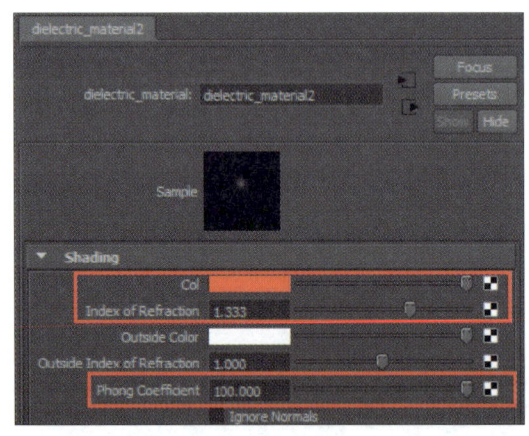

图 4-2-13

图 4-2-14

📝 提示

伴随折射率的不同焦散,效果也会发生明显的变化,要达到最佳效果及逼真程度,就要对不同的物体采用不同的折射率,物理学中的折射率参考表 4-1 所示。

表4-1　　　　　　　　　　　折射率参考表

介　质	折射率	介　质	折射率
真空	1.000	绿宝石	1.570
空气	1.0003	青金石	1.610
冰	1.309	黄玉	1.610
水	1.333	石英	1.644
乙醇	1.360	红宝石	1.770
酒精	1.390	蓝宝石	1.770
萤石	1.434	水晶	2.000
糖溶液(80%)	1.490	钻石	2.417
玻璃	1.500	氧化铬	2.71
氯化钠	1.530	碘晶体	3.340

任务4-2-4　创建灯光

14 创建灯光，选择【Create】/【Lights】/【Spot Light】(聚光灯)，具体位置如图4-2-15所示。

15 选中灯光，按【Ctrl】+【A】键在右侧的灯光属性面板中将【Intensity】(强度)值设置为1.2，【Penumbra Angle】的值设置为10，如图4-2-16所示。

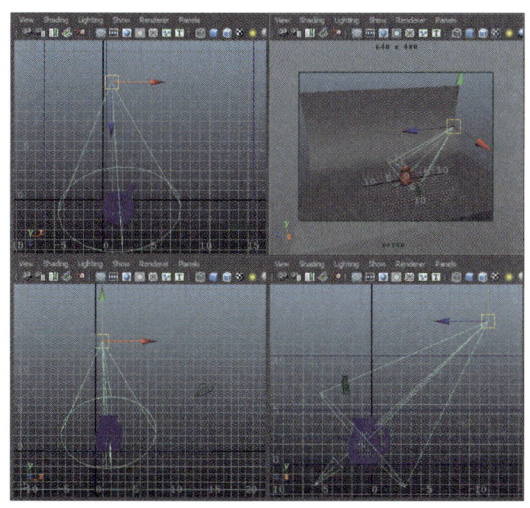

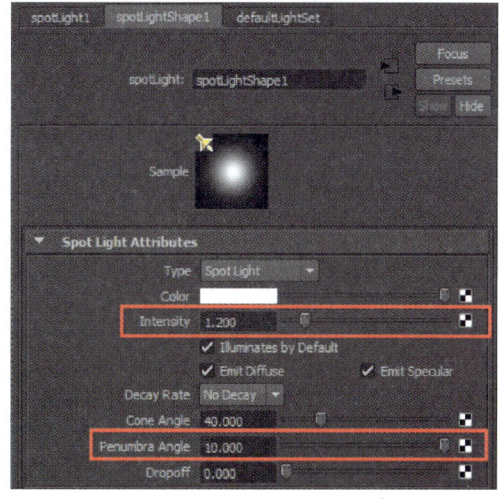

图4-2-15　　　　　　　　　　图4-2-16

16 在【Shadows】(阴影)选项卡下，将【Raytrace Shadow Attributes】栏中的【Use Ray Trace Shadows】的钩勾上，并设置【Light Radius】的值为2，【Shadow Rays】的值为10，如图4-2-17所示。

17 创建辅助光,选择【Create】/【Lights】/【Point Light】(点光源),具体位置如图 4-2-18所示。

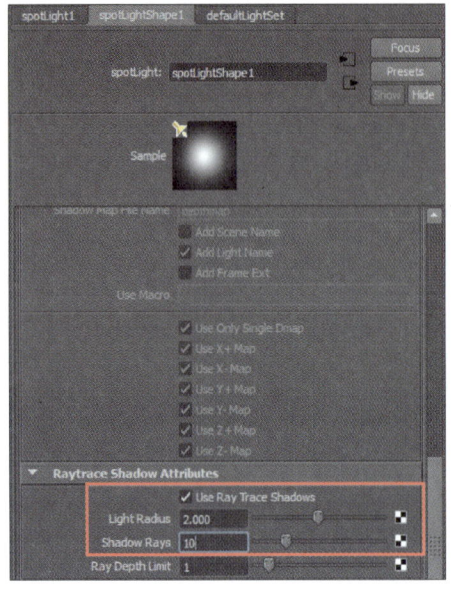

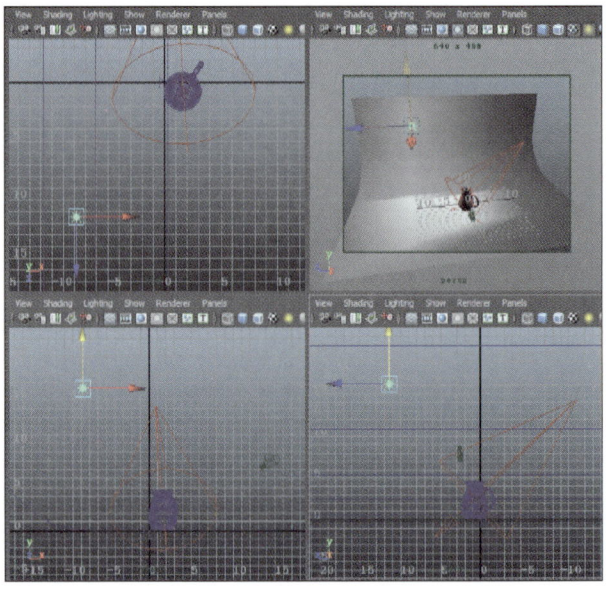

图 4-2-17   图 4-2-18

18 渲染场景,如图 4-2-19 所示。

19 选择【Create】/【Lights】/【Point Light】(点光源),创建第二盏辅助光,具体位置如图 4-2-20 所示。

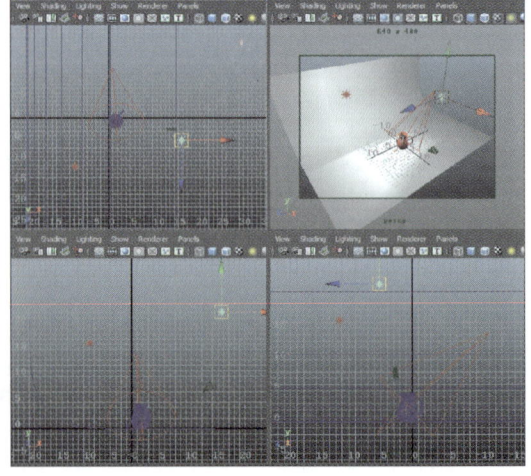

图 4-2-19   图 4-2-20

20 选择第二盏灯,按【Ctrl】+【A】键打开灯光属性面板,在【Point Light Attributes】选项卡下的【Intensity】(强度)值改为:0.6,如图 4-2-21 所示。

21 再次选择渲染按钮,查看效果,如图 4-2-22 所示,整个场景比较亮了。

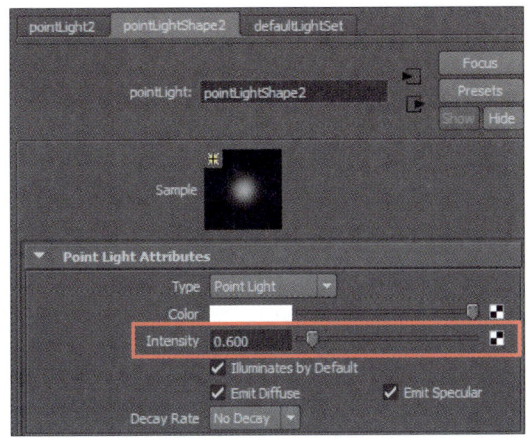

图 4-2-21　　　　　　　　　　　　　　图 4-2-22

任务 4-2-5　焦散效果制作

22 选择第一盏灯【Spot Light】(聚光灯),按【Ctrl】+【A】键,打开灯光属性面板,在右侧的【Caustic and Global Illumination】中将【Emit Photons】的钩勾上,如图 4-2-23 所示。

23 点击按钮,打开渲染设置对话框,在【Indirect Lighting】选项卡中,将【Global Illumination】栏下的【Global Illumination】和【Caustics】的钩都勾上,如图 4-2-24 所示。

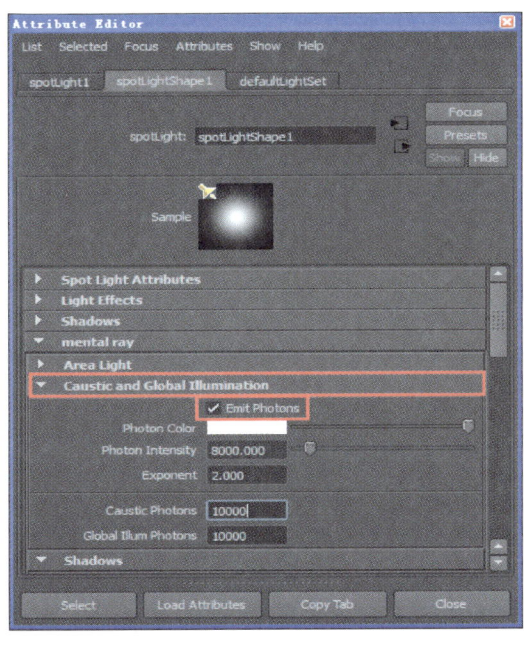

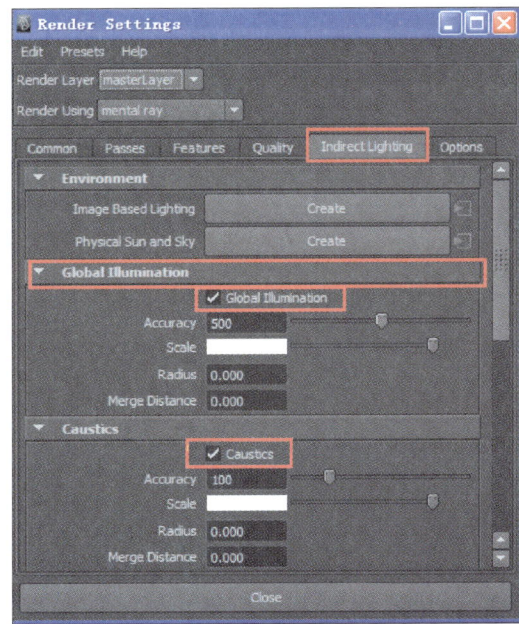

图 4-2-23　　　　　　　　　　　　　　图 4-2-24

24 渲染查看效果,如图 4-2-25 所示,我们可以明显地看到光透过玻璃照射到地面有了焦散的效果。

25 接下来我们来看下焦散的一些参数设置，会产生的不同效果。在 4-2-25 所示的图中，焦散效果其实并不理想，我们通过来修改一些参数，得到不同的效果，具体参数设置如图 4-2-26 所示。

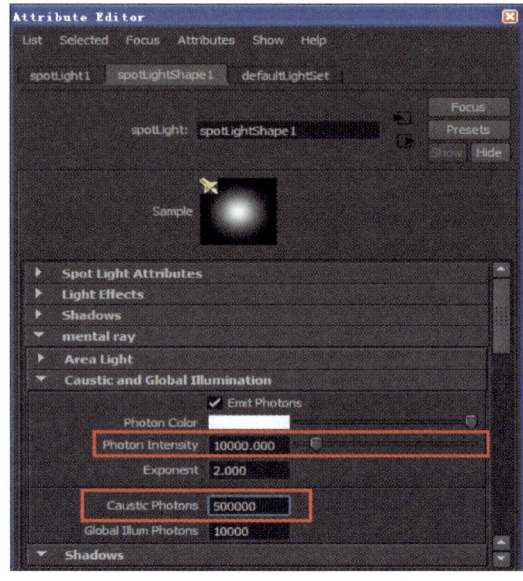

图 4-2-25   图 4-2-26

26 再次选择渲染按钮，查看最终的渲染效果，如图 4-2-27 所示。

图 4-2-27

技能与相关知识

渲染的概念和应用

所谓渲染，即将三维场景中的矢量元素进行光影计算，最终转换为二维像素工程。

MAYA 中的渲染类型

1. 软件渲染。

软件渲染时 MAYA 中最常用的渲染方式,它有一组特殊的渲染命令,即 MAYA 批量渲染。批量渲染方式是以软件渲染方式来渲染动画序列的。

2. 硬件渲染。

硬件渲染主要用来实现一些特殊效果,例如粒子效果。可以简单地理解为依靠计算机的显示卡芯片的计算能力来进行渲染的,是一种粗糙的、临时性的渲染效果。

3. Mental Ray 渲染。

Mental Ray 渲染是 MAYA 4.5 版本引进的渲染方式。现已经被各种三维软件广泛使用。

拓展训练

制作如图 4-2-28 的水墨效果。

图 4-2-28

任务三 水 墨 虾

中国画中纯用水墨的画体。相传始于唐,成于宋,盛于元,明、清以来继续有所发展。以笔法为主导师,充分发挥墨法的功能,取得"水晕墨章"的艺术效果。在中国画史上占重要地位。

任务描述

在此次动画片制作的过程中,第三场景,小男孩绘制国画是一个重要的环节,为了体现国画的逼真水墨效果,小龚亲自上阵,调整材质,制作了如图 4-3-1 所示的水墨虾效果。

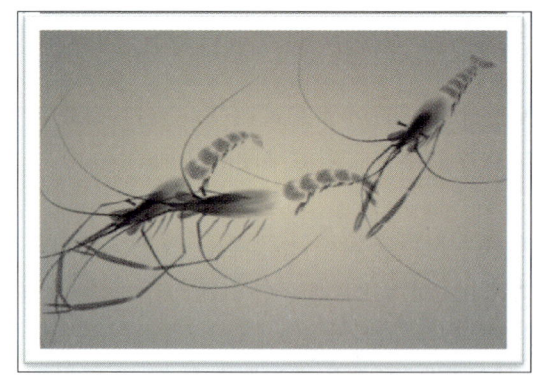

图 4-3-1

此次任务的重点和难点是过渡色材质的使用方法和水墨质感的调节。

任务 4-3-1　头部材质效果处理

01 打开 MAYA2014，选择【File】/【Open Scene】找到光盘根目录下，"单元二"/"任务三"文件夹里的"Wash Shrimp_base.mb"文件，打开后的初始文件效果如图 4-3-2 所示。

02 选择状态栏上的按钮■，打开【Rendering Setting】（渲染设置）窗口，将尺寸改为 640×399，设置后关闭对话框，如图 4-3-3 所示。

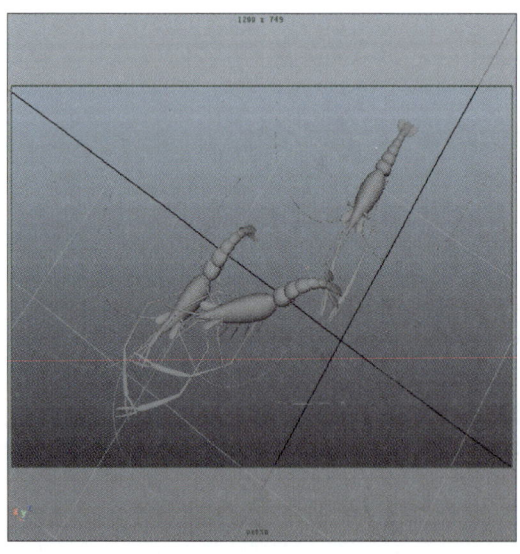

图 4-3-2

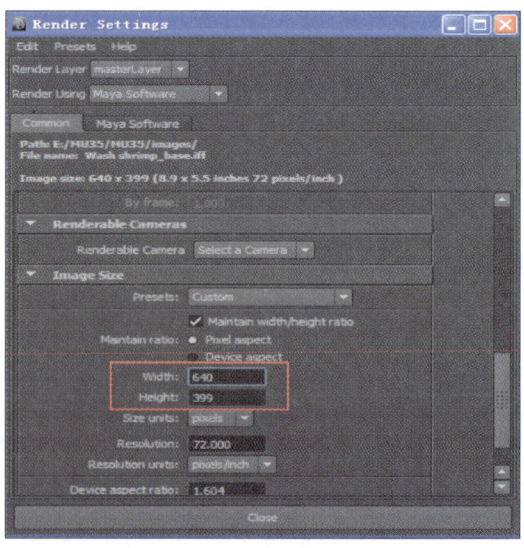

图 4-3-3

03 打开材质编辑器，选择菜单【Window】/【Rendering Editors】/【Hypershade】，如图 4-3-4 所示。

04 在材质编辑器中,创建一个【Ramp Shader】(过渡色材质),把材质赋予一只虾的头部,如图 4-3-5 所示。

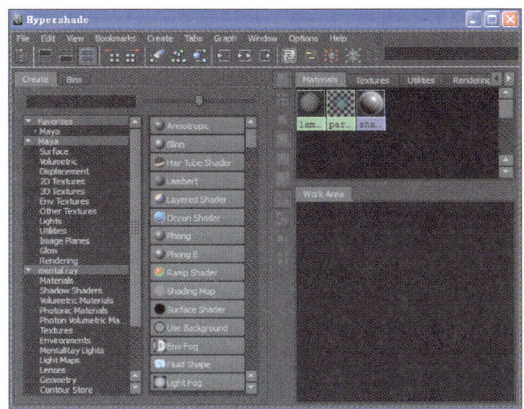
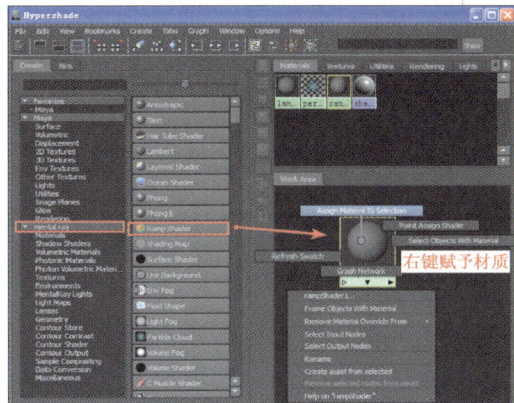

图 4-3-4   图 4-3-5

05 双击材质球【Ramp Shade1】,在右侧的面板中,在【Color】(颜色)选项卡下将【Select Color】(选择颜色)设置为黑色,如图 4-3-6 所示。

提示

观察虾的模型,虾的身体都是以 NURBS 的未封闭表面构成,虾足与前螯结构也很简单。NURBS 表面优势在于表面比较光滑,而且最重要的是 NURBS 表面 UV 的走势可以与国画毛笔绘画时的走势相同,更有利于表现水墨画笔触效果。

06 回到【Transparency】(透明)选项卡下,在右侧的渐变条内设置两个颜色控制点:左侧控制点的颜色改为白色,HSV 的值分别为:0,0,1。修改【Selected Position】(选择位置)为 0.150,如图 4-3-7 所示。

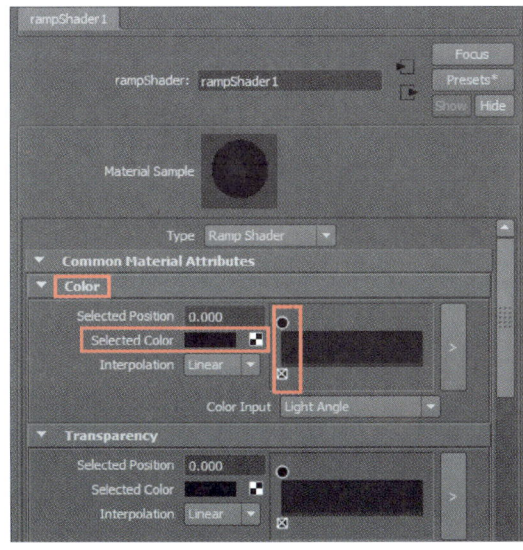
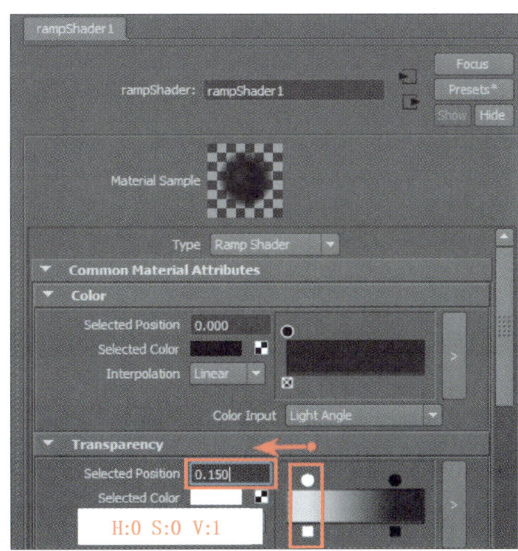

图 4-3-6   图 4-3-7

07 右侧控制点为黑色，HSV 的值分别为：0，0，0.3。修改【Selected Position】的位置为 0.8，如图 4-3-8 所示。

08 为了实现观察，需要对场景渲染测试，在渲染之前需要把渲染背景设为白色，按空格键切换到【Persp】视图，选择视图菜单【View】/【Select Camera】，如图 4-3-9 所示。

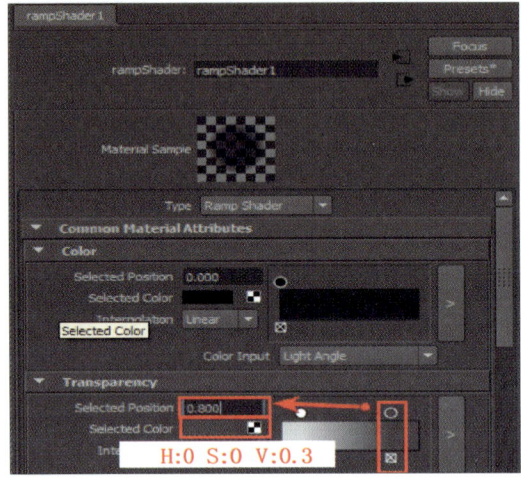

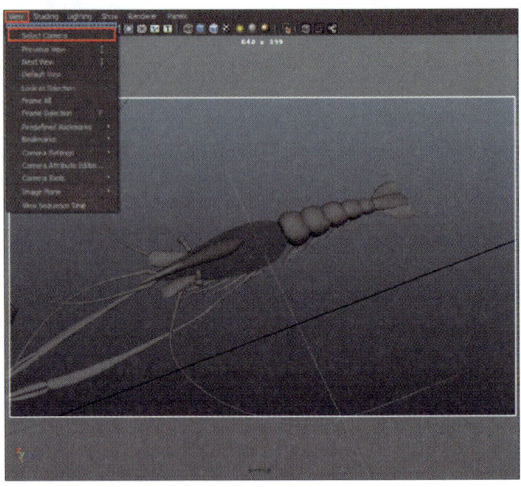

图 4-3-8   图 4-3-9

09 按【Ctrl】+【A】键，打开透视图摄像机的属性编辑器，打开【Environment】（环境栏），修改【Background Color】（背景颜色）为白色，如图 4-3-10 所示。

10 在透视图中选择一个合适的角度，选择渲染按钮，对场景进行渲染测试，如图 4-3-11 所示。

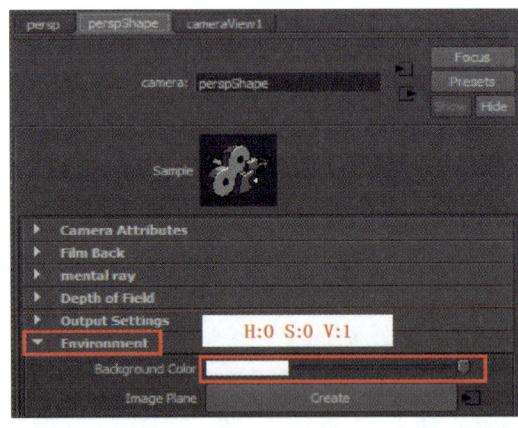

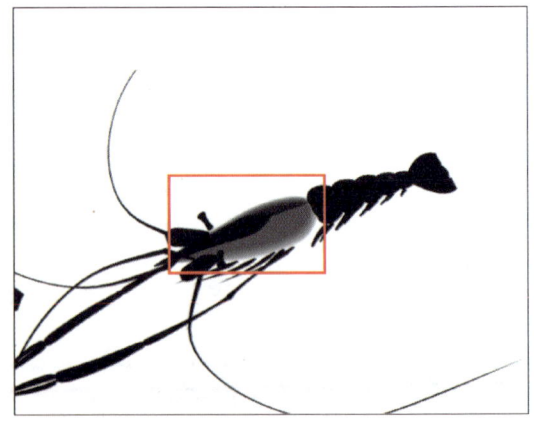

图 4-3-10   图 4-3-11

> **提示**
>
> 因为材质不需要灯光，渲染前要删除所有的灯光。渲染结果发现虾的头部材质有不协调的黑色，而且中间有一条生硬的边，这是因为 MAYA 默认是双面渲染的缘故，导致了不理想的渲染结果。

11 选择虾的头部模型,按【Ctrl】＋【A】键,在右侧打开属性编辑器,在【Render Stats】(渲染设置)选项卡下将【Double Sided】(双面)的钩去掉,如图 4-3-12 所示。

12 再次渲染,查看效果,如图 4-3-13 所示。

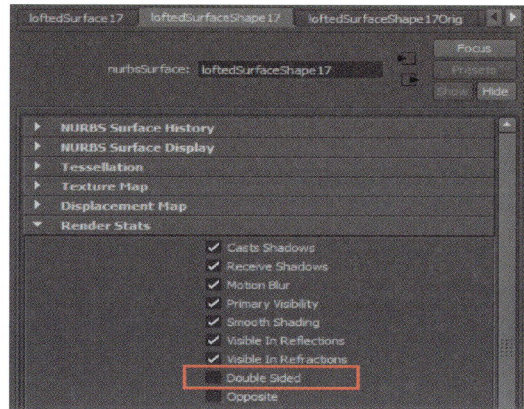

图 4-3-12

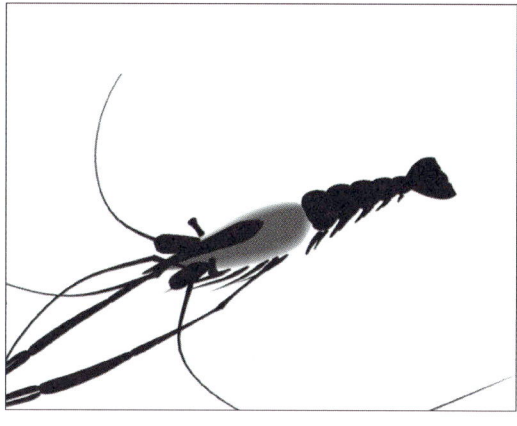

图 4-3-13

📝 提示

　　观察渲染效果,头部的黑色已经去掉,但过渡色过于均匀,而且变化单一,与实际的水墨效果不太符合,需要加入一些笔触效果以及虾头前后墨色的浓淡变化。

13 在材质编辑器中,新建一个【Noise】(噪点)节点,如图 4-3-14 所示。

14 双击材质编辑器中的【Ramp Shade1】,激活右边的控制面板,并点击下【Transparency】选项卡【Selected Color】右侧的黑色,使其激活状态,鼠标中键选择【Noise1】节点,并拖动到【Selected Color】上,如图 4-3-15 所示。

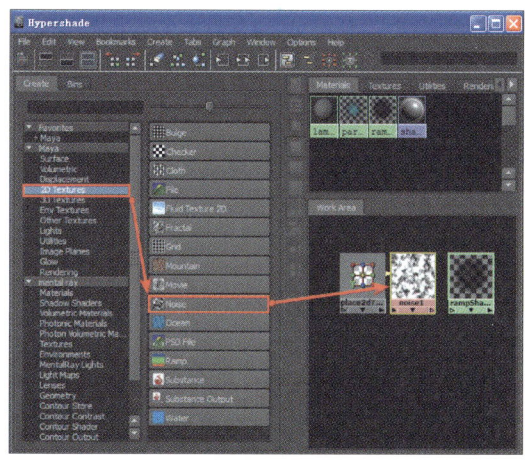

图 4-3-14

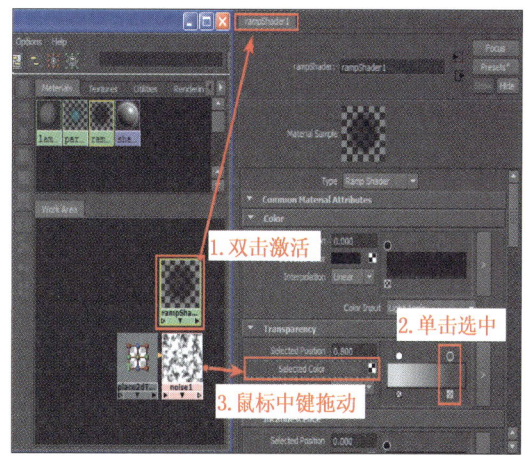

图 4-3-15

15 双击材质编辑器中的【Noise1】节点,在右侧控制面板中在【Noise Attributes】(噪点属性)选项卡下将【Threshold】(极限)的值改为 0.3,【Amplitude】(振幅)的值改为 0.370,

修改【Noise Type】(噪点类型)的类型为"SpaceTime"(间隔分布),再将【Effects】(效果)选项卡下的【Invert】(反转)的钩勾上,如图 4-3-16 所示。

16 进入【Noise1】几点的贴图坐标属性编辑器,修改【Repeat UV】中的 U 值为 0.4,如图 4-3-17 所示。

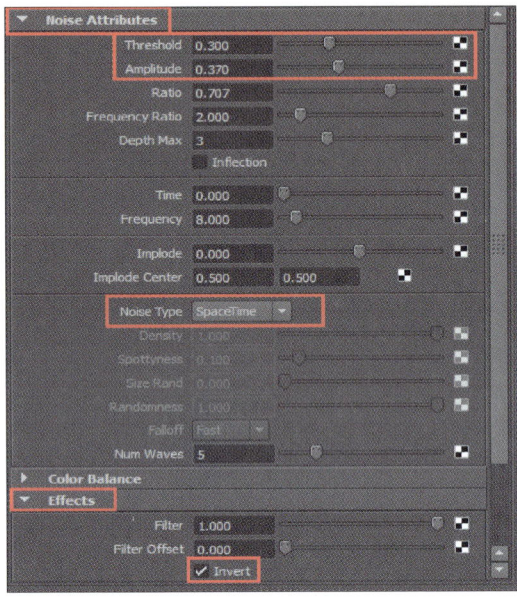

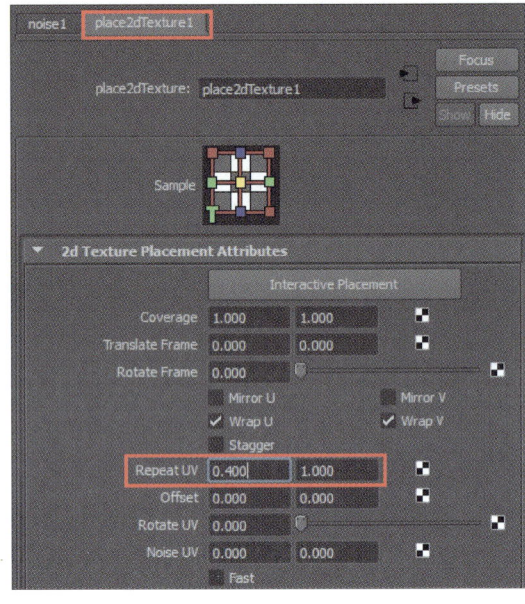

图 4-3-16　　　　　　　　　　　　　　　　图 4-3-17

17 对透视图进行渲染,效果如图 4-3-18 所示。

> **提示**
>
> 观察渲染结果,发现虾的头部前后没有笔触浓淡的变化,需要给头部增加一个【Ramp】来体现笔触效果。

18 打开材质编辑器,创建一个【Ramp】节点,如图 4-3-19 所示。

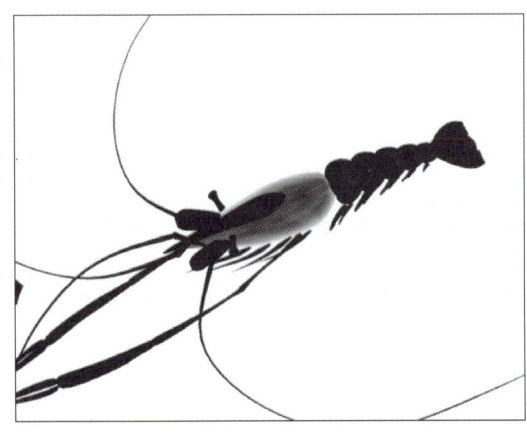

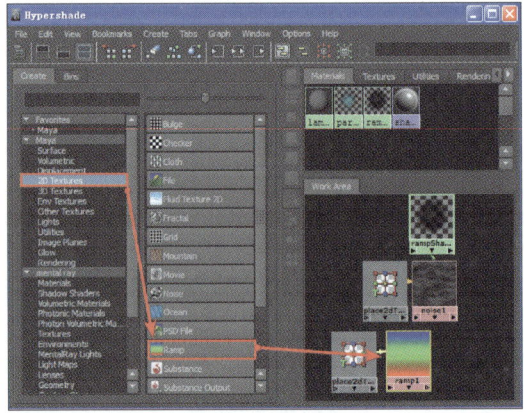

图 4-3-18　　　　　　　　　　　　　　　　图 4-3-19

19 双击选择刚才创建的【Ramp1】节点，修改右侧面板的参数。【Type】（类型）为【U Ramp】，【Selected Color】的颜色设置为黑色，【Noise】的数值设置为 0.050，如图 4-3-20 所示。

20 双击【Noise1】节点，激活右侧属性面板，鼠标中键选择【Ramp2】并拖动到【Color Balance】（颜色平衡）选项卡下的【Color Offset】（颜色偏移）属性上，如图 4-3-21 所示。

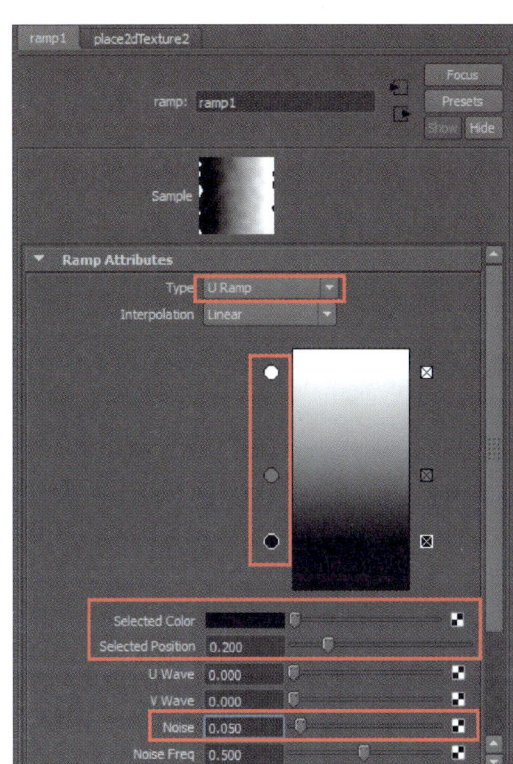

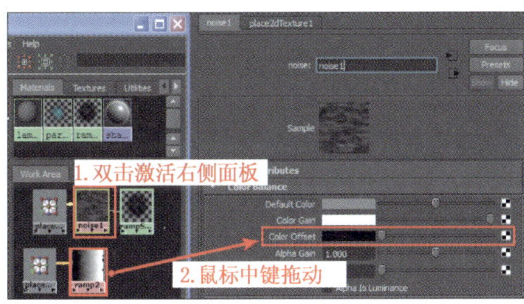

图 4-3-21

图 4-3-20

21 查看节点连接情况，并在此渲染测试，如图 4-3-22 所示。

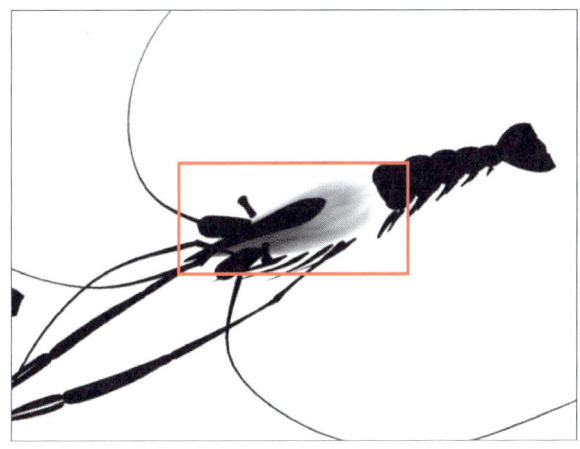

图 4-3-22

💡 提示

虾身体的其他部位与虾头的制作方法大同小异，区别在于过渡的位置与大小，在这里不一一讲解，列出几个重要部位材质的节点连接作为参考。

任务 4-3-2　前螯、尾鳍材质效果处理

22 ▶ 虾的前螯材质节点，如图 4-3-23 所示。

23 ▶ 虾的尾鳍材质节点，如图 4-3-24 所示。

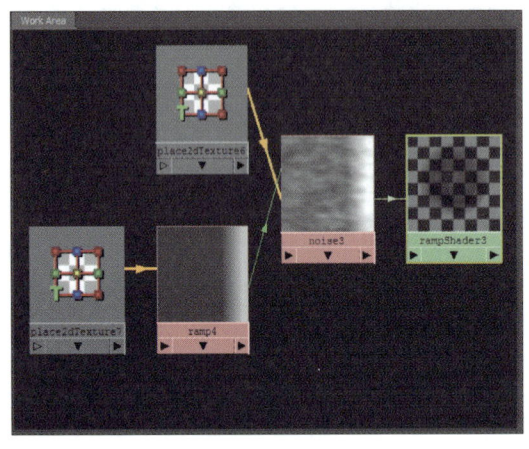

图 4-3-23

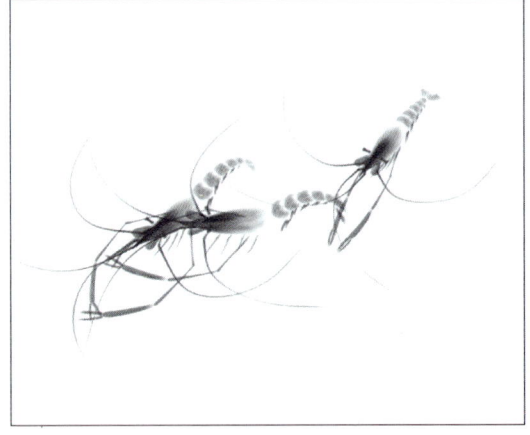

图 4-3-24

24 ▶ 虾头材质节点，如图 4-3-25 所示。

25 ▶ 渲染效果如图 4-3-26 所示。

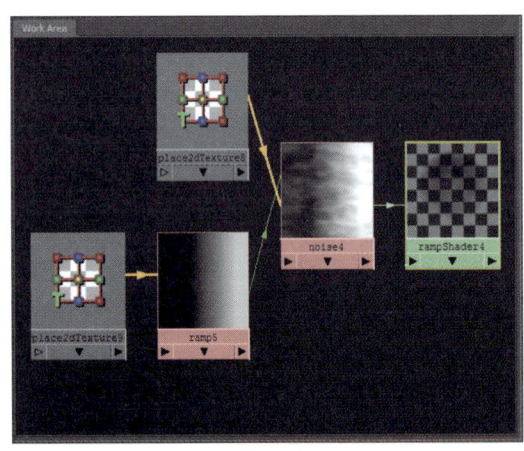

图 4-3-25

图 4-3-26

任务 4-3-3　添加背景

26 ▶ 添加背景。选择按钮，打开摄像机属性面板，在【Environment】（环境）选项卡中，点击【Image Plane】右侧的【Create】按钮，如图 4-3-27 所示。

27 ▶ 在属性面板中，将【Type】的类型改为【Texture】（纹理），在下方的【Texture】中激活右侧的棋盘格按钮，在弹出的对话框中选择【Ramp】，如图 4-3-28 所示。

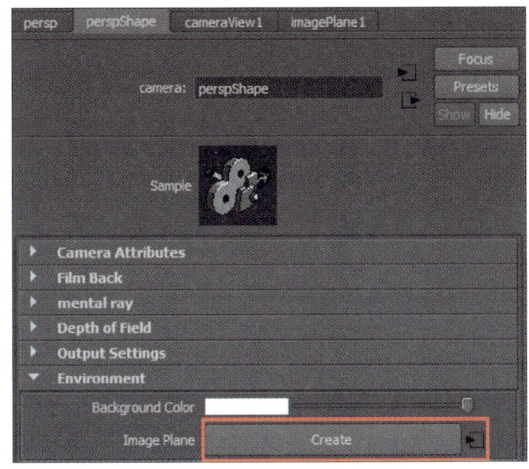

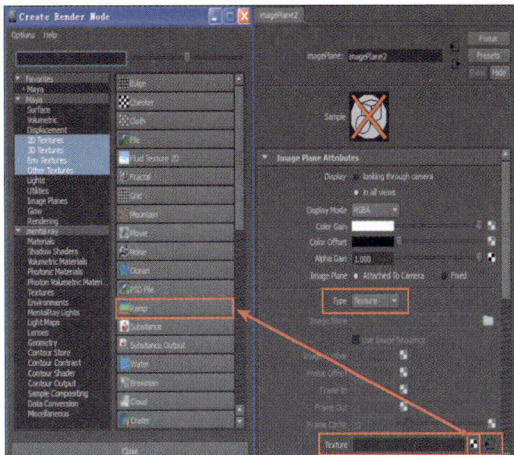

图 4-3-27   图 4-3-28

28 调整颜色值。在弹出的对话框中,将【Type】(类型)改为【Circular Ramp】(半径渐变),删除其中一个颜色,将上面的颜色改为:H:0 S:0 V:0.34,将下面的颜色改为:H:43 S:0.33 V:0.78,如图 4-3-29 所示。

29 点击渲染按钮,最终的渲染效果,如图 4-3-30 所示。

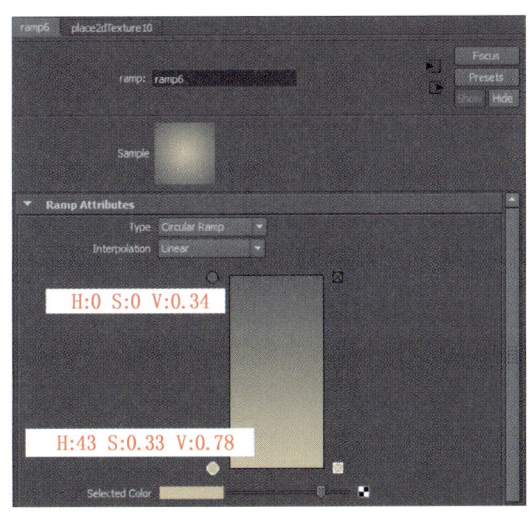

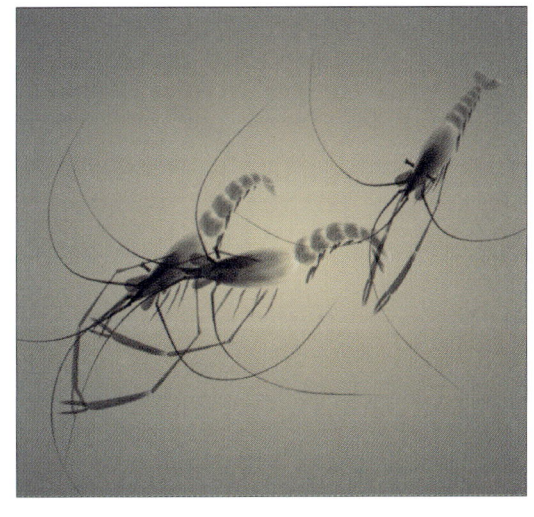

图 4-3-29   图 4-3-30

技能与相关知识

纹理的基本概念

纹理,即包裹在物体表面上的一层花纹,如木纹、锈斑、布纹、人体和动物的皮肤、商标图案等。纹理作为材质的一种属性,可以控制物体表面的特性,即质感。也就是说,材质控制物体的质感,纹理是材质进一步细致和精确的描述。

在 MAYA 中常涉及的纹理

1. 文件纹理：一种二维纹理，只要 MAYA 能够识别的图片可以作为文件纹理来使用，甚至可以使用文件序列和动画文件。

2. 程序纹理：是由三维软件自带的图形程序通过某种固定算法演算产生的图像。MAYA 提供了种类丰富的程序纹理供动画师选择、调节。程序纹理可以是二维的，也可以或三维或其他形式的。

拓展训练

制作如图 4-3-31 的水墨效果。

图 4-3-31

任务四　双面材质——易拉罐

1959 年，美国俄亥俄州帝顿市 DRT 公司发明了易拉罐，即用罐盖本身的材料经加工形成一个铆钉，外套上一拉环再铆紧，配以相适应的刻痕而成为一个完整的罐盖。这一发明使金属容器经历了 150 年漫长发展之后有了历史性的突破。同时，也为制罐和饮料工业发展奠定了坚实的基础。易拉罐发源于美国又盛行于美国。

任务描述

为了烘托小孩男的顽皮，整个动画运用了很多细节部分，这个场景也是其中之一：将喝完的饮料罐，随地丢弃的，并且将其破坏。小龚在这里运用双面材质来制作破损易拉罐的内外不一的材质效果。在这一任务里我们要制作易拉罐的材质贴图效果，如图 4-4-1 所示。

图 4-4-1

在这个任务中,需要做双面材质效果,基本方式是创两个材质球和一个 Surfaceshader,并创建一个条件节点 Conditions 和一个表面采样节点 SamplerInfo。具体制作如下所示。

方法与步骤

任务 4-4-1　地面贴图

01　打开 MAYA2014,选择【File】/【Open Scene】找到光盘根目录下,"单元二"/"任务四"文件夹里的"Beverage Can_base.mb"文件,打开后的初始文件效果,如图 4-4-2 所示。

02　选择菜单【Window】/【Rendering Editors】/【Hypershade】打开材质编辑器,选择材质球【Lambert】,新建一个材质球,如图 4-4-3 所示。

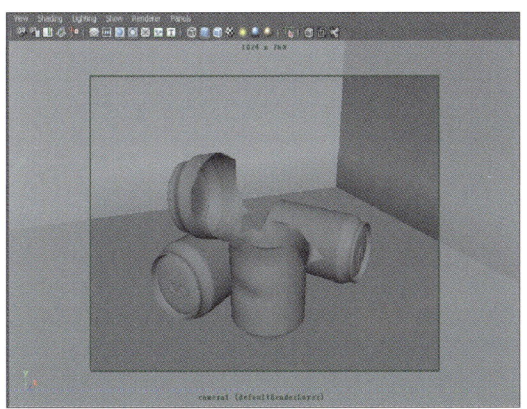

图 4-4-2

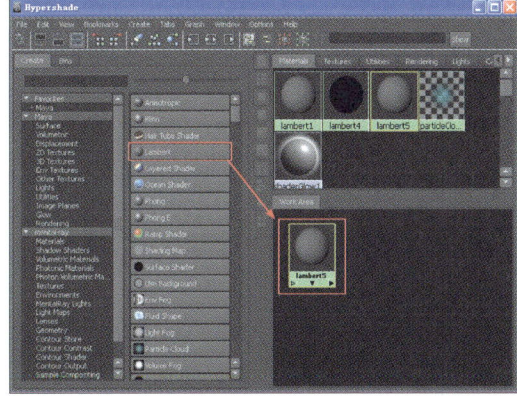

图 4-4-3

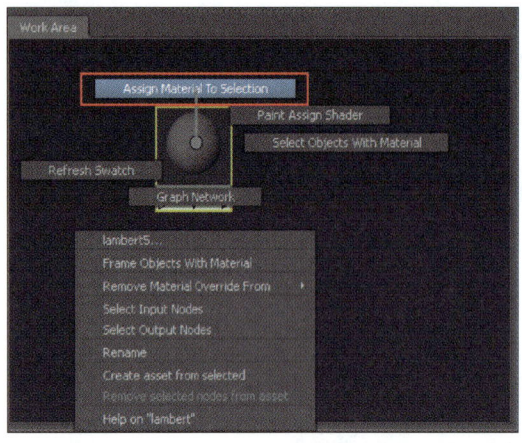

图 4-4-4

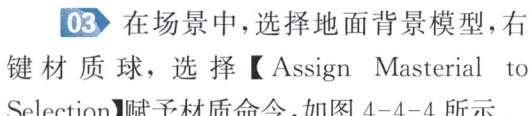

03 在场景中，选择地面背景模型，右键材质球，选择【Assign Masterial to Selection】赋予材质命令，如图 4-4-4 所示。

04 材质给定后，双击材质球，在右侧的控制面板中，选择【Color】右边的棋盘格按钮，在弹出的对话框中选择【File】找到图片路径"光盘的单元二/任务四/bg.tga"文件，如图 4-4-5 所示。

05 打开渲染编辑器按钮，更改渲染大小为"640×480"，选择渲染按钮，得到的效果图，如图 4-4-6 所示。

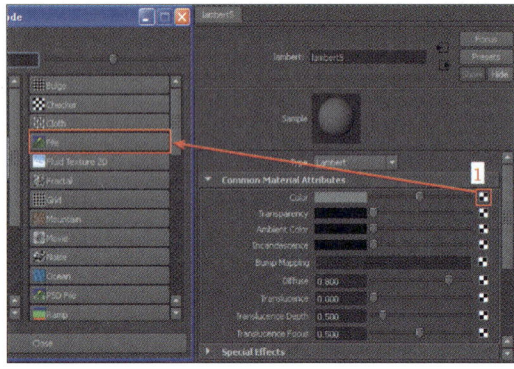

图 4-4-5

图 4-4-6

任务 4-4-2 易拉罐贴图

06 在材质编辑器中，选择材质球【Blinn1】，再新建一个材质球，如图 4-4-7 所示。

07 在场景中选择两个不破碎的易拉罐，右键【Blinn1】材质球，对其赋予材质，如图 4-4-8 所示。

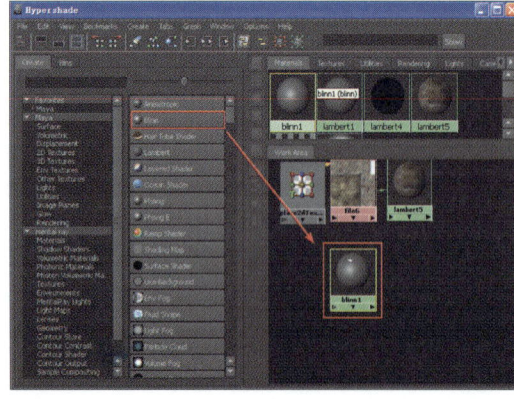

图 4-4-7

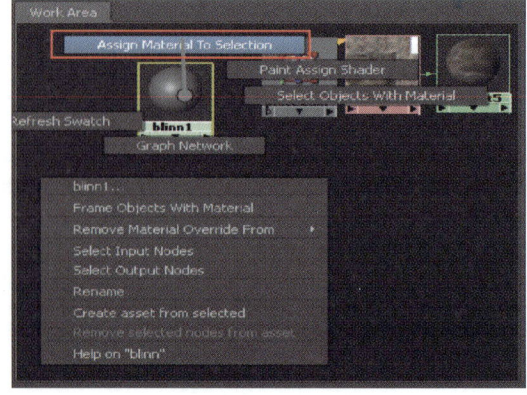

图 4-4-8

08 双击材质球，在右侧的控制面板中，单击【Color】右侧的棋盘格按钮，选择【File】，找到素材文件"Orange_color. tga"，如图 4-4-9 所示。

09 选择渲染按钮，得到的效果图如图 4-4-10 所示。

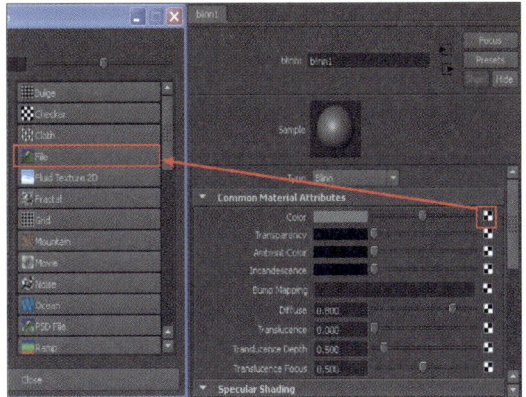

图 4-4-9   图 4-4-10

任务 4-4-3 双面材质贴图

10 接下来处理裂开的易拉罐的材质效果。在【Create】选项卡中，选择【Utilities】，中间的选项中选择节点材质选择【Condition】，如图 4-4-11 所示。

11 继续选择节点材质，在【Create】选项卡中，选择【Utilities】，中间的选项中选择节点材质选择【Sampler Info】，如图 4-4-12 所示。

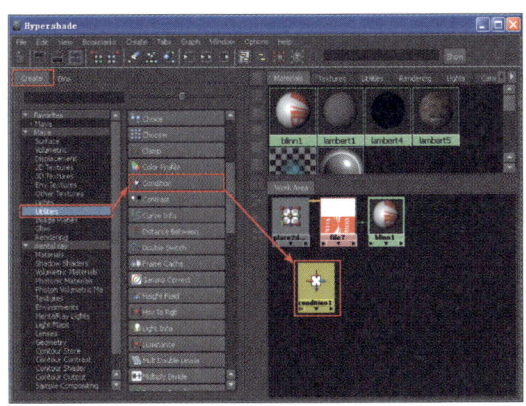

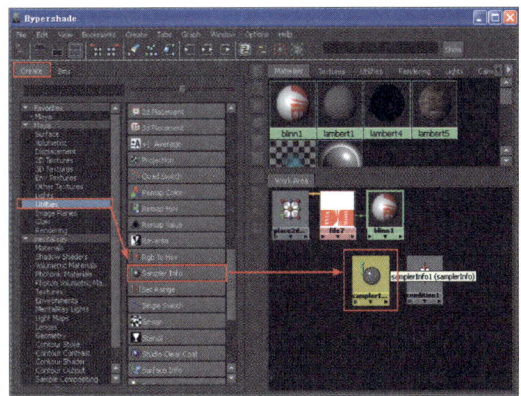

图 4-4-11   图 4-4-12

12 选择第三个材质球，在【Create】选项卡中，选择【Surface】，中间材质球中选择【Anisotropic】，如图 4-4-13 所示。

13 选择第四个材质球，在【Create】选项卡中，选择【Surface】，中间材质球中选择【Surface Shader】，如图 4-4-14 所示。

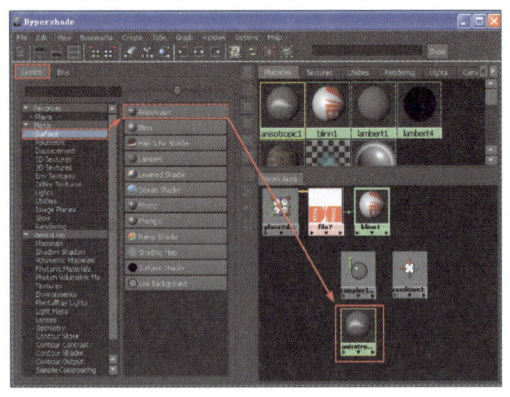 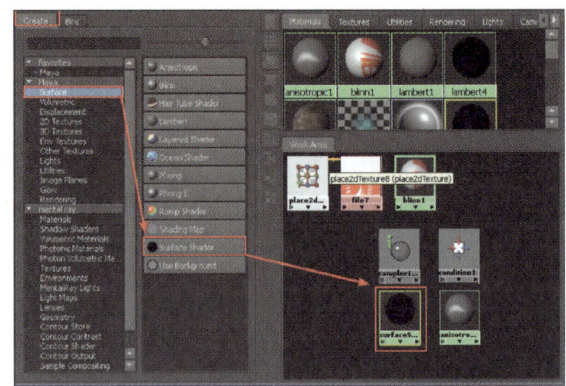

图 4-4-13　　　　　　　　　　　　　　图 4-4-14

14 选择场景中破裂的易拉罐,在材质编辑器中右键【Anisotropic】材质球,并对其赋予材质,选择渲染按钮,我们发现渲染后的效果可以明显地看到高光部分,如图 4-4-15 所示。

15 双击材质球【Anisotropic】,在右侧的面板中,将【Color】的颜色调整得更白一些(大家可以根据自己的感觉调整颜色和高光部分),如图 4-4-16 所示。

图 4-4-15　　　　　　　　　　　　　　图 4-4-16

16 再次选择场景的破裂的易拉罐,右键材质编辑器中的【Surface Shader】材质球,将改材质球重新赋予破裂的易拉罐,场景中的易拉罐变成了黑色,如图 4-4-17 所示。

17 双击【Condition1】节点,鼠标中间选择【Anisotropic】材质球拖动到右侧【Condition1】选项卡中的,具体操作如图 4-4-18 所示。

18 在弹出的对话框中,左边选择【OutColor】,右边选择【ColorIfTrue】,选好后选择【Close】按钮关闭窗口,如图 4-4-19 所示。

19 再次双击【Condition1】节点,鼠标中间选择【Blinn1】材质球拖动到右侧

【Condition1】选项卡中的，具体操作如图 4-4-20 所示。

图 4-4-17

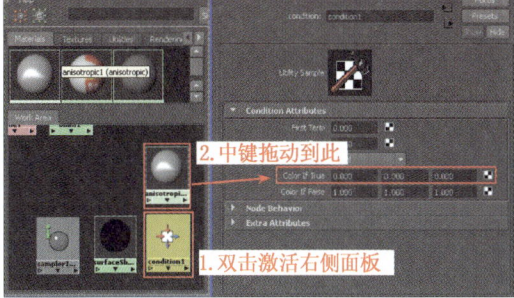

图 4-4-18

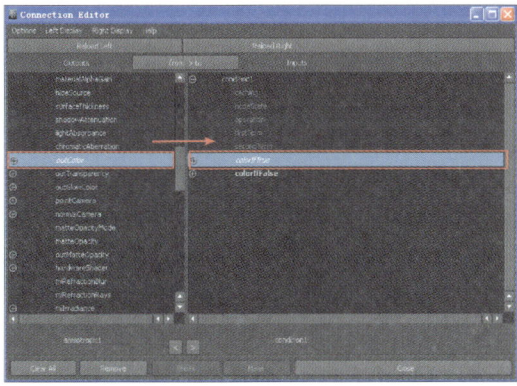

图 4-4-19

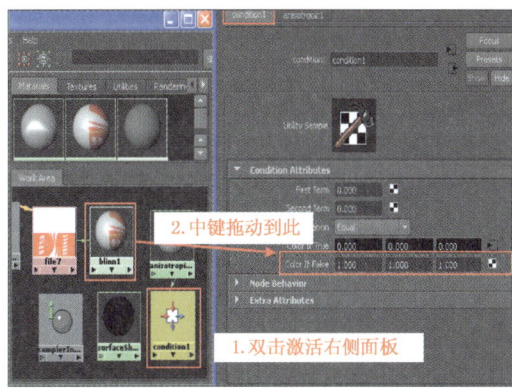

图 4-4-20

20 在弹出的对话框中，左边选择【OutColor】，右边选择【ColorIfFalse】，选好后选择【Close】按钮关闭窗口，如图 4-4-21 所示。

21 在材质编辑器中，鼠标中键选择节点【Sampler Info】并拖动到【Condition1】节点上，在弹出的菜单中选择【Other…】，如图 4-4-22 所示。

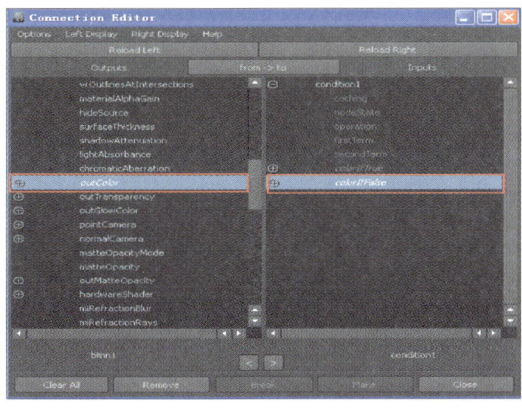

图 4-4-21

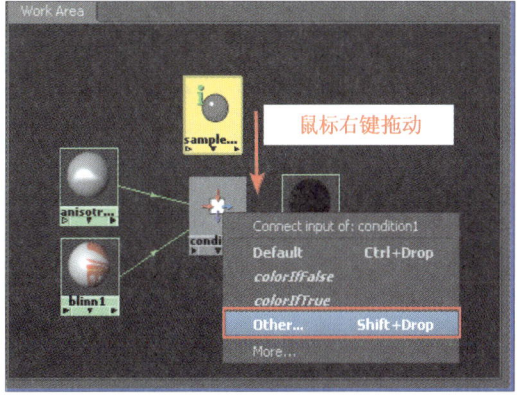

图 4-4-22

22 在弹出的对话框中,在左边选择【FlippedNormal】(法线方向),右边选择【Fist-Term】(第一项),如图 4-4-23 所示。

23 双击激活【Condition1】节点,在右边的控制面板中将【Operation】的值改为【Not Equal】,如图 4-4-24 所示。

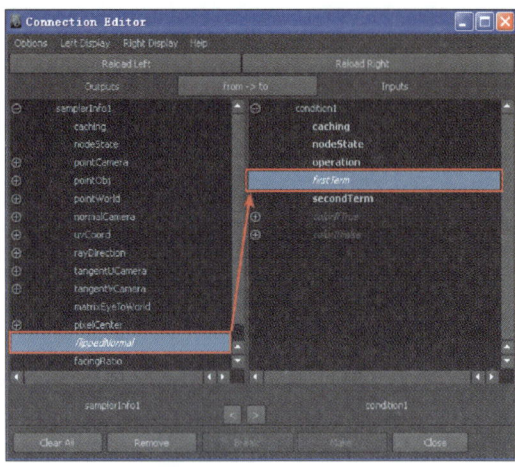

图 4-4-23

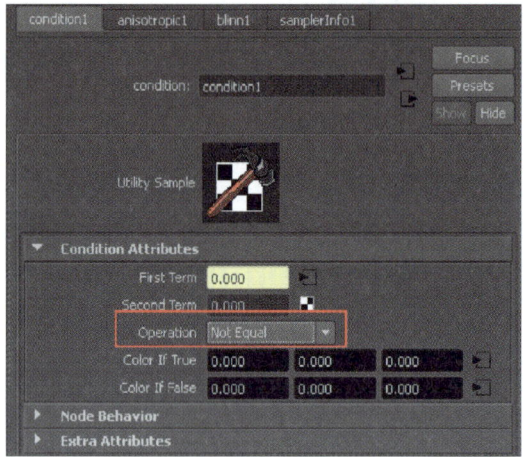

图 4-4-24

24 双击【Surface Shader】材质球,激活右边的面板,在材质编辑中,鼠标中键选择【Condition1】并拖动到右侧面板的【OutColor】选项中,如图 4-4-25 所示。

25 选择渲染 按钮,效果如图 4-4-26 所示。

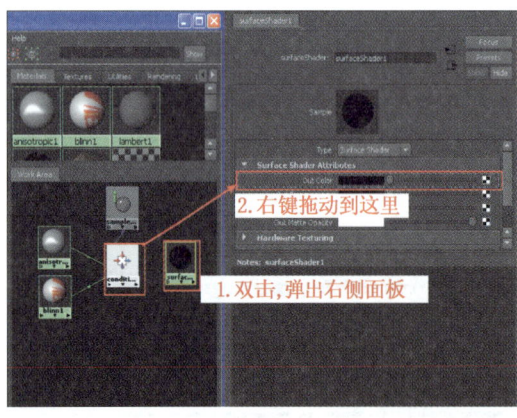

图 4-4-25

图 4-4-26

任务 4-4-4　创建灯光

26 选择【Create】/【Lights】/【Spot Light】(聚光灯),具体位置如图 4-4-27 所示。

27 在右侧的面板中,修改亮度及其他参数,设置如图 4-4-28 所示。

28 选择渲染按钮,渲染效果如图 4-4-29 所示。

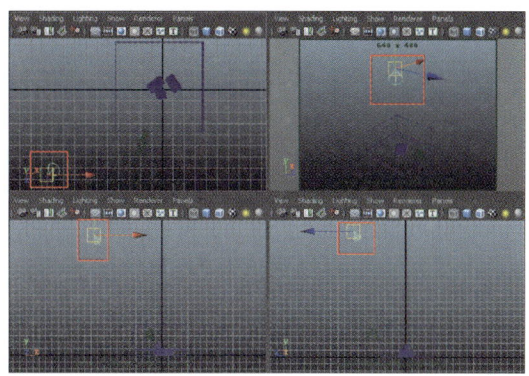

图 4-4-27

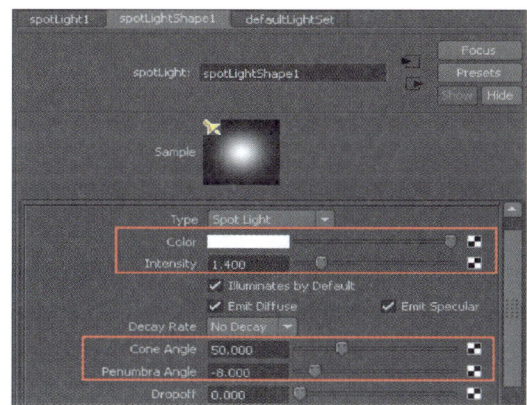

图 4-4-28

图 4-4-29

29 人为地创建高光。选择【Create】/【Lights】/【Area Light】(体积光),具体位置如图4-4-30 所示。

30 在右侧的面板中,进行具体参数的设置,如图 4-4-31 所示。

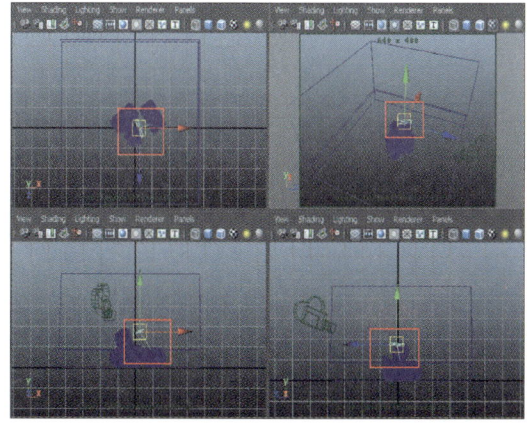

图 4-4-30

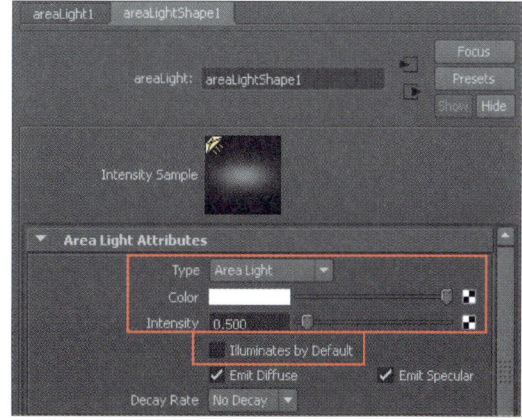

图 4-4-31

注意:该体积光只为制作高光,所以要将"Illuminates by Default"前面的钩去掉,在保持选择灯光的同时,配合【Shift】键选择右边的易拉罐,按【F6】键,再选择菜单【Lighting /Shading】/【Make Light Links】设置链接。

提示

体积光的大小和角度,直接影响到光照的强度和效果,所以在这里需要我们根据实际情况进行调整。

31 渲染后的效果,如图 4-4-32 所示。

32 创建第二站体积光,具体参数在这里不详细介绍,读者可根据刚才的设置,自己研究创建,最终效果如图 4-4-33 所示。

图 4-4-32　　　　　　　　　　　　图 4-4-33

34 选择刚才创建的聚光灯设置,在右侧的面板中,打开阴影参数,具体设置如图 4-4-34 所示。

35 渲染查看效果,如图 4-4-35 所示。从效果图上可以看出,箭头所指的地方,破碎的易拉罐的中间部分效果并不理想,我们再创建一盏辅助光。

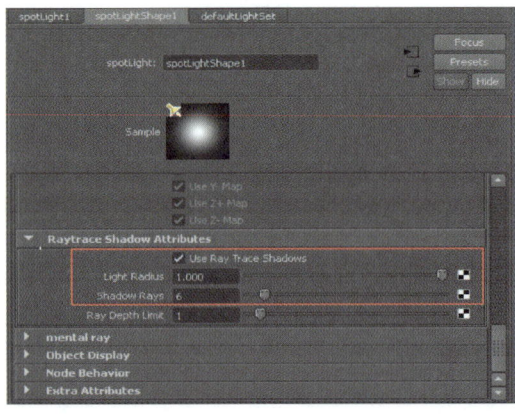
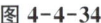

图 4-4-34　　　　　　　　　　　　图 4-4-35

36 再次创建一盏聚光灯,具体位置如图 4-4-36 所示。

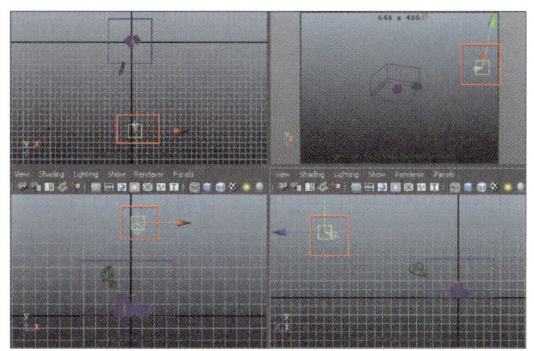

图 4-4-36

37 在右侧的控制面板中,设置参数如图 4-4-37 所示。

38 选择渲染按钮,最终渲染效果如图 4-4-38 所示。

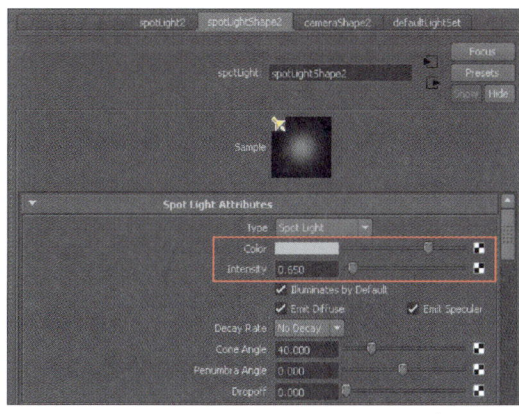

图 4-4-37

图 4-4-38

技能与相关知识

编辑多边形工具

MAYA 提供了众多的多边形物体的编辑工具,用于辅助制作物体的模型和编辑多边形物体的贴图坐标。

- Texture:纹理贴图坐标编辑命令
- Subdivide:细分多边形命令
- Split Polygon Tool:劈割多边形工具
- Extrude Face:挤压面命令
- Extrude Edge:挤压边命令
- Extrude Vertex:挤压点命令
- Chamfer Vertex:倒角点命令

- Bevel：倒角边命令
- Cut Faces Tool：切割面工具
- Poke Faces：刺破面命令
- Wedge Faces：锲形面工具
- Merge Vertices：合并点命令
- Merge Edge Tool：合并边工具
- Split Vertex：分割点命令
- Collapse：塌陷命令
- Delete Vertex：删除点命令
- Delete Edge：删除边命令
- Extract：提取面命令
- Separate：分离命令
- Fill Hole：填洞命令
- Normals：发现修改命令组

拓展训练

制作如图 4-4-39 的水墨效果。

图 4-4-39

项目实训　场景制作

【项目描述】

制作如图 4-4-40 所示的效果，给茶几添加木质纹理，玻璃材质，以及灯光阴影效果。

图 4-4-40

【项目要求】

1. 纹理、贴图准确。
2. 灯光方向准确。
3. 建模布线合理。

【项目提示】

1. 灯光的创建采用【Spot Light】。
2. 运用【Polygons】创建主体。

【项目评价】

表 4-2　　　　　　　　　　　　　　　　项目实训评价表

	内　　容		评　　价		
	学习目标	评价项目	3	2	1
职业能力	使用软件设计整个模型	建模准确			
		灯光合理			
	设计丰富的元素	材质准确			
		整体性			
		复杂性			
通用能力	创新能力				
	排版设计能力				
	综合评价				

表 4-3　　　　　　　　　　　　　　　　评价等级说明表

等　　级	说　　明
3	能高质、高效地完成此学习目标的全部内容,并能解决遇到的特殊问题
2	能高质、高效地完成此学习目标的全部内容
1	能圆满完成此学习目标的全部内容,不需任何帮助和指导

项目五 灯 光 组

很多情况下,项目承接后,并不都是由个人或一个组队的成员来完成,往往会有好几组人员共同制作,此项目就是一个典型的案例,但通常灯光和材质一起调节的,理应放在一组,考虑到某些场景对灯光的要求比较突出,于是项目负责人将灯光和材质组分开,以便达到最高的效率。

任务一 金属材质与布光控制

一般说来,金属材质具有金属光泽,大多数金属为银白色;非金属材质一般不具有金属光泽,颜色也是多种多样。

任务描述

在这个场景中,为了着重体现玩具被分解后的效果,灯光组负责人小徐特地要求将此场景单独分离出来,给予一个特写,但这也对灯光的要求较高,这模拟金属材质与布光控制的效果如图 5-1-1 所示。

任务分析

金属质感主要是通过高光和反射表现出来的,漫反射效果很少,金属表面的颜色是由

图 5-1-1

材质的高光所决定的,所以在 MAYA 中,考虑好这些参数的设置,就能制作出好的金属效果。

方法与步骤

任务 5-1-1 创建辅助光

01 打开 MAYA2014,选择【File】/【Open Scene】找到光盘根目录下,"单元二"/"任务一"文件夹里的"Luntai_begin.mb"文件,打开后的初始文件效果,如图 5-1-2 所示。

　　为了合理存放图片和工程文件等相关文件,我们通常会在 MAYA 中建立工程文件,方法如下:选择【File】/【Project Window】,在弹出的对话框中,选择【New】,在【Location】中找到合适的位置即可(建议在第一根目录下创建)。

02 按【7】键,切换到视图灯光显示模式(由于没有创建灯光的原因,整个场景是黑色的),如图 5-1-3 所示。

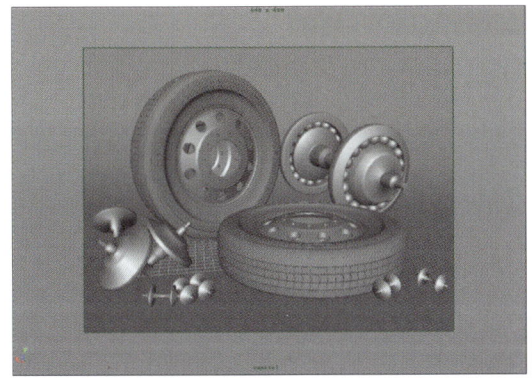

图 5-1-2

图 5-1-3

03 选择【Create】/【Lights】/【Point Light】(点光源)命令,创建一盏点光源,光源位置如图 5-1-4 所示。

04 切换到摄像机视图,预览灯光效果,如图 5-1-5 所示。

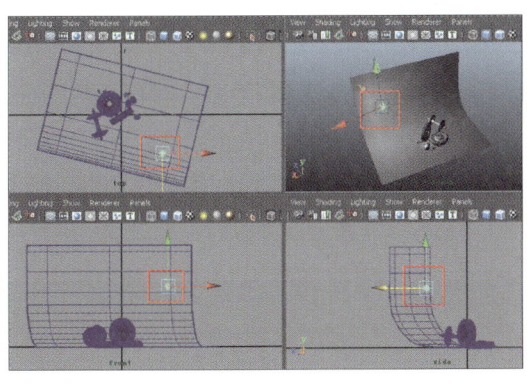

图 5-1-4

图 5-1-5

05 调整点光源参数。选择点光源,按【Ctrl+A】键,弹出灯光属性编辑器。将【Color】的颜色设置为淡蓝色,H:218、S:0.259,如图 5-1-6 所示。

06 断开背景光与其他物体的连接(即点光源只对背景有效)。依旧选择灯光,将右侧控制面板中的【Illuminates by Default】(关闭灯光效果)的钩去掉,如图 5-1-7 所示。

07 选择点光源,再选择背景,按【F6】键,进入【Rendering】选项卡,选择菜单【Lighting/Shading】/【Make Light Links】创建连接。渲染后的效果(背景有光源,其他物体为黑色),如图 5-1-8 所示。

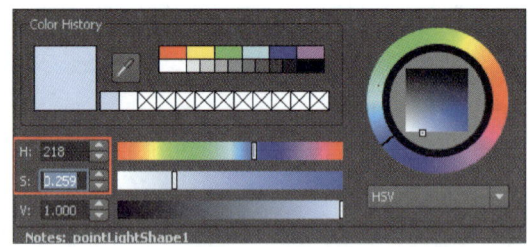

图 5-1-6

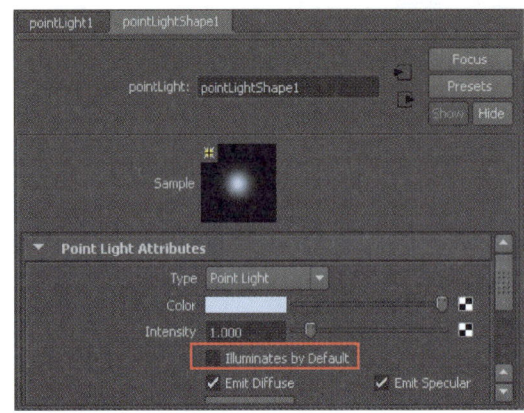

图 5-1-7

图 5-1-8

任务 5-1-2　创建主光

08 创建主光。选择【Create】/【Lights】/【Spot Light】(聚光灯)命令,创建一盏聚光灯,光源位置如图 5-1-9 所示。

09 调整主光参数。选择聚光灯,按【Ctrl】+【A】键,弹出灯光属性编辑器。将【Color】的颜色设置为淡淡的绿色,如图 5-1-10 所示。

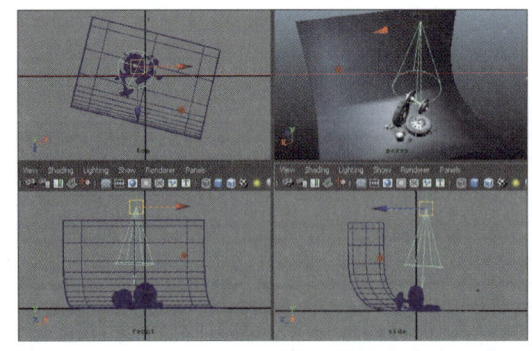

图 5-1-9

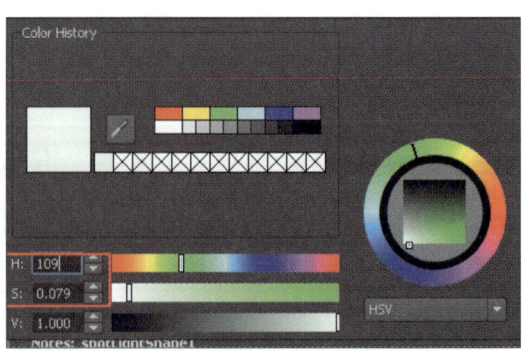

图 5-1-10

10 在右侧的控制面板中,对【Intensity】(强度)参数设置为 1.5,【Cone Angle】(锥角度)为 40,【Penumbra Angle】(半影角)为 9.67,【Dropoff】(过度衰减)为 16.86,如图 5-1-11 所示。

11 创建辅助光。选择【Create】/【Lights】/【Point Light】(点光源)命令,创建一盏辅助光源,光源位置如图 5-1-12 所示。

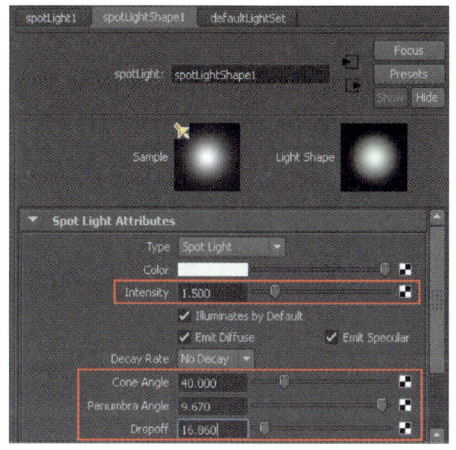

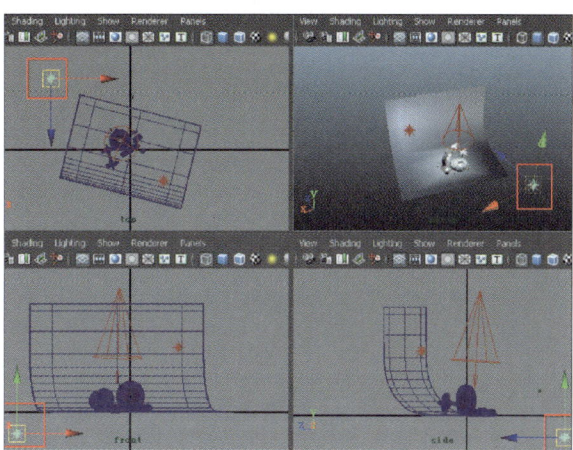

图 5-1-11   图 5-1-12

12 调整辅助光参数。选择刚才创建的点光源,按【Ctrl】+【A】键,弹出灯光属性编辑器。将【Color】的颜色设置为淡淡的粉色,如图 5-1-13 所示。

图 5-1-13

13 修改【Intensity】(强度)参数为 0.5,减弱辅助光源的强度,断开点光源与背景物的链接。先选择灯光,再选择背板,按【F6】键,进入【Rendering】选项卡,选择菜单【Lighting/Shading】/【Break Light Links】断开连接。渲染效果如图 5-1-14 所示。

14 选择【Create】/【Lights】/【Point Light】(点光源)命令,创建第二盏辅助光源,光源位置如图 5-1-15 所示。

15 调整第二盏辅助光参数。选择第二盏的点光源,按【Ctrl】+【A】键,弹出灯光属性编辑器。将【Color】的颜色设置为淡淡的蓝色,如图 5-1-16 所示。

16 修改【Intensity】(强度)参数为 0.5,减弱辅助光源的强度,再次断开点光源与背景物的链接。先选择灯光,再选择背板,按【F6】键,进入【Rendering】选项卡,选择菜单【Lighting/Shading】/【Break Light Links】断开连接。渲染效果如图 5-1-17 所示。

图 5-1-14

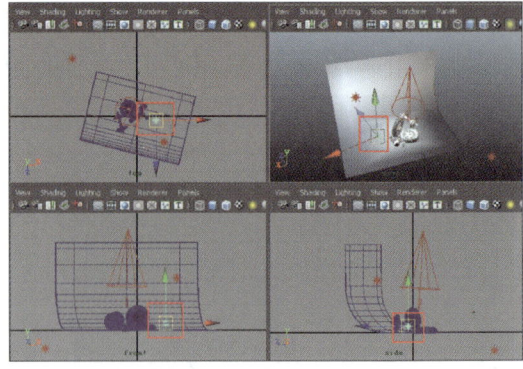

图 5-1-15

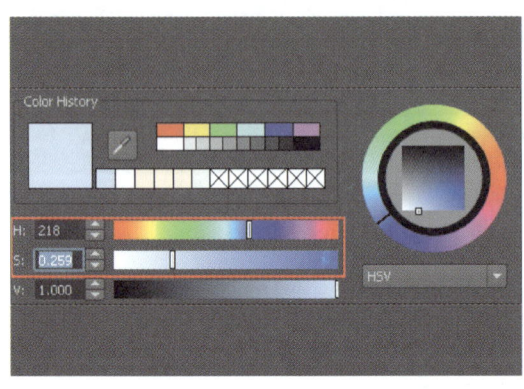

图 5-1-16

图 5-1-17

17 创建背光。再次创建点光源，选择【Create】/【Lights】/【Point Light】（点光源）命令，创建背光，光源位置如图 5-1-18 所示。

18 选择背光光源，按【Ctrl】＋【A】键，弹出灯光属性编辑器，将【Color】的颜色设置为淡淡的粉色，修改【Intensity】（强度）参数为 0.5，减弱背光的强度，如图 5-1-19 所示。

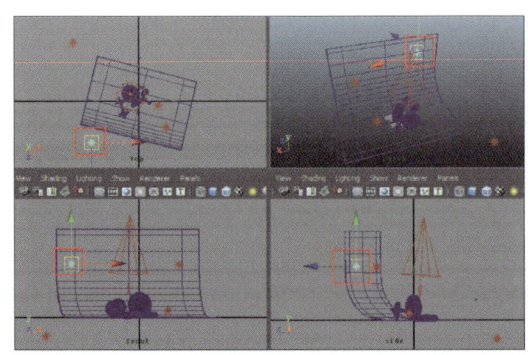

图 5-1-18

图 5-1-19

19 选择刚才创建的主光源（聚光灯），按【Ctrl】+【A】键，弹出灯光属性编辑器，打开【Shadows】（阴影）选项卡，具体参数如图 5-1-20 所示设置。

20 选择状态栏上的 ![按钮]（显示渲染设置）按钮，弹出渲染设置窗口，选择【Maya Software】（Software 渲染器）选项卡，在【Quality】（质量）下拉菜单里选择【Production Quality】（产品级）。在【Raytracing Quality】（光线跟踪质量）选项卡，勾选【Raytracing】（光线跟踪）选项，修改【Reflections】（反射）参数为 2、【Refractions】（折射）参数为 0，如图 5-1-21 所示。

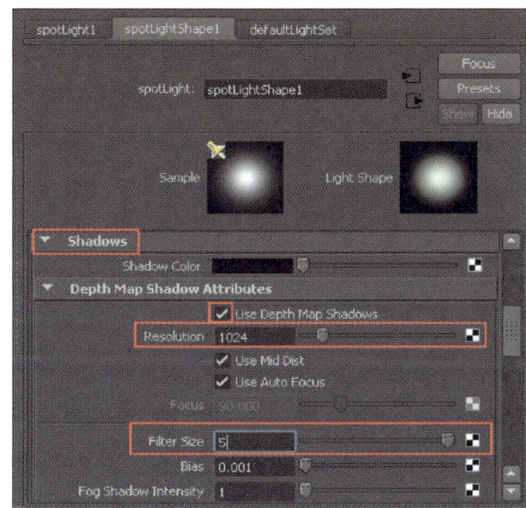

图 5-1-20

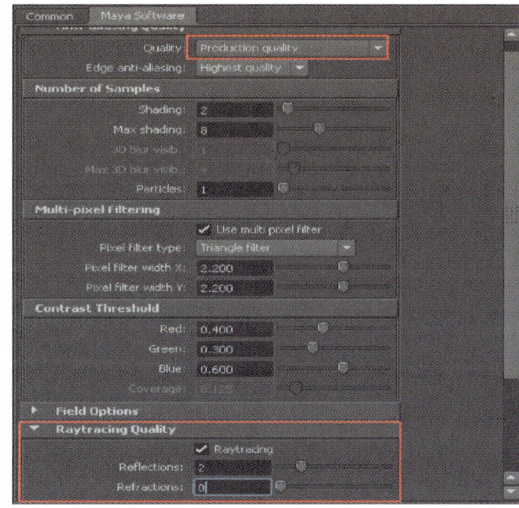

图 5-1-21

📝 提示

　　本任务中，没有折射效果，所以将【Refractions】（折射）修改为 0，免去折射的计算，有利于提高渲染的速度。

任务 5-1-4　创建反光板

21 创建反光板。单击【Create】/【Polygon Primitives】/【Plane】（平面物体）命令，创建一个多边形平面，具体位置如图 5-1-22 所示。

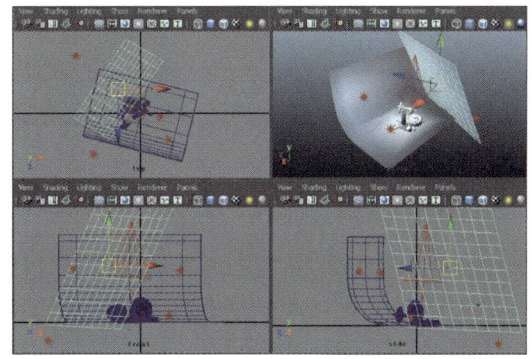

图 5-1-22

22 创建反光板材质。右键对象，选择【Assign New Materila】（赋予材质）/【Lambert】为平面赋予材质，如图 5-1-23 所示。

23 在右侧的控制面板中，将【Color】参数设置为 1，效果如图 5-1-24 所示。

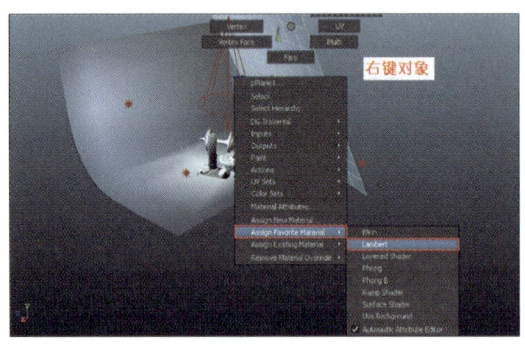
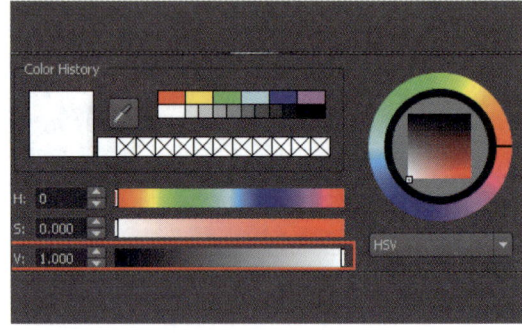

图 5-1-23　　　　　　　　　　　　　　　图 5-1-24

24 创建反光板灯光。如果觉得反光板的亮度不够，可通过创建灯光加亮反光板亮度。在如图 5-1-25 所示的位置创建【Point Light】。

25 修改【Intensity】（强度）参数为 3。断开与其他物体的链接（方法参照本次任务第 6、第 7 步骤），如图 5-1-26 所示。

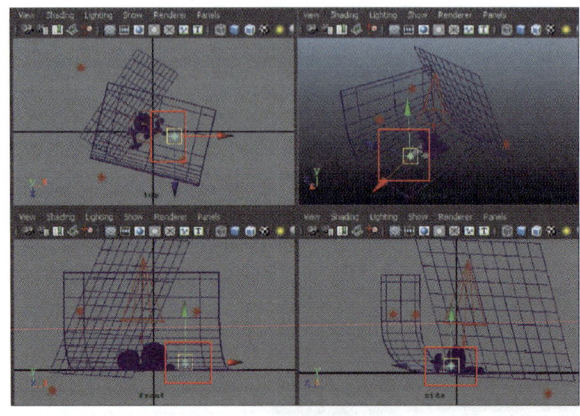
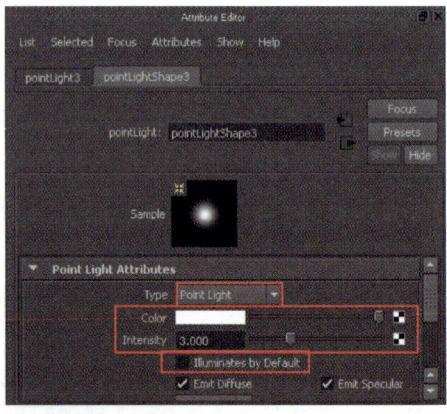

图 5-1-25　　　　　　　　　　　　　　　图 5-1-26

任务 5-1-5　赋予材质

26 选择左侧的按钮■，打开左侧的选择内容面板，选择组"Jinshu"和"Lungu"，右键对象，选择【Assign New Materila】（赋予材质）/【Blinn】为金属赋予材质，如图 5-1-27 所示。

27 在右侧的面板中,将【Color】的颜色设置如图 5-1-28 所示。

 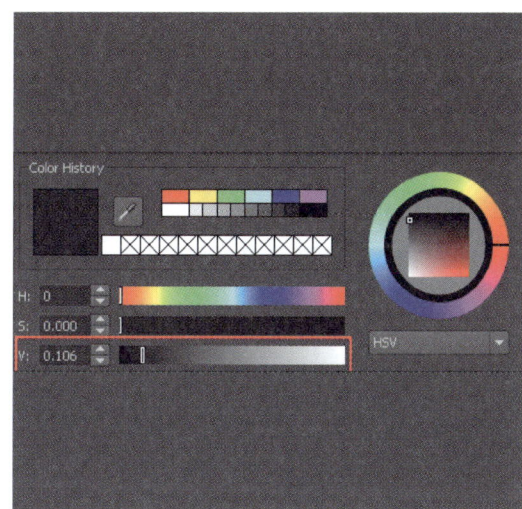

图 5-1-27   图 5-1-28

28 选择组"Model",右键对象,选择【Assign New Materila】(赋予材质)/【Lambert】为其赋予材质,如图 5-1-29 所示。

29 选择渲染按钮 ,最终渲染效果如图 5-1-30 所示。

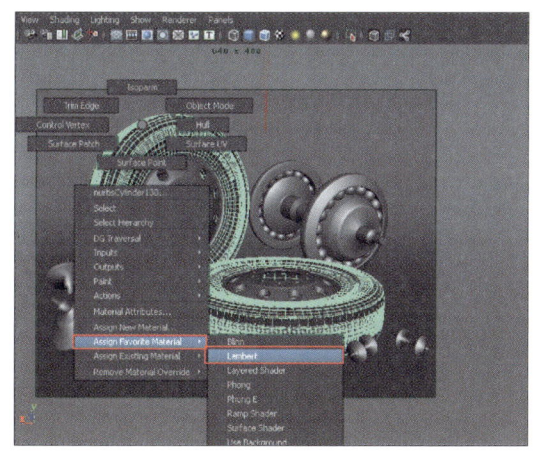

图 5-1-29   图 5-1-30

技能与相关知识

灯光的概述

就像现实生活中描述的那样:如果没有光,一切都将被黑暗笼罩。物体的大部分属性可以认为是光赋予的,如颜色、质感等。天空之所以是蓝色的,是因为它反射了蓝光并吸收了太阳光中的其他颜色的光。在光线照射条件好的情况下区别玻璃杯、塑料杯和瓷杯是件很容易的事情,因为它们的反光、不透明度等属性明显不同。但如果光线照射条件不好甚至没有光线照射,那么区分它们就不容易了。在三维电脑艺术创作中要逼真地创建物体,就要模拟现实世界中的光源照射效果。

MAYA 中的灯光类型

- Ambient Light:环境光
- Area Light:区域光
- Directional Light:平行光
- Point Light:点光源
- Spot Light:聚光灯
- Volume Light:体积光

图 5-1-31

拓展训练

制作如图 5-1-31 所示的木质效果。

任 务 二　书 桌 台 灯

据台湾消基会(消费者文教基金会)抽样检测后发现,在不当光线下长期用眼,容易导致眼睛疲劳,甚至会导致白内障,到底该怎样避免,消基会也呼吁家长一定要协助小朋友把书桌台灯的距离做一个适当的调整,并尽量选用白炽灯。

任务描述

在这一任务中,被分配到灯光组的小徐为了表现晚上的灯光效果,制作了如图 5-2-1 所示的书桌台灯的布光控制场景。

图 5-2-1

三点照明法是 3D 用光的一种基本方法,它简便易行,并且可以适用于很多类型的场景中,特别是静帧场景。具体制作如下所示。

方法与步骤

任务 5-2-1 创建台灯灯光

01 打开 MAYA2014,选择【File】/【Open Scene】找到光盘根目录下,"单元二"/"任务五"文件夹里的"Desk Light_base.mb"文件,打开后的初始文件效果,如图 5-2-2 所示。

02 选择菜单【Create】/【Lights】/【SpotLight】(聚光灯),具体位置如图 5-2-3 所示。

图 5-2-2

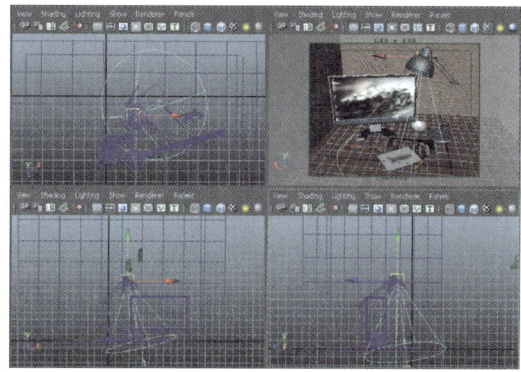

图 5-2-3

03 选中聚光灯,按【Ctrl】+【A】键打开灯光属性面板,将【Color】颜色值设置为 H:40,S:0.27,V:0.94(暖色调),【Intesnity】(强度)值设置为 1.3,【Cone Angle】设置为 50,【Penumbra Angle】的值设置为 -6,如图 5-2-4 所示。

04 渲染后的效果如图 5-2-5 所示。

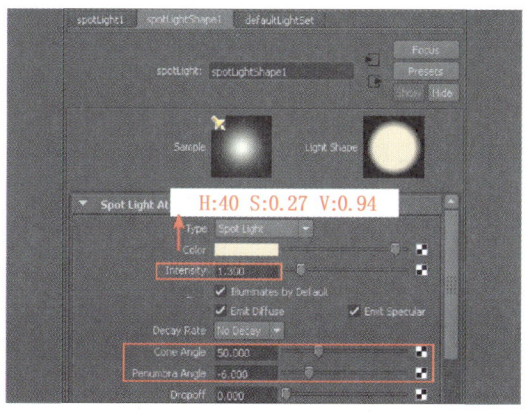

图 5-2-4

图 5-2-5

> 💡 **注意:**红色框标记的部分,光源如果从台灯照射过来,应该将灯罩照亮,但这里没有,这时就需要我们再添加一盏灯。

05 选择菜单【Create】/【Lights】/【Point Light】(点光源),具体位置如图 5-2-3 所示。

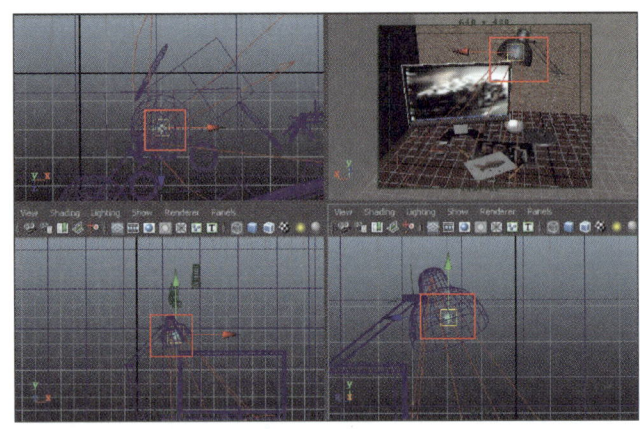

图 5-2-6

06 选中点光源,按【Ctrl】+【A】键打开灯光属性面板,【Intesnity】(强度)值设置为 5,去掉【Illuminates by Default】前面的钩,如图 5-2-7 所示。

07 在选中灯光的同时,配合【Shift】同时选中台灯灯罩,按【F6】键进入【Rendering】,选择菜单【Lighting/Shading】/【Make Light Links】(建立灯光连接),点击渲染按钮,查看效果,如图 5-2-8 所示。

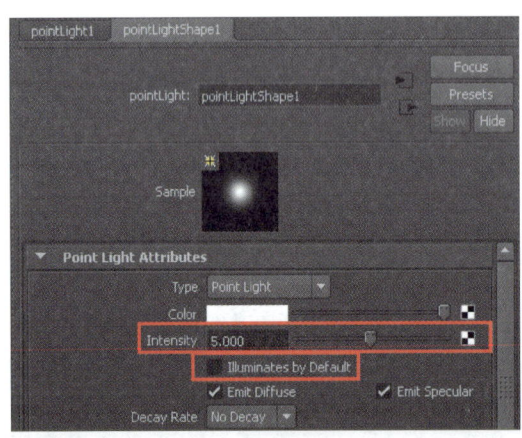

图 5-2-7

图 5-2-8

任务 5-2-2 创建显示器光源

08 根据常理,屏幕发亮会照亮桌面,这是需要我们再创建一盏辅助灯。选择菜单【Create】/【Lights】/【Area Light】(体积光),具体位置及大小,如图 5-2-9 所示。

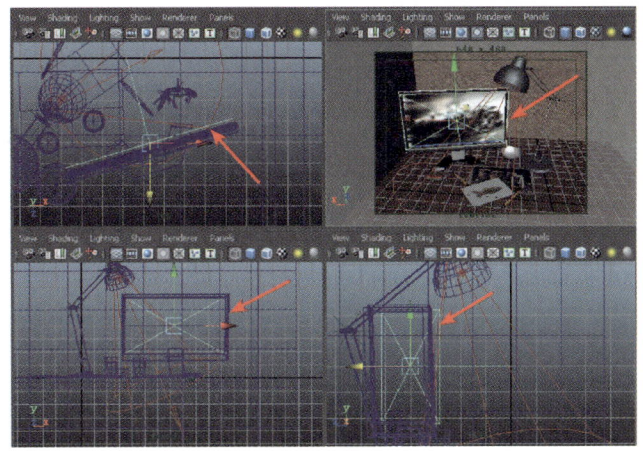

图 5-2-9

09 选中体积光，按【Ctrl】+【A】键打开灯光属性面板，【Intesnity】（强度）值设置为 0.3，在【Decay Rate】中选择【Linear】（线性衰减），如图 5-2-10 所示。

10 点击渲染按钮，查看效果，如图 5-2-11 所示。

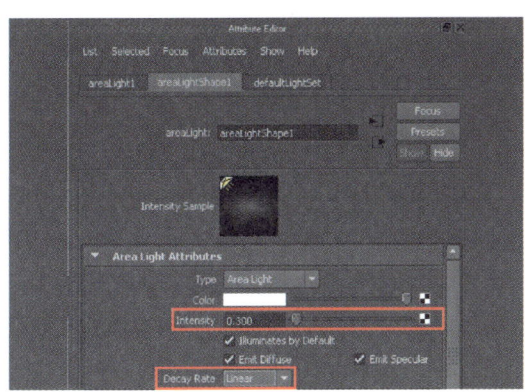

图 5-2-10

图 5-2-11

任务 5-2-3 创建场景灯光

11 整个场景偏暗了，需要我们做一盏灯，照亮整个场景，但这个灯光不是主光源，所以亮度不易过高。选择菜单【Create】/【Lights】/【Spot Light】（聚光灯），具体位置如图 5-2-12 所示。

12 选中聚光灯，按【Ctrl】+【A】键打开灯光属性面板，将【Color】颜色值设置为白色，【Intesnity】（强度）值设置为 40，在【Decay Rate】中选择【Linear】（线性衰减），【Cone Angle】设置为 40，【Penumbra Angle】的值设置为－10，如图 5-2-13 所示。

13 点击渲染按钮，背景被照亮了一些，渲染后的效果，如图 5-2-14 所示。

14 仔细看场景，像玻璃杯这类的物体并不明显，这是因为没有开启反射折射的缘故。点击按钮，打开渲染设置对话框，开启光线跟踪选项，如图 5-2-15 所示。

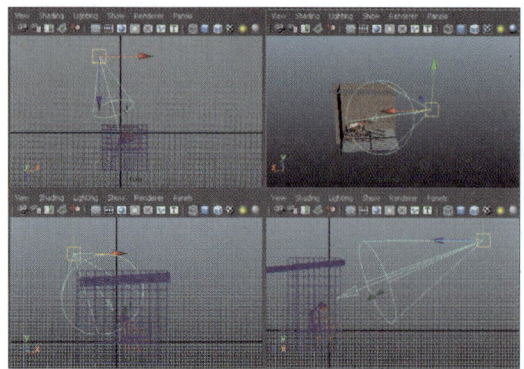

图 5-2-12

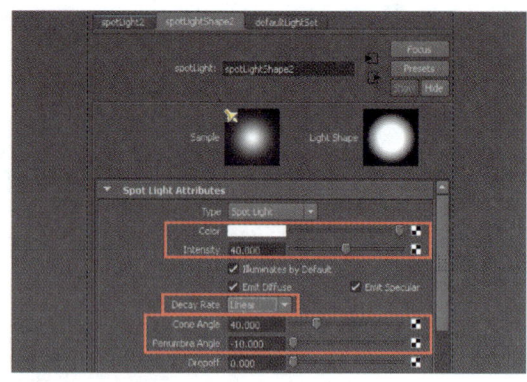

图 5-2-13

图 5-2-14

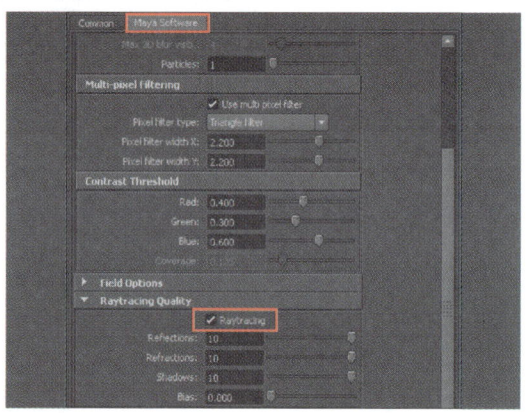

图 5-2-15

15 选择第一盏创建的聚光灯，再次按【Ctrl】+【A】键打开灯光属性面板，打开【Shadows】(阴影)选项卡中，将【Use Ray Trace Shadows】的钩勾上，将【Light Radius】的值设置为2,【Shadow Rays】的值设置为4，如图 5-2-16 所示。

16 再次渲染，如图 5-2-17 所示。玻璃杯的效果出来了，显示器反射到桌面上的效果也有了。

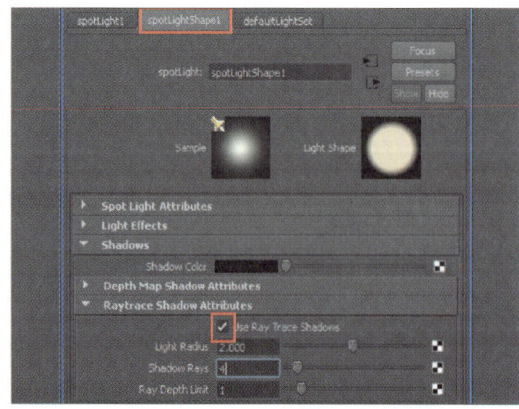

图 5-2-16

图 5-2-17

任务 5-2-4 灯光雾效果

17 设置灯光雾效果。依旧保持灯光选中状态,在右侧的【Light Effects】选项卡中,激活右侧的棋盘格,加入灯光雾效果,如图 5-2-18 所示。

18 按渲染按钮,得到的渲染效果如图 5-2-19 所示。

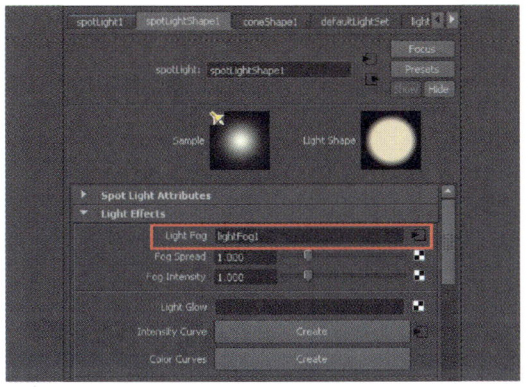

图 5-2-18

图 5-2-19

技能与相关知识

布光控制的常用形式

1. 传统的三点式布光。

传统的三点布光,即模拟传统摄影和绘画中经常使用的"主光"、"辐光"、"背光"(或叫轮廓光)的照明方式。

2. 模拟天光。

模拟天光,主要是模拟阴天时天空中充斥的漫反射光线,天光可对地球上的所有物体进行均匀、柔和的照明。

3. 模拟光能辐射。

模拟场景中漫反射表面(非镜面)对光线反射的效果,如在室内场景中,这种漫反射效果常常存在。有时这种漫反射效果会成为场景中的布光主体形式。

灯光的通用属性有三种:灯光类型、灯光颜色、灯光强度。

在 MAYA 中熟练运用"布光"技术,不仅需要不断积累经验,更要借鉴传统艺术,如摄影、舞台剧以及电影中灯光技术的运用。

拓展训练

制作如图 5-2-20 的水墨效果。

图 5-2-20

任务三　雾里烛光

蜡烛发明于公元前3世纪，是明清时期很普遍的照明工具。蜡制是固体照明用品，通常做成圆柱体，中有棉纱芯，称为烛芯，燃点纱芯以发光。普通蜡烛的外观为圆柱形、固体、乳白色。不管何种蜡烛都是手感滑腻，难溶于水，密度比水小。

任务描述

小徐在拿到分配的任务单后发现，如果要制作出蜡烛和雾里烛光的效果，就必须要材质和灯光一起配合使用，才能达到理想的效果，如图5-3-1所示。

图 5-3-1

任务分析

蜡烛是由火苗和蜡烛本身组成的一个整体：火苗部分，可以通过材质球或者特效模块实现，也可以在后期来合成；蜡烛本身可以用构建 Shading Network（阴影网络）并结合 MAYA 默认渲染器的方法来制作，也可以用 Mental Ray 来模拟 3S（Subsurface Scattering 的简称，译为"次表面散射"）或半透明效果，但是这样渲染速度较慢，制作方法也稍显复杂。具体制作如下所示。

方法与步骤

任务 5-3-1　创建摄像机

01 打开 MAYA2014，选择【File】/【Open Scene】找到光盘根目录下，"单元二"/"任务七"文件夹里的"Candle.mb"文件，打开后的初始文件效果，如图5-3-2所示。

02 选择菜单【Create】/【Cameras】/【Camera】，创建摄像机，选择舞台上方的菜单【Panels】\【Look Through Selected】来创建摄像机的位置，如图5-3-3所示。

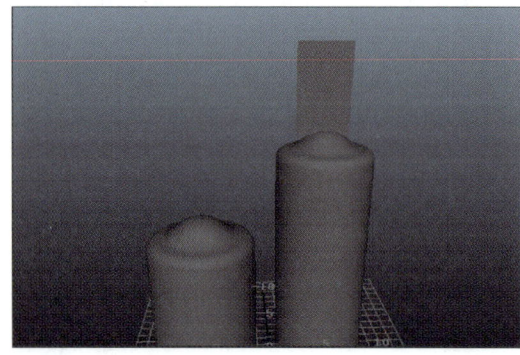

图 5-3-2

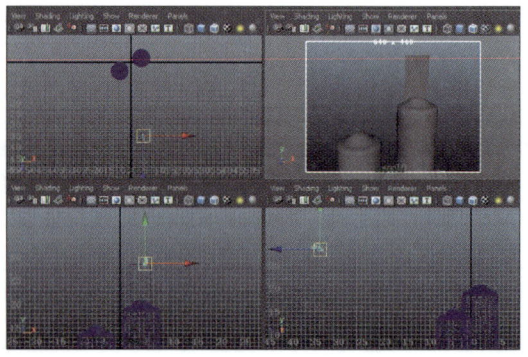

图 5-3-3

任务 5-3-2　蜡烛材质

03 选择【Window】/【Rendering Editor】/【Hypershade】，打开材质编辑器，选择【MAYA】中的材质球【Blinn】，如图 5-3-4 所示。

04 在舞台中选中蜡烛，并右键将【Blinn2】材质赋予给它，如图 5-3-5 所示。

图 5-3-4

图 5-3-5

05 双击【Blinn2】材质球，打开右边的材质属性面板，将【Color】(颜色)设置为红色，H：14，S：1，V：1，如图 5-3-6 所示。

06 选择【Window】/【Rendering Editor】/【Hypershade】，打开材质编辑器，选择【MAYA】中的材质球【Lambert】，如图 5-3-7 所示。

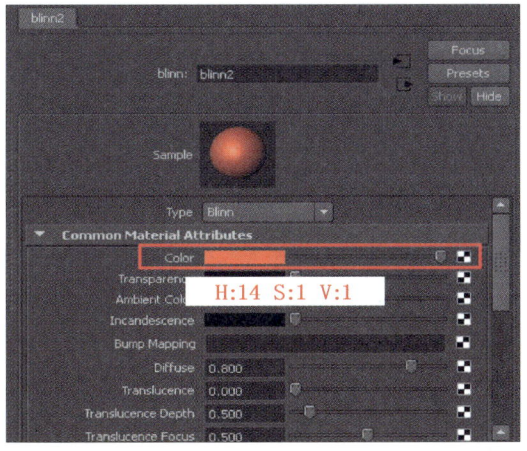

图 5-3-6

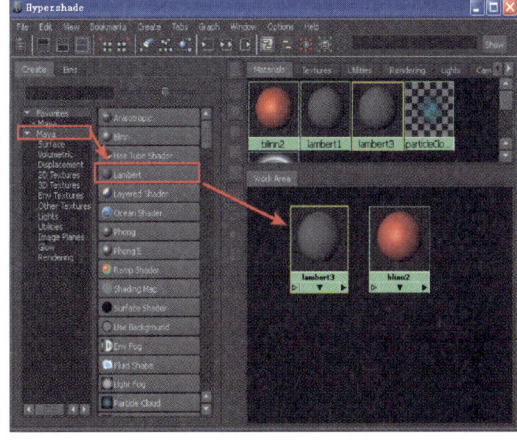

图 5-3-7

任务 5-3-3　烛光贴图

07 选择场景的烛光模型，并右键材质球【Lambert3】，将材质赋予它，如图 5-3-8 所示。

08 双击【Lambert3】材质球，打开右侧的材质属性面板，在【Color】(颜色)选项卡中点击右边的棋盘格按钮，在打开的窗口中选择【File】(文件)，找到光盘中"烛光.png"，如图 5-3-9 所示。

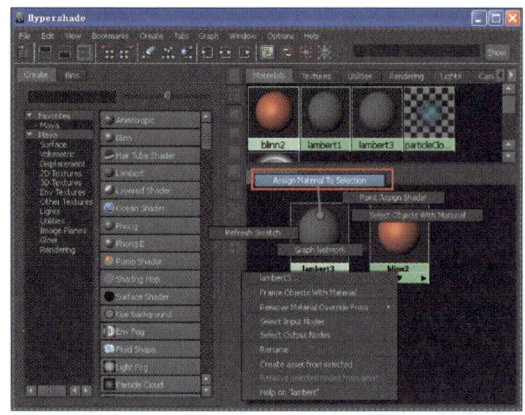

图 5-3-8

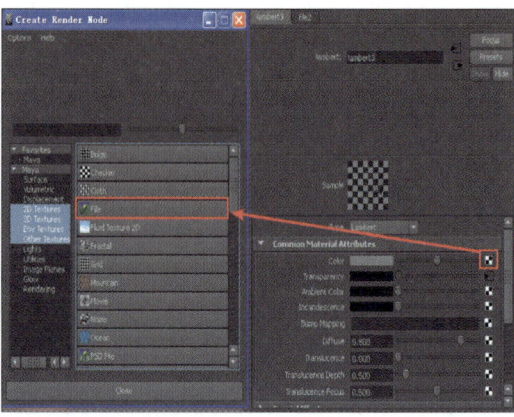

图 5-3-9

09 双击刚才创建的材质球，打开右侧的材质属性面板，将【Ambient Color】的颜色设置为橙色，H:26 S:0.8 V:1，并在【Special Effects】选项卡下，将【Glow Inetensity】(光晕强度)设置为 0.450，如图 5-3-10 所示。

10 选择渲染按钮后，烛光的颜色和光晕效果都有了。效果如图 5-3-11 所示。

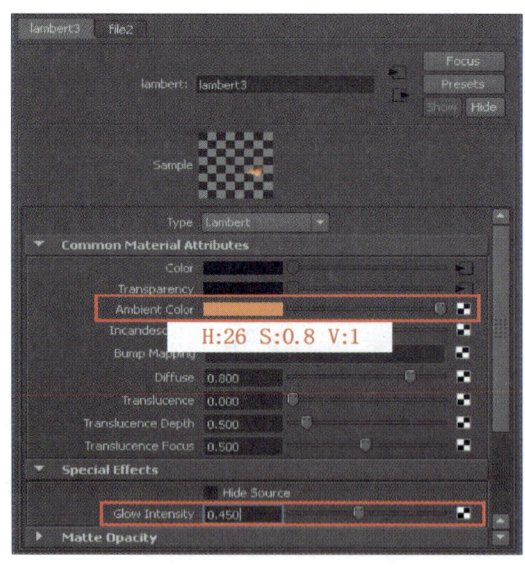

图 5-3-10

图 5-3-11

11 选择【Create】/【Lights】/【Point Light】(点光源)，灯光的位置如图 5-3-12 所示。

12 单击渲染按钮，效果如图 5-3-13 所示。

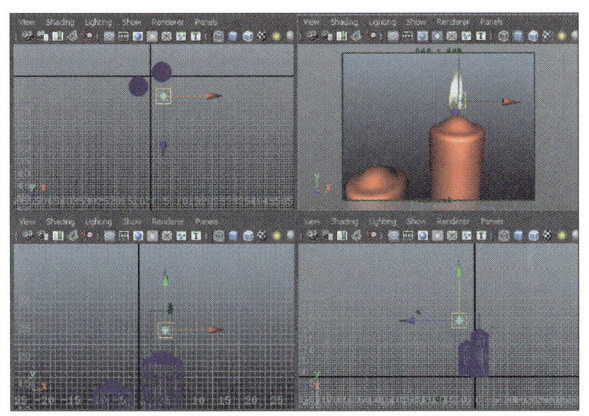

图 5-3-12   图 5-3-13

13 蜡烛要体现出透光的感觉选择材质编辑器,选择刚才创建的蜡烛材质球,按【Ctrl】+【A】键打开材质属性面板,如图 5-3-14 所示的设置。

14 点击渲染按钮,查看效果,如图 5-3-15 所示。

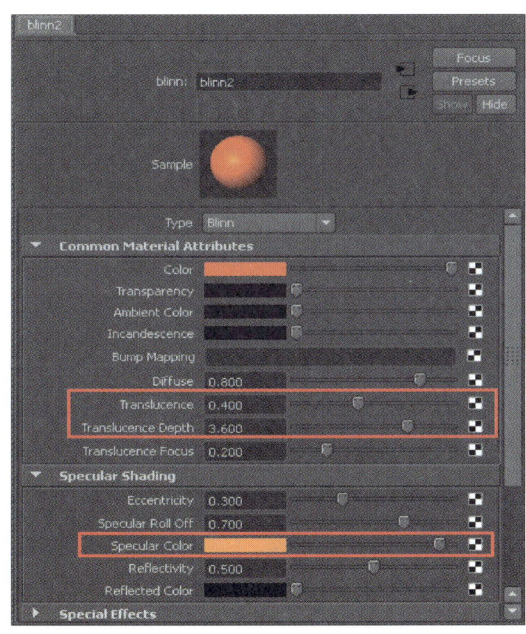

图 5-3-14   图 5-3-15

任务 5-3-4 灯光雾效果制作

15 创建灯光雾效果。选择【Create】/【Lights】/【Spot Light】(聚光灯),具体位置如图 5-3-16 所示。

16 选中灯光,按【Ctrl】+【A】键在右侧的灯光属性面板,点击【Light Effects】选项卡下【LightFog】右侧的棋盘格按钮，如图 5-3-17 所示。

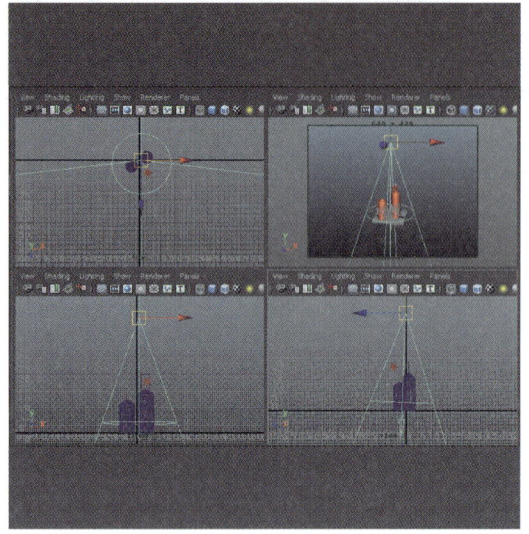

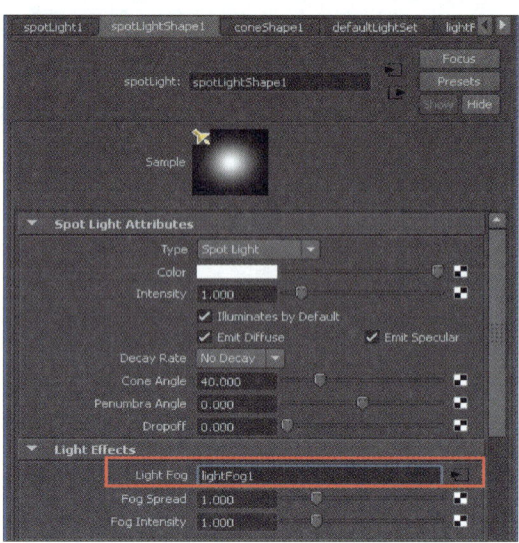

图 5-3-16   图 5-3-17

17 在弹出的【LightFog1】的选项卡中，如图 5-3-18 所示的参数设置。

18 渲染场景，如图 5-3-19 所示。

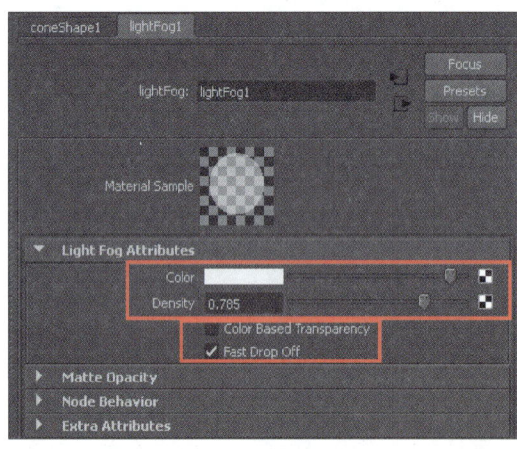

图 5-3-18   图 5-3-19

技能与相关知识

灯光雾及体积材质

体积材质在 MAYA 中主要是各种灯光雾的效果，其创建方法及祥光属性介绍如下。

1. 环境雾的创建。

创建环境雾最直接的方法是在 Render Global 面板中进行设置。

环境雾包括环境材质和相应的 Shading Group，以及环境雾连接的环境光。

环境雾主要有两种形态：一种是默认的 Simple Fog 状态；一种是较为复杂、属性较多的 Physical Fog 状态。

2. 环境雾的主要属性。

1）Color：雾的颜色。

2）Color Based Transparency：控制环境雾是否给予颜色的透明。

3）Saturation Distance：环境雾从摄像机到达其饱和状态的距离。

4）Use Layer：可以为其制定纹理。

5）Use Height：控制雾的浓度是否受高度影响。

3. 物理雾的属性。

1）Fog Type：雾的类型。

2）Uniform Fog：雾的密度一直。

3）Atmospheric：雾越往上越稀薄。

4）Sky：模拟天空效果。

5）Water：模拟在水中的效果。

6）Fog Axis：雾的轴向。

7）Fog color：雾的颜色。

8）Fog Opacity：雾的透明度。

9）Fog Density：雾的密度。

10）Fog Decay：雾的衰减，高度越高越稀薄。

拓展训练

制作如图 5-3-20 所示的水墨效果。

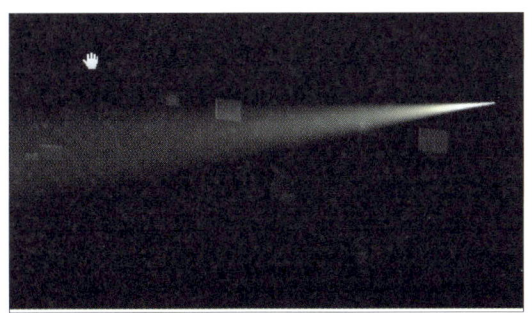

图 5-3-20

项目实训　外景灯光布置

【项目描述】

这是一个室外的场景灯光，效果如图 5-3-21 所示。

图 5-3-21

【项目要求】

1. 场景比例合理。
2. 布光准确。
3. 布线合理。

【项目提示】

1. 主灯用【Spot Light】创建。
2. 运用【Polygons】创建场景的主体。

【项目评价】

表 5-1　　　　　　　　　　　项目实训评价表

内　　容		评　　价		
学习目标	评价项目	3	2	1
职业能力	使用软件设计整个模型	模型比例			
		美观			
	设计丰富的元素	灯光合理性			
		布线工整			
		复杂性			
通用能力	创新能力				
	排版设计能力				
综合评价				

表 5-2　　　　　　　　　　　评价等级说明表

等　　级	说　　明
3	能高质、高效地完成此学习目标的全部内容,并能解决遇到的特殊问题
2	能高质、高效地完成此学习目标的全部内容
1	能圆满完成此学习目标的全部内容,不需任何帮助和指导